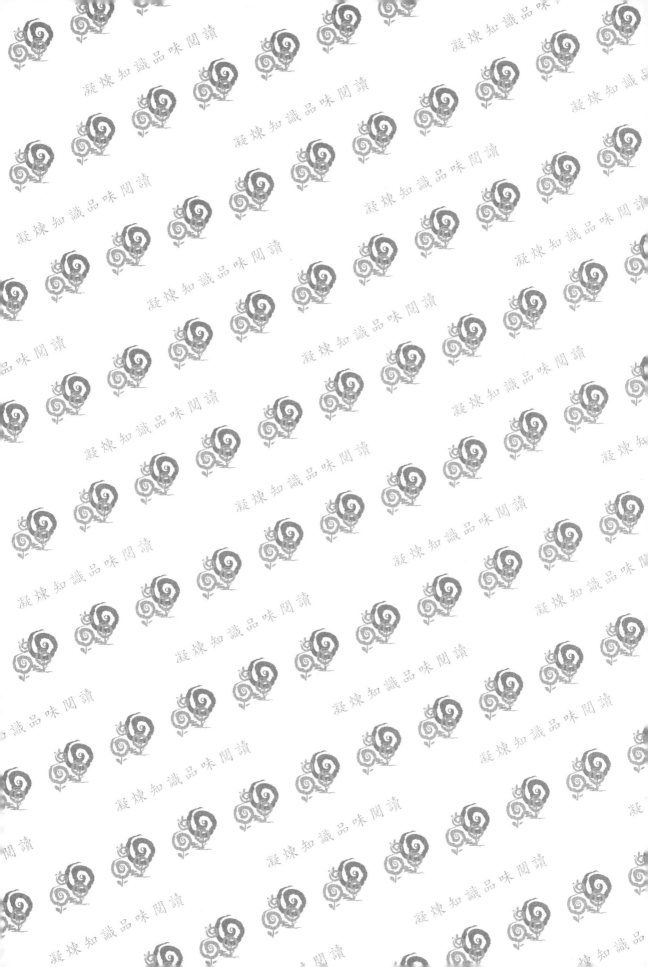

數位行銷

第四版

戴國良 博士 ———————— 著

Digital
Marketing

五南圖書出版公司 印行

數位行銷日趨重要

「數位行銷」（Digital Marketing）是最近幾年來，逐漸顯著崛起的新型態行銷工具，尤其在行銷實務界中，它已經占有一席之地；通常在廠商推動360度全方位整合行銷傳播中，它已被納入必要的一個新興媒體工具及行銷預算分配內。

「數位行銷」的興起，我覺得有二個重要因素；第一個是現在行銷市場的主流消費者，大都是20～39歲的年輕消費群，同時也是最有力且消費頻率最高者。而這些年輕消費族群最常接觸與使用的媒體，並不是電視、報紙、雜誌或廣播等傳統媒體；反而是桌上電腦、筆記型電腦、平板電腦（iPad）、智慧型手機、數位MP3及MP4隨身聽、數位相機、智慧手錶及4G、5G等嶄新的數位科技產品與媒體。第二個是年輕消費者在電腦及手機內容使用上，近幾年來也有很快速的創新與突破。例如各種即時通訊、入口網站、專業網站、社群網站、App、搜尋網站、內容網站、購物網站等，多元化工具、型態與功能的網路及手機內容崛起，受到年輕消費者的歡迎與使用，並成為他們日常生活與工作中不可或缺的媒介。甚至包括近十年智慧型手機的高速普及，以及手機上網、手機傳遞Mail、手機購物、手機電視、手機App應用程式使用等，行動媒體與行動設備的快速崛起，也都是今日「數位行銷」的寫照反映。

今日的「數位行銷」，不僅是今天數位科技時代的必然反映，也是因為數位行銷打破了傳統行銷的侷限性，並補足了傳統行銷所缺乏的精準行銷、互動行銷、行動行銷、即時行銷、創意行銷以及較低成本花費行銷等諸多功能與效益。因此，未來的行銷主軸模式，必然是「傳統行銷」＋「數位行銷」並用的時代來臨。

戴國良 謹識

taikuo@mail.shu.edu.tw

本書架構圖示

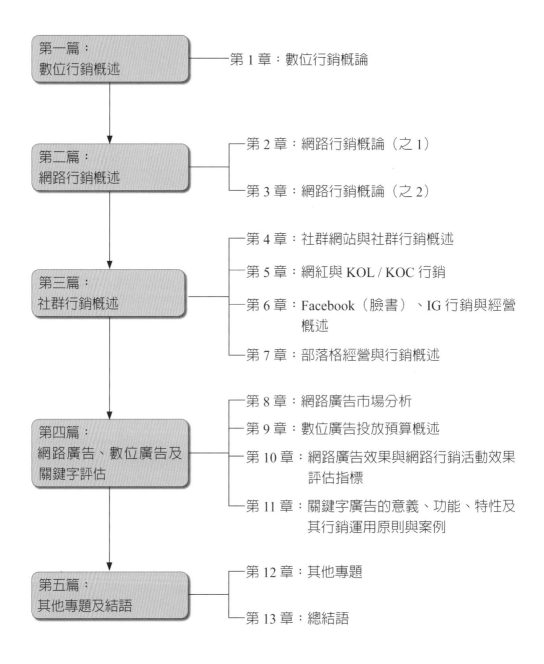

第一篇：
數位行銷概述 ── 第 1 章：數位行銷概論

第二篇：
網路行銷概述 ── 第 2 章：網路行銷概論（之 1）
── 第 3 章：網路行銷概論（之 2）

第三篇：
社群行銷概述 ── 第 4 章：社群網站與社群行銷概述
── 第 5 章：網紅與 KOL / KOC 行銷
── 第 6 章：Facebook（臉書）、IG 行銷與經營概述
── 第 7 章：部落格經營與行銷概述

第四篇：
網路廣告、數位廣告及關鍵字評估 ── 第 8 章：網路廣告市場分析
── 第 9 章：數位廣告投放預算概述
── 第 10 章：網路廣告效果與網路行銷活動效果評估指標
── 第 11 章：關鍵字廣告的意義、功能、特性及其行銷運用原則與案例

第五篇：
其他專題及結語 ── 第 12 章：其他專題
── 第 13 章：總結語

目錄

第三篇
社群行銷概述

第四篇

網路廣告、數位廣告及關鍵字廣告

第五篇

其他專題及結語

第一篇
數位行銷概述

第 1 章　數位行銷概論

第1章

數位行銷概論

01　數位行銷的定義、架構體系及其與傳統行銷之差異

一、何謂「數位行銷」

　　所謂「數位行銷」（Digital Marketing），即是以現代化數位科技媒體，包括網際網路（Internet）、手機（Mobil）、平板電腦（iPad）、及電話（Telephone）等主要科技工具作為廠商與消費者間的溝通媒介；並透過在這些媒體科技工具上的廣告、活動、促銷等行銷操作，以達到廠商（廣告主）打造品牌、持續品牌溝通、提高顧客忠誠度及促進銷售之企業目標（目的），這就是「數位行銷」的意義。

　　所以，簡單來說，數位行銷＝數位工具＋行銷活動；即是把行銷推廣的操作活動放在數位媒體科技工具上，以執行這些行銷活動，達成企業（廣告主）的各種行銷目標。

　　如圖 1-1 所示：

數位行銷　＝　數位工具　＋　行銷活動

數位工具
1. 網際網路（PC、NB）（Internet）
2. 智慧型手機（Mobil Phone）（Smart Phone）
3. 平板電腦（以 iPad 做泛稱）
4. 電話（Telephone）

行銷活動
1. 影音廣告／圖文廣告
2. 網路遊戲
3. 網路活動
4. 促銷活動
5. 形象活動
6. 產品活動
7. 微電影觀看
8. 網紅 KOL 行銷
9. 粉絲團經營
10. 其他行銷活動

圖 1-1　「數位行銷」的定義

二、「數位行銷」整體架構概況

其次，我們應該要了解整個數位行銷框架概念，如圖 1-2 所示：

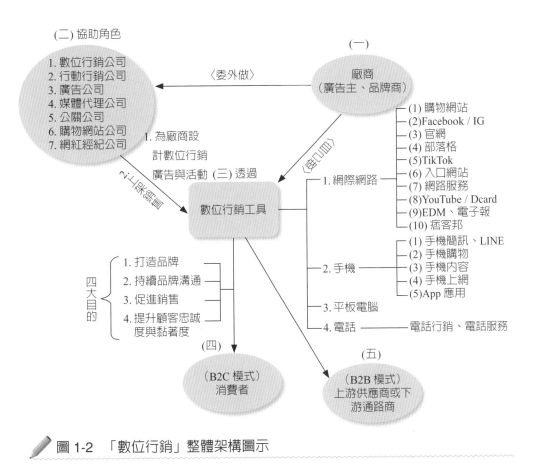

圖 1-2　「數位行銷」整體架構圖示

(一) 是廠商（或稱品牌廠商、廣告主）

(二) 是扮演協助角色的數位行銷公司、行動行銷公司、廣告公司、媒體代理公司、公關公司及購物網站公司等

這些公司提供了兩個功能：(1) 為廠商設計規劃及執行數位廣告、網紅行銷與數位活動的推廣；(2) 為廠商提供產品上架銷售的推廣。

(三) 是透過數位行銷工具來執行行銷活動

這些數位科技媒介工具，包括：

1. 網際網路

   如官網（品牌官網、公司官網）、Facebook 及 Instagram 粉絲專頁、購物網站、部落格、EDM、電子報、YouTube、關鍵字廣告、入口網站廣告、微博、推特、抖音、Dcard 網路即時服務、病毒行銷與口碑行銷、網紅 KOL 行銷等。

2. 手機（智慧型手機）

   如手機簡訊廣告、手機購物、手機頻道收看、LINE 官方帳號廣告、手機上網查詢、手機收發電子報郵件、手機 App、手機短影音等。

3. 平板電腦（如 iPad，以此做泛稱）

   行動攜帶型的中小尺寸平板電腦操作及應用，並連上網際網路。

4. 電話

   這是比較傳統的媒體工具，主要用於電話售後服務及電話主動 call-out（打出）業務行銷等。

(四) 是 B2C 消費者端

即廠商透過傳統行銷與數位行銷活動，想要達成下列四大目的：

1. 打造品牌與提高品牌知名度、曝光度及印象度，以累積品牌資產。
2. 持續品牌溝通。
3. 促進銷售（提升業績）。
4. 提升顧客忠誠度、黏著度與情感度。

(五) 是 B2B 上游供應商或下游通路商端

即上、中、下游廠商間可透過電腦網際網路進行訂貨、接貨及收貨、結帳、物流進行、倉儲庫存、退貨等互動訊息的業務。

三、傳統行銷與數位行銷的差異

過去我們在行銷操作上，比較強調傳統行銷工具與行銷手法的操作。但在今日數位化科技時代，就必須將 40～50% 行銷預算及行銷操作移轉到數位行銷活動上。傳統行銷與數位行銷兩者間，是有一些不同的；請參閱表 1-1 之比較。

表 1-1　傳統行銷 VS. 數位行銷比較分析表

	(一) 傳統行銷	(二) 數位行銷
1. 廣宣工具不同	以傳統電視、報紙、雜誌、廣播及戶外廣告為主	以NB、PC的網路、智慧型手機及平板電腦為主
2. 單向、行動間及互動的不同	傳統行銷大多為單向、靜態，且消費者被動接收訊息、無法行動間的	數位行銷不只是單向，大多時候亦可與消費者主動、行動間及互動進行
3. 特定消費者的精準度	較低（電視較易做到品牌廣度行銷）	較高（較易做到精準行銷）
4. 大眾與分眾行銷	較屬於大眾媒體行銷（指電視媒體）	較屬於分眾媒體、特定消費族群的行銷
5. 相輔相成性	兩者應該相輔相成	兩者應該相輔相成
6. 預算花費比較	花費成本較高（指電視廣告）	花費成本較低（現在成本已上漲，但仍比電視廣告成本低些）
7. 適合消費族群	中、老年消費族群（45～75歲）	學生及較年輕的上班族群（20～39歲）
8. 創意參與產品開發及新品市調	較少、較低	較高、較多（可透過網路及手機參與新品創意及新品市調）
9. 銷售通路	實體通路較多（占80%，OMO虛實融合、全通路，是目前主流發展方向）	虛擬通路為主（占20%）

資料來源：本書作者戴國良整理

四、傳統行銷重 4P；數位行銷重 4C

如下表 1-2 所示，傳統行銷的企劃、執行及考核重心在 4P / 1S 上，即：產品、通路、定價、推廣促銷及服務，領域範圍較廣泛；但數位行銷則重心設在 4C 上，即重視社群、顧客關係、消費者溝通及顧客經驗與知識等。

表 1-2　傳統行銷 4P / 1S 與數位行銷 4C

(一) 傳統行銷 4P / 1S	(二) 數位行銷 4C
1. 產品規劃（Product） 2. 定價規劃（Price） 3. 通路規劃（Place） 4. 推廣規劃（Promotion） 5. 服務規劃（Service）	1. 社群及粉絲經營（Social Communtiy） 2. 顧客關係（Customer Relationship） 3. 消費者溝通（Consumer Communication） 4. 顧客經驗與知識（Customer Experience & Knowledge）

資料來源：本書作者戴國良整理

五、數位行銷與傳統行銷之比較

　　茲將數位行銷與傳統行銷比較如表 1-3。

表 1-3　數位行銷與傳統行銷之不同

項目	(一) 數位行銷	(二) 傳統行銷
1. 成本預算	較低些	電視廣告成本會較高些
2. 時間性	長效	短效
3. 可互動性	高	低
4. 鎖定客源	容易些	較難些
5. 效益追蹤	容易	困難些
6. 數據分析	可分析	不易分析（無資訊）

　　從上表比較來看，數位行銷應該比傳統行銷方法來得優越些，難怪近十年來，數位廣告成長速度很快，而傳統媒體廣告卻大幅下滑減少（除電視廣告外）。

六、3 種行銷模式的演進

　　所謂行銷模式演進，即：AIDMA → AISAS → SIPS，茲說明如下。

(一) AIDMA（傳統行銷模式）

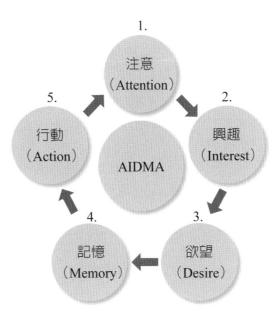

(二) AISAS（網路行銷模式）

(三) SIPS（社群行銷模式）

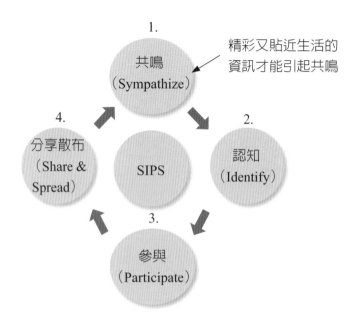

精彩又貼近生活的資訊才能引起共鳴

1. 共鳴（Sympathize）

2. 認知（Identify）

3. 參與（Participate）

4. 分享散布（Share & Spread）

SIPS

02 數位行銷最新十三大趨勢

　　數位行銷已成為行銷操作的主流方式之一，在行銷上占有重要地位，值得重視。作者我本人收集行銷實戰經理人的意見，整理成如下的數位行銷最新十三大趨勢。

一、網路直播崛起

　　現在國內有四大直播平臺，包括：

1. FB（臉書）。
2. IG。
3. YouTube（YT）。
4. TikTok（抖音）。

　　現在最多網路直播，仍屬直播電商，也就是利用直播賣東西，例如蝦皮購物、486先生購物、陳昭榮阿榮嚴選購物、個別網紅直播購物等，個人或

電商公司操作直播購物是最常見的。除此以外，還有 17Live 等屬於休閒娛樂直播。

直播購物或直播娛樂均有其吸引人的風格及物質，故能生存下去，有其收看流量。

二、內容視覺化、減少文字化

現在網友或粉絲對網上太冗長、太複雜、太深奧的文案已沒有吸引力去點閱觀看，反而是圖片、短片、影音，都是最受歡迎及點閱率較高的，可以收到媒體宣傳效果。

因此，現在 FB、IG、部落格、TikTok 等，都已轉向多利用圖片及影音來表達所要宣傳溝通的事情，反而收到更好效果，內容視覺化已經優於內容文字化了。

三、電商業務更加擴大化，O2O 及 OMO 趨勢明顯

由於 2020 年 3 月起的新冠疫情，加上 2021 年 5 月 15 日起，全臺進入三級警戒，很多餐廳只能外帶、不准內用；大飯店、旅行社、觀光業、航空公司、八大行業營運受限，加上居家上班、居家上課，影響非常深遠。

因此，很多實體零售業及服務業，都轉向外帶及電商網購業務。此種趨勢稱為 O2O（Online to Offline，線上到線下）或 OMO（Online Merge Offline；線上與線下融合）；其實，這也是企業一種數位轉型及數位行銷的轉換操作，未來可見臺灣電商公司及一般公司的電商業務將會更加擴大。

例如：

1. 原有電商公司：momo、PChome、蝦皮、雅虎奇摩、博客來等，近年生意特別成長。
2. 原有一般公司：例如王品餐廳、瓦城餐廳、晶華大飯店、欣葉餐廳、八方雲集等，全面增加外帶及電商業務。

四、網紅 KOL 行銷更見普及

近一、二年來，由於網紅的大量崛起，以及其背後所擁有的死忠粉絲，因此成為廠商產品／品牌行銷的重要代言人或廣告主角。

一時之間，KOL 行銷（KOL，Key Opinion Leader，關鍵意見領袖）也就火紅起來，很多知名大咖或小咖的網紅，成為廠商們在社群網路做業配宣傳的很好合作對象。

一些大咖網紅，例如蔡阿嘎、HowHow、這群人、理科太太、阿滴英文、滴妹、古娃娃、古阿莫、千千、聖結石、Joeman 等百萬粉絲網紅，也成為網路上的名人及行銷主角。

五、企業社群粉絲團經營更加重視

一些中大型廠商及品牌，內部組織都有成立「社群小組」或「小編專責人員」，專責在 FB、IG、部落格、LINE、YouTube 等粉絲團（粉絲專頁）經營；希望透過專人專責的快速服務，滿足及鞏固粉絲們；並使他們成為品牌的忠實、忠誠鐵粉，以長期穩固公司的每月業績。

因此，社群小組如何規劃及執行這些社群平臺的粉絲團經營，就成為極為重要之事了。

六、更加行動化趨勢

1. 現在全臺灣只要不是嬰兒，人口大概有 2,000 萬人以上，每人手上都有一支或二支智慧型手機，年齡層從 13 歲到 80 歲的老人，大概都會使用手機；其中，又以 LINE 的功能每天最常使用到，非常有幫助及簡單。
2. LINE 的功能，十年來不斷擴充，包括：
   (1) LINE 通視、視訊。
   (2) LINE TODAY：每天收看即時新聞圖文或畫面。
   (3) LINE TV：屬於線上串流媒體 OTT 的一種，目前也是臺灣收看會員第一名的 OTT，裡面有很多電影、連續劇及綜藝節目。

(4) LINE Pay：線上支付。

(5) LINE POINTS：紅利點數累積。

(6) LINE 官方帳號廣告。

(7) LINE MUSIC。

(8) LINE 貼圖。

(9) LINE 群組、社群。

(10) LINE VOOM：短影音、短片。

總之，LINE 已成爲臺灣全客層最重要的全方位通訊工具社群媒體、廣告媒介等，在數位行銷時代，它的角色自然是相當重要的。

七、企業行動 App 會員加速推展

除了 LINE 之外，現在各大企業、各大品牌都推出它們的行動 App 下載業務。因爲 App 具有查詢、預訂、下訂單、結帳、累計紅利、折扣、玩遊戲等多元功能，也受到消費者歡迎及下載使用。最近，全家 App、王品 App、全聯 App 等都投入幾千萬推出改良版，成爲更好用、體驗更好、功能更多、好處更多的新款 App，並有數十萬人到數百萬人成爲行動 App 會員。

因此，行動 App 可說是數位行銷最新的操作工具之一。

八、SEO 策略

一些中小企業爲了提升它在 Google 搜尋引擎的點閱排名，因此，投入一些預算在 Google 關鍵字廣告上，多少也收到一些效果。此種排名往前移，可使關鍵字查詢者更快看到它們的品牌或企業，可以提升其品牌及產品的曝光度、能見度，也是一種簡便的數位行銷工具。

九、數位廣告投放量明顯增加

近十年來，國內數位廣告投放量明顯大幅增加，到 2022 年止，年度數位廣告量已超過 250 億元，與傳統五大媒體廣告量相當（也是 250 億元）。

250 億元的數位廣告量，其中 9 成集中在下列主力數位媒體：

1. FB 廣告。
2. IG 廣告。
3. Google 廣告（關鍵字＋聯播網）。
4. YouTube 廣告。
5. LINE 廣告。
6. 新聞網站廣告。
7. 雅虎奇摩廣告。
8. Dcard、痞客邦廣告。
9. 其他內容網站。

十、IG 受年輕人歡迎，快追上 FB

IG 近幾年來快速崛起，受到年輕人廣泛歡迎，其點閱率及流量已快追上 FB（臉書）。IG 以圖片及影音為主力訴求，文字為輔，因此受到年輕族群歡迎（註：IG 已於 2013 年被 FB 臉書公司所收購，是同一集團的成員）。

十一、YouTube 廣邀電視臺頻道及節目上 YT 觀看

近年來，YouTube 影音平臺大量邀請知名、高收視率的頻道及節目，上 YT（YouTube）平臺同步播出，吸引不少 YT 的觀眾，提高 YT 的影響力。包括：TVBS 電視臺、三立電視臺、民視等新聞節目及戲劇節目，都可在 YT 上同步觀看。

十二、三種傳統媒體（報紙、雜誌、廣播）廣告最大幅下滑

近十年來，三種傳統媒體的廣告量，顯示大幅下滑，情況相當淒慘。尤其報紙從三十年前 120 億廣告量，大量下滑到去年僅剩 20 億廣告量，使得《中時晚報》、《聯合晚報》、《蘋果日報》在 2020～2022 年都宣告關門。雜誌及廣播的廣告量亦大幅滑落，各家公司都慘澹經營，僅能打平經營或小賺經營。這三種傳媒廣告量的下滑，主要是受到電視媒體及數位媒體崛起的影響，因為它們的廣告量都移轉到這二種主流媒體了。

十三、電視＋數位廣告是比較理想的投放模式

就現在情況來說，廠商廣告量的投放模式，主要是以「電視廣告＋數位廣告」的方式進行，比較容易產生好的效果。

電視因為全臺有 480 萬戶有線電視收視戶數，以及每天 90% 的開機率，因此，電視是一種廣度夠的影音媒體，它對廠商品牌力打造，有其正面效果存在。而數位媒體則是以精準度為號召力，比較能夠精準的在想要的受眾（TA）面前呈現。故二種主流廣告媒體各有特色，應同時併用，才會有最佳廣告效果。

1. 網路直播崛起

2. 內容更加視覺化

3. 電商業務更加擴大化

4. 網紅 KOL 行銷更見普及

5. 企業官方粉絲團經營更加重視

6. 更加行動化趨勢

7. 企業行動 App 會員加速推展

8. SEO 策略適用中小企業

9. 數位廣告投放量明顯增加

10. IG 受年輕人歡迎，快追上 FB

11. YouTube 廣邀電視臺頻道及節目上 YT 觀看

12. 三種傳統媒體廣告量大幅下滑

13. 電視＋數位廣告並進，是比較理想的投放模式

圖 1-3　數位行銷最新 13 個趨勢

03 常見 13 種數位行銷實務操作方法

在實務上，一般常見的數位行銷操作方法，主要有如下 13 種。

一、搜尋引擎優化（SEO）

搜尋引擎優化，簡單來說，就是中小企業廠商投入關鍵字廣告。亦即提升該網站在 Google 或雅虎的搜尋引擎關鍵字排名往前一些，讓消費者在搜尋時，能在較前面的第一線曝光該網站，以提高品牌能見度。

二、部落格行銷

大部分人都有瀏覽過部落格文章，例如尋找推薦餐廳、飲料店、診所等，都會參考部落客意見及經驗；一些廠商也會找部落客撰文，推介公司的產品或品牌，以吸引網友注目。

三、Google 聯播網廣告

國內目前最大的聯播網廣告平臺，就是 Google 聯播網平臺。Google 聯播網廣告的計價方法，採用 CPC 點擊法計價，有點擊廣告才算錢。點擊之後，就可以提升轉換率，提高銷售業績。

四、FB / IG 廣告投放

國內目前比較多的社群媒體廣告投放，就是 FB 臉書及 IG。FB 及 IG 算是比較精準型的廣告投放，它投放的目標受眾與投放廣告的產品性質，兩者間有較密切的關聯性存在，故稱為精準型廣告。例如：有些網友經常上網查詢彩妝及保養品訊息，那麼此類產品的廠商品牌廣告，就會出現在這些網友的 FB 及 IG 上。

五、YouTube 廣告

全球最大的影音社群平臺，就在 YouTube 上。目前，國內 YT 也吸納了不少廣告量，YT 是以 CPV（Cost Per View）觀看次數來計價。目前每個 CPV 大致在 1～2 元之間，如果某品牌廣告有 100 萬次的觀看量，那麼廠商就要支付 100～200 萬元之間的廣告宣傳費。

六、社群粉絲團經營

目前 FB 及 IG 全球使用人數已超過 20 億，臺灣也超過 1,500 萬人；中大型廠商及品牌，大都會成立專責社群小組及專責小編人員，專責每天 FB 及 IG 的粉絲團經營。包括貼文、回覆粉絲留言與意見、加強與粉絲們的良好互動，以養成一群高忠誠度的鐵粉，如此對品牌的信賴度及對業績銷售的穩定，都會帶來很大助益。

七、網紅行銷（KOL 行銷）

現在最流行的網紅 KOL 及 KOC 行銷操作，就是找微網紅或大網紅幫公司的品牌或產品代言；由於這些網紅背後都有 1～100 萬以上的忠實粉絲喜愛，故很多廠商就找到這些網紅拍短片、拍照片，或貼文推薦、直播導購／團購此產品，或是講出使用心得，以吸引粉絲們有所心動或強化品牌好印象。

八、網路直播行銷

現在透過 FB、IG 及 YouTube 平臺，可以進行網路直播、可以宣傳產品、可以導購、可以現場接單銷售等。例如：FB 上有 486 先生、陳昭榮的阿榮嚴選、阿滴英文學習、蝦皮購物等直播行銷活動。現在，已有更多 KOL 及 KOC 都開始做直播導購帶貨活動了。

九、EDM 行銷

　　EDM（電子報、電子廣告訊息、電子宣傳單）也是過去常使用的行銷方法；但 EDM 要有開信效果，須盡量做到分群（Grouping）、客製化（一對一）及精準化原則，才可以提高開信率及點閱率。

十、手機 App 行銷

　　現在，各中大型公司及品牌都推出它們自己的手機 App 行銷；App 可以查詢各店址、可以累積點數紅利、可以預訂、可以訂購，亦可以付款，功能相當多元，只要顧客的 App 下載量多，而且又經常使用，也是一個很好的行動行銷工具。

十一、LINE 官方帳號廣告（LINE Official Account）

　　手機 LINE 裡還有一種中大型公司及品牌也經常使用的行銷工具，稱爲 LINE 官方帳號廣告，只要訂閱它，每天都會在 LINE 上傳送一些促銷訊息或產品訊息，也可以在上面點閱及下訂。

十二、口碑行銷（WOMM）

　　有很多消費者每天在網路搜尋各社群媒體上對某項產品、某類服務業、某個品牌的好評或負評，作爲採取購買行動的重要參考資訊，此即社群上的口碑行銷（Word of Mouth Marketing；WOMM）口碑行銷可以說是最便宜的數位行銷工具。因此，每個廠商、每個品牌、每家服務業一定要做好產品品質及服務品質，才能在社群媒體上有好口碑傳播。

十三、官網行銷

　　官網即是指品牌或廠商的官方網站，這些官網會介紹公司的沿革、使命、產品、品牌、各店、各館、促銷活動等資訊，並且可以連結到他們的官方 FB、IG 粉絲團或電商網購的網站。官網可以說是廠商或這個品牌的正式

門面，還是要把它做好才行，以代表這個公司或這個品牌的門面及內涵水準。

✏️ 圖 1-4　13 種常用的數位行銷實務操作方法

04 數位行銷 5P 組合

　　國內數位行銷專家余怡慧（2011）曾經撰有一篇專文，認為過去傳統
4P 行銷已經演變為今日數位行銷的 5P 組合。該文精闢有力，茲摘述如下：

　　　傳統的行銷學強調「4P」，堪稱行銷學的法典：產品（Product）、

訂價（Price）、通路（Place）、促銷推廣（Promotion），曾經主宰了一個品牌的成功與否；但是，在全新的網路世代，消費者可能還沒來得及在實體通路體驗你的產品時，已在網路世界先有了定見，你和競爭者間的勝負也底定啦！因此數位行銷的「5P」應運而生。

一、Pulse——隨時洞察消費者意向

網路瞬息萬變，任何訊息都可能與消費者相關，但從網路上獲得的訊息量大又複雜，作為新世代的數位行銷人要懂得運用最有力的工具，解讀消費者釋放的各種訊息，並能洞察當中的消費者意向。Google 搜尋透視（Insights for Search）有如消費者溫度計，讓行銷人能夠以此探測消費者意向和趨勢，例如，哪些「吃到飽」的餐廳種類是最熱門的、哪些地方是「自由行」的旅遊勝地等，行銷人再將趨勢化為品牌意向，隨時準備在激烈的競爭中脫穎而出。

二、Pace——在網路世界，速度就是一切

在球場上速度決定一切，套用在網路上更是如此。行銷人不再對完美執著、也無法考慮太久，因此不要害怕實驗，在網路上的試驗成本更低、更簡單，能夠更快去面對變動，並能做調整。運用網站最佳化工具，可以快速地讓網站調整成最適合消費者的設計與內容。

三、Precision——精準行銷

別再傳遞給消費者混亂的訊息，以及花了大把不該開銷的媒體預算。在數位的世界，行銷強調精確定位目標對象、運用正確的媒介，在相關的地點接觸正確的對象，好比 FB、IG 及 Google 互聯搜尋網，行銷人在其中選擇相關內容傳播訊息，媒合最精準的行銷管道，將訊息傳遞給對的人。

四、Performance——數字可以快速掌握成效

有別於大撒預算打電視廣告創造效果的傳統做法，在網路行銷中，行銷

人比過往更急著掌握廣告的效果；他們需要更多工具來評量網路行銷的效果，所選用的媒介是否可精確地掌握消費者的回饋，以及找出必須改善的部分。行銷人常提的「後臺監測」就是一個很好的例子。Google Analytics（簡稱 GA）就是其中一個讓行銷人能夠透過數字、圖表，精確分析結果、盤算下一步的工具。

五、Participation——社交互動是王道

Facebook、IG、Twitter、抖音等社群媒體的蓬勃發展，凸顯了對話、參與對消費者感知一個品牌、一項服務的重要性。我們常看到論壇中的「討論區」成了產品的最佳「伸展臺」。網路行銷藉由在消費者間形成討論，甚至將影音放在 YouTube 上讓品牌直接與消費者對話，若能輔以活動（例如，贈品和有獎比賽等），更可帶動消費者熱烈的迴響。行銷人快幫品牌打造網路社交生活吧！透過多種社群媒體平臺和豐富的多媒體廣告，讓消費者可隨時透過 PC、手機上網參與和體驗品牌精神。

數位行銷 5P 組合如圖 1-5 所示：

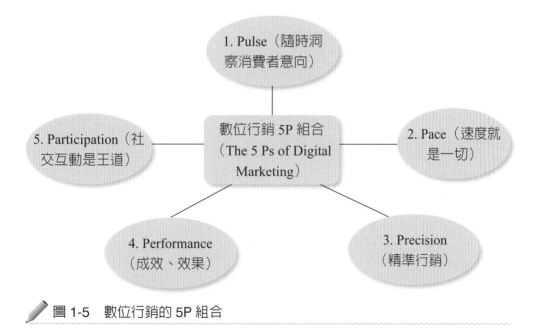

圖 1-5　數位行銷的 5P 組合

05 如何選擇數位廣告代理商

　　由於數位行銷及數位廣告日益重要,而且很多公司也提撥這方面的固定預算使用;但數位行銷及廣告操作不同於傳統媒體,因此,很多廠商都必須仰賴在這方面更專業的數位行銷及數位廣告代理商,才能做好這方面的工作,避免浪費掉寶貴的行銷預算。

一、代理商的選擇 4 要點

　　要如何選擇好的、對的、有效果的數位行銷代理商呢?大致要思考以下到 4 個要點。

(一) 了解公司的行銷需求及行銷目標 / 目的

　　每個廠商及每個品牌要操作數位行銷,都有它們不同的目標、目的及需求,首先就要確認、確定自己的數位行銷目標、目的、任務及需求。

　　包括:

　　1.是要增加品牌的曝光度及能見度。

　　2.是要增加會員名單或會員數量。

　　3.是要提高粉絲們的按讚數、留言數、分享數;或黏著度、互動率。

　　4.是要提升對新產品的認知度或新品牌高知名度。

　　5.是要強化會員們的忠誠度或回購率。

　　6.是要提高這次活動的業績效果。

(二) 了解預算有多少

　　要了解我們上級高階主管,可以提列出多少的數位行銷或數位廣告的年度預算金額或此波段預算金額;才能了解數位行銷可以做到多少,及了解資源限制考量。

(三) 深入了解及選擇數位行銷代理商自身相關事宜與條件

　　接著,廠商們了解自己之後,也要了解這些數位行銷代理商的相關事宜,包括:

1.代理商的服務內容、服務範圍、服務深度為何？

2.代理商的最大專長及專長項目是哪些？

3.代理商的過去成功案例有哪些？為何能操作成功？

4.代理商在業界的口碑好不好？好在哪裡？不好在哪裡？

5.代理商的運作模式為何？

6.代理商對我們公司的市場行業及產品熟不熟？

7.代理商的收費模式如何？合不合理？與其他同業相較如何？

8.代理商的服務團隊成員素質、資歷、創意、能力、穩定度及經驗如何？

圖 1-6　了解及選擇數位行銷代理商相關 8 要點

(四) 了解是否定期提供客製化分析報表及策略、方向修正檢討

　　最後，就是要了解代理商對我們的數位行銷專案，是否有提供定期的、

客製化的數位分析報表及策略、方向修正與調整檢討報告及互動會議；以使此專案能夠朝向更有效益、更成功的目標向前邁進。

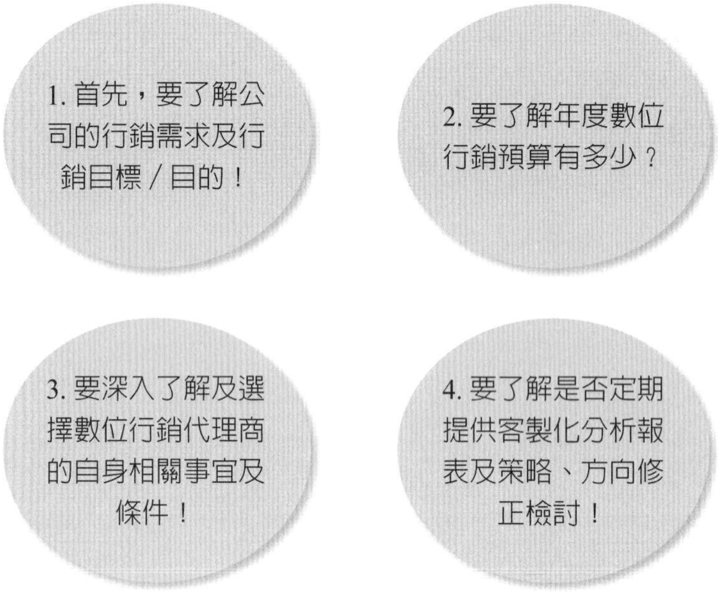

1. 首先，要了解公司的行銷需求及行銷目標／目的！

2. 要了解年度數位行銷預算有多少？

3. 要深入了解及選擇數位行銷代理商的自身相關事宜及條件！

4. 要了解是否定期提供客製化分析報表及策略、方向修正檢討！

圖 1-7　如何選擇數位行銷及數位廣告代理商 4 方向

二、Jessie 提出的數位廣告代理商選擇四大重點

根據知名的 91App 行銷專家 Jessie（2020 年）曾撰文提出她對於如何挑選數位代理商的四大重點，如下摘述。

(一) 確認該公司是否操作過相關產業且有成功案例

她認為最好要有相關經驗，如此可以減少試錯成本，因為經驗是難以取代的。

(二) 能夠了解市場與消費趨勢，並能提出整套行銷建議

她認為，不只是單一的投放臉書廣告，而是要搭配其他必要的行銷計畫，例如，進行促銷活動及其他社群操作等。

(三) 能夠針對你的品牌現狀，規劃出合理的廣告策略

代理商在提案前，必須做好合理的全方位廣告策略規劃，FB 廣告投放只是計畫中的一環而已。

(四) 報價要合理

最後一個重點，她認為代理商的報價要合理；一般數位代理商的服務收費，是整個數位廣告及行銷活動預算的 6～15%；例如，此計畫總預算為 100 萬元，則數位代理商就收取 100 萬 ×15% = 15 萬元的服務費。此即，廠商要付出總計 100 萬元 + 15 萬元 = 115 萬元的此波行銷預算。

1. 確認該公司是否操作過相關產業，且有成功案例

2. 要能了解市場與消費趨勢，能夠提出整套行銷建議

3. 能夠針對你的品牌現狀，規劃出合理的廣告策略

4. 報價要合理

圖 1-8　數位代理商選擇四大重點

06 國內較大型數位行銷 31 家公司一覽表

茲列出國內員工人數較多的專業數位行銷公司一覽表如下：

	公司名稱	員工人數		公司名稱	員工人數
1	不來梅	40人	17	統一數網	155人
2	宇匯	107人	18	穿透力創意行銷	20人
3	聖洋科技	200人	19	成果行銷	45人
4	域動行銷	65人	20	春樹科技	120人
5	摩奇創意	60人	21	聯樂數位行銷	60人
6	紅門互動	35人	22	網路基因	30人
7	光曜町數位行銷	30人	23	威朋大數據	150人
8	演鏡互動	27人	24	凱絡媒體	247人
9	達寬數位行銷	20人	25	貝立德媒體	229人
10	奇禾互動行銷	23人	26	浩騰媒體	113人
11	安索帕	120人	27	奇宏策略媒體	115人
12	傑思愛德威	100人	28	媒體庫媒體	150人
13	跨際數位行銷	70人	29	實力媒體	186人
14	米蘭行銷企劃	120人	30	星傳媒體	198人
15	橘子磨坊數位	45人	31	競立媒體	100人
16	臺灣奧美集團	500人			

07 數位（網路）行銷廣告基本術語

茲列示主要數位（網路）行銷廣告基本術語，共計 8 項。

一、Page View（一般簡稱為 PV）：頁面瀏覽次數

即網友瀏覽頁面的網頁瀏覽次數。

二、Impression：曝光次數

當網友上網瀏覽頁面時，廣告系統偵測到有網頁產生並有廣告版位需曝光，則廣告經由廣告系統遞送出來呈現在網頁上的次數即為曝光數，故經由

廣告系統遞送出來的廣告到網友所瀏覽的網頁上一次，即為曝光數一次。

三、Traffic：流量

流量是指該網站或某一頻道的瀏覽頁次（Page View）的總和名稱，例如：ETtoday 新聞網流量 500 萬次／天，即指該頻道一天中網友們造訪的總頁面瀏覽次數有 500 萬次。

四、Unique User（一般簡稱為 UU）：每天不重複使用者

不重複使用者是指該網站或某一頻道的整體瀏覽頁次是遞送到多少個別的網友。

五、Cost Per Mille（一般簡稱為 CPM）：每千人曝光成本

CPM 是網路曝光廣告的計價單位，指廣告曝光數曝光 1,000 次所要花費的費用（成本）。例如：每個 CPM 300 即花 300 元就可以讓該廣告曝光 1,000 次到網友們所瀏覽的頁面。

六、Click：點選數、點擊數

網友瀏覽網頁看到所遞送的廣告曝光，進而使用滑鼠移動游標點擊廣告到廣告主網頁，此點選即稱為 Click。例如：某一廣告 Click 為 10 萬，即該廣告有獲得網友 10 萬次的點擊。

七、Click Through Rate（一般簡稱為 CTR）：點選率、點擊率

即點選數 Click 除廣告曝光數（Impression）的百分比值，用來判斷該廣告的吸引點選的機率。例如：某一廣告曝光 500 萬次，得到 35,000 次的點選，則點選率為 35,000 次（點選）／ 5,000,000 次（曝光）＝ 0.7%。

八、Cost Per Click（一般簡稱爲 CPC）：每次點擊成本

當得知上述的廣告曝光數（Impression）、曝光成本（CPM）與點選數後，將總點擊數除以購買費用，即爲每次點擊所花費的成本，即 CPC（Cost Per Click），用來衡量近來吸引網友點選的平均花費。

08 數位行銷 10 種招數

中小企業資源和人力有限，在行銷上如何突圍？「王文華的夢想學校」創辦人王文華先生提出十大數位行銷技巧，讓中小企業不再苦於沒有資源行銷產品，茲摘述如下。

1. 利用網路數位行銷，首先應該衝高網路的點擊流量，網站內容必須吸引消費者瀏覽，**第一個技巧是「賣話題商品」**。之前網路流傳「淡定紅茶」的一篇文章，網路商品一搭上「淡定」話題便賣翻天。過去沒有數位資源，中小企業無法創造龐大的消費力量，但是現在可以藉由數位行銷扭轉劣勢。

2. **第二個技巧是「提供人氣內容」**。提供讓人有新鮮感、別人不知道的內容。近年流行影片長度 10 分鐘之內的微電影，yahoo! 奇摩看中微電影的趨勢，放上偶像明星的音樂愛情微電影，湧入龐大的點閱率。

3. **成功行銷的第三個技巧是「靈活運用打折」**。美國藝人女神卡卡（Lady Gaga）選擇和美國最大的虛擬通路亞馬遜（Amazon.com）網站合作，打出一張專輯只賣 0.99 美元爲號召，消費者立刻將伺服器擠爆。

4. 如果希望消費者可以停留久一點，**「玩遊戲」成爲行銷的第四個技巧**。優衣庫（UNIQLO）當初在臺灣開第一家店，玩了一個有趣的遊戲，就是「網路排隊」。優衣庫網站有虛擬的百貨公司和隊伍，消費者可以選擇設定的人物角色到街上排隊，那時吸引了 63 萬人上網排隊，最後有 15 萬名消費者到現場，玩遊戲成爲簡單又有效率的行銷方法。

5. 成功的數位行銷者會增加互動，**採取第五個「丟問題」給消費者的技巧，達到互動的效果**。例如美國職籃 NBA 用臉書行銷，粉絲猜下一場比賽誰會贏，以簡單的互動，吸引了正反兩方的支持者互相較勁。NBA 臉書目前擁有大約 4,000 萬名粉絲按讚，運用的行銷手法十分成功。

6. **第六個行銷技巧是「徵文、票選」，和消費者產生更深入的互動**。運動用品耐吉（Nike）曾舉辦徵文活動，在球場架設螢幕顯示器，網友可以留言給喜歡的球隊，耐吉收到文字後，便到現場播放。

7. 中小企業人手有限，**不妨利用第七個「鼓吹揪團」的技巧，讓數以萬計的網友幫忙宣傳**。日本飲料爽健美茶就是利用揪團效應，舉辦滿 1,000 人按讚，產品就打七折的活動。消費者為了拿到折扣，除了按讚，也會希望找同事朋友一同來幫忙。「簡單活動，留住人流，同時也讓粉絲替品牌宣傳。」

8. 網路的互動行銷，**第八個讓消費者「親身參與」的技巧很重要**。爽健美茶廣告運用大量的大自然背景，為了加深消費者對產品的情感，邀請消費者去廣告的拍攝地點親身體驗。

9. **第九個行銷技巧是讓消費者「分享使用經驗」**。比如優衣庫推出 App，消費者拍下自己購買衣服後的穿搭照，上傳分享，也可以討論別人的照片，藉此挑起消費者購買意願。

10. 中小企業的網站即使有高流量，行銷最終目的仍是賺錢，**所以最後一個行銷技巧是讓消費者「易於購買」**。像是日本推出 App 訂購披薩，不用打上地址，點一下地圖指定送達場所，就可以送出訂單，甚至可以監控披薩運送過程。「運用數位工具，設計出易於購買的環境，才能真正達到有效行銷的目的。」

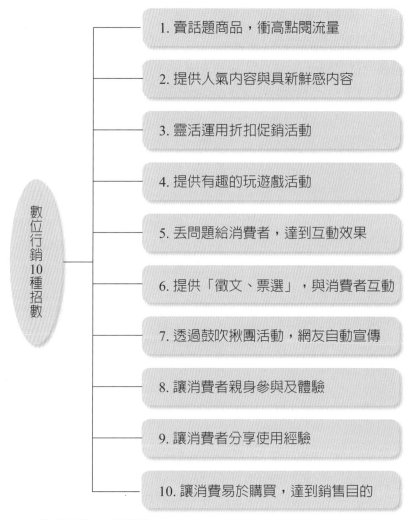

數位行銷 10 種招數

1. 賣話題商品，衝高點閱流量

2. 提供人氣內容與具新鮮感內容

3. 靈活運用折扣促銷活動

4. 提供有趣的玩遊戲活動

5. 丟問題給消費者，達到互動效果

6. 提供「徵文、票選」，與消費者互動

7. 透過鼓吹揪團活動，網友自動宣傳

8. 讓消費者親身參與及體驗

9. 讓消費者分享使用經驗

10. 讓消費易於購買，達到銷售目的

✏️ 圖 1-9　數位行銷 10 種招數

09　數位行銷可帶來哪些數據分析？

　　數位行銷執行中，比較容易有數據產生，可以做分析，以下是數據行銷時可產生的數據項目，包括：

　　1. App 下載數、使用率、留存率。

　　2. 粉絲按讚數、粉絲留言互動數、粉絲轉分享數。

　　3. 網站每天流量和每天不重複使用者（UU）、拜訪者（UV）數量。

4. 網站、網頁、廣告的點擊率。

5. 業績轉換率（Conversion Rate, CVR）。

6. 網頁停留率、跳出率。

7. EDM 開信率。

8. 使用者、粉絲的屬性及輪廓大致狀況。

9. 關鍵字搜尋數量。

10. 其他相關數據。

最後，一般來說，一家比較大型的綜合性數位行銷代理商，大致可以提供下列數位服務：

1. FB／IG 粉絲團（粉絲專頁）代操。

2. 搜尋引擎優化（關鍵字廣告投放操作）。

3. FB 廣告投放、IG 廣告投放。

4. YT 廣告投放操作。

5. 網紅行銷操作。

6. Google 聯播網廣告投放操作。

7. 各大新聞網站（如 ETtoday、udn 聯合新聞網、中時電子報）廣告投放。

8. LINE 官方帳號廣告投放操作。

9. 部落格及部落客行銷操作。

10. EDM 發送及製作。

11. App 製作及行銷操作。

12. 官方網站製作及維繫。

13. 網路直播製作及操作。

第二篇
網路行銷概述

第 2 章

網路行銷概論（之 1）

網路行銷綜述

網路行銷綜述

一、網路已成為溝通平臺（7種平臺）

網路經過這十多年積極且豐富的企業營運發展，以及數位科技創新，其實，網路已成為現代企業營運及行銷重要的一種對內及對外之溝通及操作平臺，包括如下各平臺，茲說明之。

(一) 電子商務平臺（e-Commerce Platform）

有別於傳統的商務模式，在網路上也創新出新的電子商務經營平臺；包括 B2C、B2B、C2C 等新經營模式。

　　1.B2C：係指企業對消費者（Business to Consumer）的網路購物。例如：今天的 momo、PChome、蝦皮購物、雅虎奇摩、博客來等購物網站均屬之。

　　2.B2B：係指企業對企業（Business to Business）的網路交易過程。它交易的對象不是一般消費者，而是以企業的採購人員為主。例如：國內外有一些原物料銷售網站、零組件交易網、農產品交易網、產品採購網等。

　　3.C2C：係指 Consumer to Consumer，即消費者對消費者的拍賣網。

(二) 社群平臺（Community Platform）

社群網站的發展已日益普及，每一個網路族群似乎都會組成自己的網路社群。

例如：FB、IG、YouTube、抖音、Dcard、痞客邦、FashionGuide 社群網路，另外還有手機王（Mobile）、遊戲（巴哈姆特）、資訊 3C 等專業的社群網站。

(三) 創新平臺（Innovational Platform）

很多公司都透過網路無遠弗屆且通達全球各國的特性，而向外部的單位及外部人員收集更多的產品創意、技術創意及行銷創意。此方法即指在網路上的創新作為。

例如：美國 P&G 公司、IBM 公司、樂高玩具公司；日本的日清食品公司、花王公司等，均有此做法。

(四) 資訊平臺（Informational platform）

如今大部分的中大型企業或上市櫃公司都有他們的官方網站。官網中都會揭露出該公司的各種訊息。一般基本的營運資料、資訊都可以從這些官網中查詢到。此外，還有不少專業的資訊提供網路平臺，包括：提高某種產業知識、某種技術知識、某種產品知識等資訊平臺。

(五) 多元行銷溝通平臺

例如：網路廣告的呈現、病毒行銷的傳播、網紅 KOL／KOC 行銷、粉絲團經營、網路置入式行銷、文字部落格、影音部落格等，均為廠商或個人部落客的多元化行銷傳播溝通之展現平臺。

(六) 市調平臺

例如：itry 試用情報網。

(七) 集客平臺

例如：永慶房屋影音宅速配。

如圖 2-1 所示，係以網路為溝通平臺的 7 種模式。

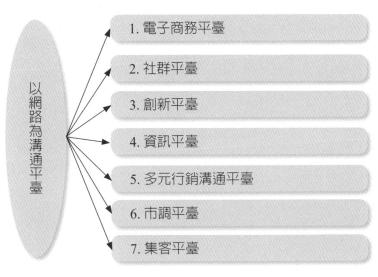

圖 2-1　網路溝通平臺的 7 種模式

二、「網路行銷」的意義

　　就廣義而言，網路行銷係指透過「網路」，作為傳播溝通平臺（Communication Platform）的所有相關行銷活動（Marketing Activity）。

　　因此，從企業的官方網站建置與提供資訊給消費者、或在雅虎奇摩刊登首頁的橫幅廣告、或在 Google 刊登關鍵字搜尋廣告、或運用人氣部落格好寫手的宣傳活動、或在 Fashion Guide 化妝保養品試用網站中獲得好評、或提供影音公司網站、或成立特殊會員俱樂部網站、或募集各種產品創新與創意的網頁等，均可視為「網路行銷」（Internet Marketing / Online Marketing / e-Marketing）的操作內容與意涵。

三、「網路行銷」的完整全方位架構

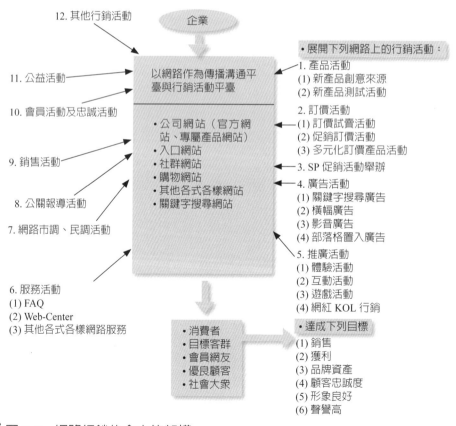

　　圖 2-2　網路行銷的全方位架構

四、網路行銷的目的與目標

(一) 網路行銷的目的

在全方位 360 度整合行銷傳播中，網路行銷已成為不可或缺的一環。尤其針對年輕學生及年輕上班族群為目標市場的產品行銷活動及媒介工具中，「網路」更成為不可或缺的主要行動方案之一。

網路行銷指的就是廠商透過網路這個無遠弗屆的新興媒介，而能達到下列的幾項目的：

1. 達成提升品牌知名度、喜愛度及忠誠度的目的。
2. 達成提升產品在虛擬通路或實體通路的銷售業績目的。
3. 達成透過網路的 CRM（顧客關係管理）計畫，能夠維繫、強化及增進與忠誠顧客或優良顧客的良好與互動關係。
4. 達成透過網路提供顧客必要且完整的產品資訊、使用資訊、促銷資訊、行銷資訊及其他相關周邊資訊。

茲如圖 2-3 所示：

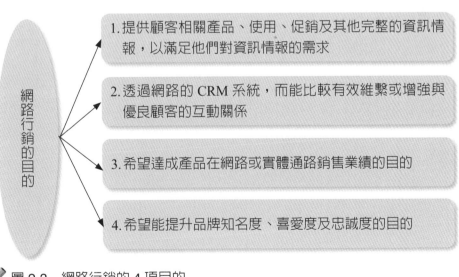

圖 2-3　網路行銷的 4 項目的

(二) 網路行銷目標

另外，每個行銷活動之目的皆不同，企業主依其需求與方針設定目標，

目標＋產品如同行銷種子，企劃、製作、媒體採購是因其生長，牽一髮而動全身。目標設定可分為四大方向：

1. 建立品牌（Branding）

   網路行銷或任何行銷的首要目標之一就是建立品牌，打造出知名品牌與強勢品牌。

2. 收集名單（Generating Leads）

   收集客群名單、增加網站會員等，最重要的是，要能有效地進行分析運用或建立長遠的 CRM 系統。

3. 刺激銷售（Accelerate Sales）

   除了實體據點的銷售，電子商務（Electronic Commerce）使網路上的廣告到交易一氣呵成，CPS（Cost Per Sale）已是必然的趨勢。

4. 導入人潮（Driving Traffic）

   吸引人潮到網站或實體通路，訂定明確的目標，事後才能評估策略、創意企劃、製作、媒體執行等，每個階段是否達到預期效果，才有所謂成功與否。

五、網路快速發展對行銷環境面的影響

近幾年網路快速的發展，包括商業網站的數量、企業官方網站的數量、個人部落格、社群網站、影音網站的數量、寬頻上網的家庭戶數、上網使用人數等，都有多倍數的高速成長。此種現象對企業的經營面或行銷面，都帶來顯著的正面、負面或競爭性等各種面向的影響。

對整體行銷環境面的影響說明如下。

(一) 過去「資訊不對稱」的現象將獲得大幅改善

也就是消費者可以在家裡的手機及電腦上網，從諸多網路上的各種管道獲得他們想要知道的資訊情報。包括廠商、品牌、價格、功能、效用等。因此，廠商必須「誠實行銷」；另外，也要「充分資訊行銷」才可以。

(二) 消費者受到同儕（即網路社群）的影響，日益顯著

由於年輕族群（13～39 歲）幾乎每天都會上網，瀏覽網頁也好，互通

LINE 也好，提供個人 FB、IG 及個人部落格文字或影音也好，我們可以說，這一類同質性高的網路社群，就是一種關係密切、思想一致、評論相似、容易相信的一群消費者。因此，這些網友的確會受到同儕某種程度的影響。

(三) 時間與空間的解禁，無遠弗屆與無所不在

網路是 24 小時的、全年無休的；而與空間即在我們面前的實體通路是不大相同的。這種無遠弗屆與無所不在的特性，與傳統廠商行銷的環境確是不同的。因此，必然會有它的若干優勢點及強項存在，廠商必須知所因應及洞察。

(四) 宅男與宅女族生意商機浮現

從國中生、高中生到大學生、年輕上班族，這些族群人數約 200 多萬的消費族群中，又有一部分比例成為宅男與宅女族，這個族群與電腦及上網生活在一起。因此，衍生出相關的新商機，例如：線上遊戲、線上串流音樂、線上搜尋、線上購物、線上娛樂、OTT 串流影音電視等。

六、網路發展對「行銷 4P」的影響

(一) 網路對廠商「產品」的影響

1. 網路平臺可作為廠商新產品「創意」的顧客意見來源。
2. 網路平臺可作為廠商徵詢顧客對「既有產品改善」的意見來源，以及對即將上市新產品的「各種市調」意見的來源。
3. 網路平臺可作為廠商對產品相關「資訊情報」揭露與刊載的公開媒介管道，可讓消費者更了解公司的產品資訊。
4. 廠商很有可能開發出專為網路銷售的不同產品。

(二) 網路對廠商「價格」的影響

1. 網路的無所不在與無遠弗屆，使價格資訊轉向了接近完全的透明化、公開化及比較化，因此，價格資訊不對稱性將不易存在。所以，廠商訂價必須「合理」、「誠實」，如此才有價格競爭力。
2. 網路使得團購或低價折扣團購成為可行的行銷方式。
3. 網路的 C2C 拍賣發展日益普及。

4. 網路購物的價格，一般而言會比在實體通路便宜些，因為它們少掉了中間通路商所需的層層利潤。因此，廠商產品在網路訂價及實體通路訂價上，可能會有些許差別。

(三)網路對廠商「通路」的影響

1. 網路崛起，使得過去著重在「實體店面」通路的銷售政策，改變為對「虛擬通路」的逐步重視。換言之，實體＋虛擬 O2O 及 OMO 兩者通路融合並重的政策是必然趨勢，雖然實體通路仍占較大比例。
2. 網路崛起，使得一些 B2C、B2B 或 C2C 的電子商務新興商業模式出現，這是一種創新的通路事業新商機。
3. 網路普及化，使傳統多階層的通路結構逐步簡化、縮短化及扁平化，中間商通路不再是主導行銷銷售的完全角色，換言之，中間通路商的角色已有弱化趨勢。

(四)網路對廠商「推廣、傳播溝通」的影響

1. 網路廣告、關鍵字廣告、KOL 網紅行銷及微電影等，已成為廠商行銷推廣與宣傳的媒介工具之一。
2. 企業官方網站及專業行銷網站等，亦逐漸成為企業對外傳播溝通的做法之一。
3. 網路社群的聚集及同質性，亦成為廠商在網路行銷操作上的主要目標對象之一。
4. 電子目錄（EDM）以及電子郵件、電子報，亦成為廠商在推廣活動時的行動內容之一。

七、網路行銷的八大未來趨勢

總結來說，網路行銷經過上述分析與討論之後，我們可以得到如下幾點趨勢結論。

(一) 實體通路與虛擬通路的 O2O 及 OMO 相互整合，及全通路同時發展並存是必然的

例如：雄獅旅遊網站亦同時設立實體店面來服務消費者。而像 SOGO 百貨公司、統一超商、家樂福、新光三越百貨等零售實體通路，亦朝虛擬網路購物全力推展（線上與線下融合、整合）。

(二) 網路行銷已成為整合行銷傳播的必要一環

愈來愈多的廠商已把傳統的媒介預算移挪一部分到網路廣告及網路行銷活動上，它已成為 360 度全方位整體行銷傳播操作的一個必要環節及工具。

(三) 網路行銷的操作手法也日益多元化

除了傳統的網路橫幅廣告外，其他像關鍵字廣告、網紅 KOL／KOC 行銷、EDM、E-mail、部落格、影音部落格（VLOG）、置入式行銷、FB／IG 粉絲團經營、微電影行銷、病毒式網路行銷等，也都多元化呈現。

(四) 網路開放式創新平臺，使網路行銷更具附加價值

透過網路核心會員、VIP 會員或主動的會員，網路行銷操作對新產品的創意來源、對新產品的各種上市前市調測試、對上市後的意見反映、對新服務的意見，以及對各種滿意度、各種排行榜的調查等，也都帶來了外部資源開放引進的重大效益。

(五) 對顧客關係與會員經營的互動加強及深刻化，更提升顧客對品牌忠誠度或公司形象忠誠度

透過企業的官方網站、產品的專門網站或是部落格方式，或是網路會員制等行動，加上一些優惠與尊榮的行銷活動，多少也將增強該公司或品牌與消費者之間的互動、良好、緊密與關懷的正面關係。

(六) 網路社群行銷日益重要

針對該公司產品的定位及目標客層，然後鎖定網路社群或特定社群網站，展開各種網路行銷活動，可能是花費小但效益大，而且比較精準的行銷方式。

(七) 誠實行銷是企業界一項良心的、根本的與必備的準則

由於網路的各種意見、小道消息、畫面、傳言等表達陳述，都可以在網路上做快速且病毒式的蔓延傳播與擴散。這對該公司的企業形象與品牌形象，都將帶來強大的殺傷力。因此，企業必須不能造假、不能誇大不實，必須做到誠實行銷，才不會被網路社群攻擊、批評或謾罵。

(八) 網路是新口碑行銷管道來源

最後，我們必須認知到網路是現代化新口碑行銷的重要管道來源。各種有權威的排行榜、試用報告、推薦報告、星級評等推薦等，都是被快速傳播的口碑。

茲如圖 2-4 所示：

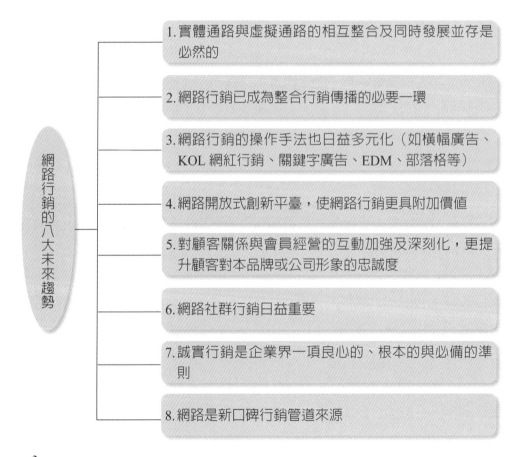

圖 2-4　網路行銷的八大未來趨勢

八、網路行銷與傳統行銷之差異

網路行銷已成爲當今企業行銷操作工具上的必備項目，不論是從企業的官方網站、企業的產品專業網站、入口網站的橫幅點選廣告、關鍵字搜尋廣告、部落格行銷、社群網站宣傳、影像網站廣告或微電影等，均已成爲今日數位時代行銷的主要方式之一。

(一) 網路行銷的強項（優點）

網路行銷具有下列幾點的強項，如下：

1. 不必外出便利性

網路是依賴消費者在手機及電腦滑鼠上的點選行動與行爲，而不必外出；其與電視、報紙、雜誌及廣播的廣告宣傳行爲是不一樣的，點選行動與眼睛看到網站內容時的行動是互成一體的。

2. 互動性

網路行銷是高度互動性（Interartive）及以一對一方式的（One-to-One）行銷而展開的。

3. 即時性

網路行銷是即時性行銷（Real Marketing），其決策速度是較快的。

4. 低成本性

網路行銷所花費的成本與電視及報紙媒體相較，是較低的；因此，較吸引人投入去嘗試效果如何。

(二) 網路行銷的最大特長（特色）

網路行銷相較於傳統行銷而言，它最大的特長或特色，即在於它擁有完整與詳實的「資料庫」（Database），以及可以展開「Data Communication」（資料傳播）與「Data Marketing」（資料庫行銷）相關工作。這在傳統舊時代，採用人工或人爲記錄與行銷傳播的工具及操作方法，兩者之間是有很大差別的。例如：某百貨公司或某產品公司要舉辦一個週年慶或大型促銷活動，透過公司已擁有的電腦資料庫中，我們可以調出相關比較精準的目標市場顧客名單，然後進行相關的網路行銷活動，以達到精準行銷之目的。

茲如圖 2-5 所示：

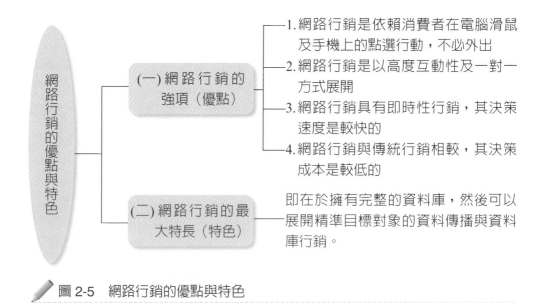

圖中文字：

網路行銷的優點與特色

(一) 網路行銷的強項（優點）

1. 網路行銷是依賴消費者在電腦滑鼠及手機上的點選行動，不必外出
2. 網路行銷是以高度互動性及一對一方式展開
3. 網路行銷具有即時性行銷，其決策速度是較快的
4. 網路行銷與傳統行銷相較，其決策成本是較低的

(二) 網路行銷的最大特長（特色）

即在於擁有完整的資料庫，然後可以展開精準目標對象的資料傳播與資料庫行銷。

✏ 圖 2-5　網路行銷的優點與特色

九、網路的九大特性與功能

網路幾年來能夠快速崛起及普及應用，主要可歸納下列 9 項特性或功能，可概括用「VICS‧DLOPS」9 個英文字母代表之，並簡述如下。

Internet 特性＝ VICS‧DLOPS

(一) Visual：彩色影像畫面的視覺效果

在網站上，可以看到彩色的、有畫面的、有影像的及有動畫等視覺感受，它比一般性靜態書籍或文字，更具吸引人的效果。

(二) Interactive 及 International：具互動性及跨國化的

1. 它是互動的及國際化的、無遠弗屆的，相對於看報紙、雜誌、電視及聽廣播等而言，網路是比較具有互動性的。例如：它具有 LINE 即時通話、部落格意見與心情表達、E-mail 傳訊及視訊影像對話等功能。
2. 另外，網路也是跨國化的、打破國界的、不限於本國的，換言之，它是無遠弗屆的。今天要上網查美國、日本、中國大陸、歐洲國家政府或民間企業、個別網站等，只要輸入正確的網址或密碼等，即可搜尋到相關的文字與畫面資料。這等於是把世界地球村拉近了，也拉平

了，在幾秒鐘內，即可以看到我們所要的東西。這在過去是要花很長時間及很多體力才能做到的事，如今，網路的神速發展，卻幫我們很快解決了。

(三) Cost：它是低成本的

基本上來說，網路上的作業、營運及建置成本，相較於傳統企業的傳統運作而言，它當然是比較低成本的。

包括入口網站、內容網站、社群網站或電子商務購物網站，它是較低成本的。例如：以購物網站而言，消費者只要在網站上點選，即可完成下訂單作業，但在門市實體店面，要有門市店租成本及人員接待成本。但在網路虛擬世界中，這些部分可以省下來或是減少支出。

(四) Speed：它是較快速度的

網路是較快速度的。包括查詢資料、LINE 即時通、購物下訂單、表達意見、廣告宣傳與溝通或傳輸文件等，這些行動舉措，幾乎都可以快速完成。這與過去傳統時代要用人工作業、海陸空實體運輸方式等來完成，是不可同日而語的。

● 案例 ●

過去企業文件可能要靠人或交通設備去送達；但現在可用E-mail方式，很快即可在電腦畫面上看到。再如，現在店面有POS系統，連上網路，即可看到每個店面、每項商品的銷售狀況，而這在過去卻是要用人工去統計，花較長時間才能完成的。

(五) Download 及 Database：它是可下載及以資料庫儲存的

網路不只快速可看到及可回覆，而且可以將下載的文件、圖片及影像、音樂等儲存起來，或詳細再閱讀、觀看等；而且也可以複製下載很多份及很多次。這與傳統時代的一次性、現場性或實體性等是不同的。傳統的書面文字資料、簡介、目錄、照片、音樂、畫面等，可能只有一份資料，但在網站上卻可以隨時上傳及下載，亦即可以隨時 Copy 的意思。此外，它也具有資

料庫儲存及建立的功能特性。

(六) Link：它是可以網站與網站之間相互連結或串聯的

網站的特殊性，即是可以相互連結，從這個網站跳到另一個相關網站，尤其在公司的官方網站中，經常出現集團性企業的相互 Link，彼此可以相互做宣傳方面的資源整合綜效。

(七) On Line：線上即時性

網站的第 7 個特性，即是具有線上的即時性。不論何年、何月、何日，網路是 24 小時不打烊的。消費者可以在任何時間，立即上網或互通 E-mail 及 LINE，也隨時可以查詢線上的任何資料。這與實體店面、實體圖書館等不是 24 小時全年無休的營運狀況是有所不同的。因此，即使是週末假日或深夜，當實體世界打烊時，網路仍能線上即時為網友服務。另外，像股市在線上即時成交，或網路銀行在線上即時轉帳等均是。

(八) Person to Person：個人對個人的

網路是具有個人對個人客製化功能的。例如：LINE 即時通訊、EDM 的電子目錄、E-mail 傳訊等，此種個人對個人的行銷、服務或資訊情報傳達等，均屬之。

(九) Search：搜尋功能的

網站的最後一個特性是它具有強大的 Searching 搜尋功能。包括在 yahoo!、Google 等主要入口網站或搜尋引擎網站上，都可以看到此種搜尋功能，這大大助益了所有的學生、上班族及大眾消費者。

網站的搜尋功能，使消費者節省了很多時間及外出體力，只要上網即可以找到基本必要的資訊情報。

如圖 2-6 所示，說明網路的九大特性：

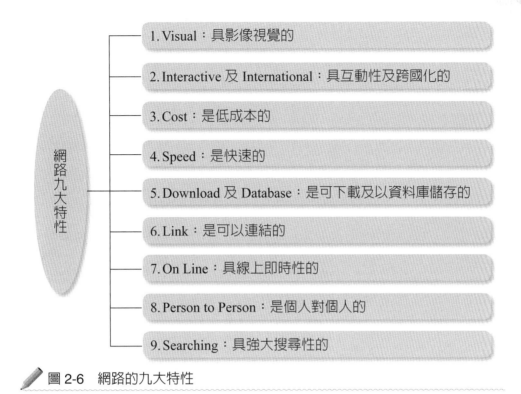

圖 2-6　網路的九大特性

十、網路如何影響消費者行為

(一) 過去模式：線性、單向模式

在網路未出現時代，消費者通常是到實體據點去購買產品，而其受到傳統媒體廣告的影響，如圖 2-7 所示：

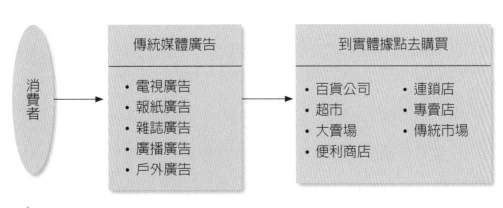

圖 2-7　過去傳統的媒體廣告與購買行為

如圖 2-7 所示，這是單向的、資訊不是完全充分揭露的，以及在實體店面去購買的傳統消費者行為；這是一種「線性」（Linear）的消費行為。

(二) 現代模式：非線性、雙向、互動、多元、多樣、交互；實體與網路交互購買的時代

但在網路出現以及蓬勃發展的時代中，消費者的選擇性、比較性、分析性、理智性及便利性等都進步很多，而且呈現出「非線性」及「非單向式」的消費模式。

如圖 2-8 所示：

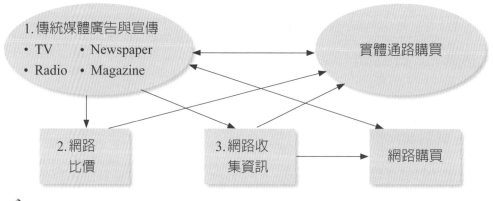

實體通路、電視廣告、平面廣告及網路媒體之間，形成一個相互且多樣化交錯的行銷生態模式

圖 2-8　現代化消費行為的多元化、非線性化媒體交互影響

如圖 2-8 所示，消費者購買的通路已增為「實體＋網路」兩者並存的現象，而消費者接觸媒體廣告宣傳時的資訊透明化來源，除了傳統媒體之外，又增加了網路新興媒體的工具與媒介。因此，這幾者間形成交叉互動的可能性，更增加了多元化、多樣性及互動性。

十一、網路行銷重要性日益增加的五大原因與變化

網路行銷的重要性，近幾年來有日益增加的趨勢。這主要包括以下幾個現象。

1. 幾乎大部分中大型企業均設有自己的官方網站（官網）做相關的資訊查詢及商品宣傳；而且也開設企業部落格，並展開電子商務（Electronic Commerce, EC）或 B2C 的消費者購物網站之經營；以上這些可以說是呈現了多元化及多樣化的變化樣貌。

2. 不管是號稱為 CGM（Consumer Generated Media；消費者創造出來的媒體）或是稱為 UGC（User Generated Contents；使用者創造出來的文字與影音內容）等；這些都加速著由使用者所主導商品的開發或意見融入參與的情況，且已日益普及。簡單說，消費者對企業界產品開發與研製，扮演了一定的角色，這與過去由公司或如研發部門獨立、封閉、單向式的做法，已有很大改變，消費者或網友的意見日益受到了重視。

3. 網路的家戶使用率及個人使用率，在美國、日本、韓國、臺灣或其他國家均已攀向高峰點，普及率均超過 80%，日本更高達 90%。

   臺灣家庭有安裝上網功能的戶數已突破 600 萬戶，全臺有近 700 萬戶，普及率已近 90%；而個人上網人口亦已突破 2,100 萬人；若以年輕人口或學生人口為例，則幾乎 100% 都在使用上網。因此，此種高普及率的使用狀況，對國內的行銷活動操作，帶來了很大的發展及成長空間。

4. 消費者可以在很快時間內，從網路上搜尋到很多的資訊情報，並且互相分析及比較，此種資訊的透明度，已達到高點，這對消費者購買決策也帶來變化。

5. 最後，網路時代也有很明顯的長尾現象（Long-tail）或長尾理論出現。簡言之，在網路行銷世界中，不一定要有少數幾個暢銷、熱賣的產品不可；有時候，累積很多個尾巴般的少量銷量產品，即可形成長長的尾巴，最後還超越過那少數幾個暢銷品。例如：博客來書店的一些外文書或特殊利基性書籍，每一本販賣量也許不多，但如果有 10 萬品項，每一品項僅賣 3 本，但累計起來也有 30 萬本的銷售好成果，也算是成功的策略，但這只有在網路功能上才能辦到。

總之，上述說明可如圖 2-9 所示：

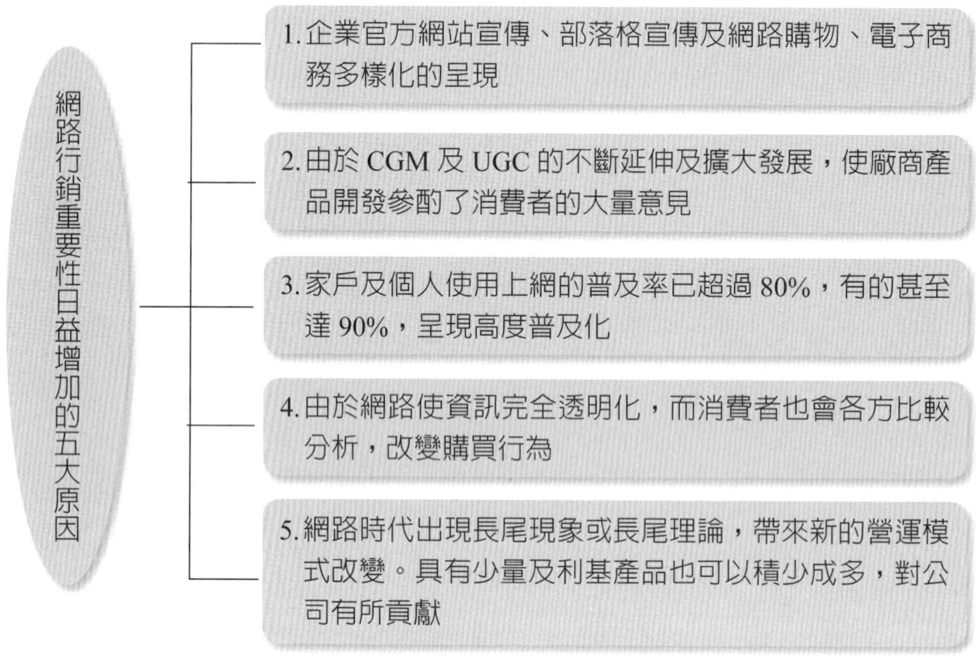

網路行銷重要性日益增加的五大原因

1. 企業官方網站宣傳、部落格宣傳及網路購物、電子商務多樣化的呈現

2. 由於 CGM 及 UGC 的不斷延伸及擴大發展，使廠商產品開發參酌了消費者的大量意見

3. 家戶及個人使用上網的普及率已超過 80%，有的甚至達 90%，呈現高度普及化

4. 由於網路使資訊完全透明化，而消費者也會各方比較分析，改變購買行為

5. 網路時代出現長尾現象或長尾理論，帶來新的營運模式改變。具有少量及利基產品也可以積少成多，對公司有所貢獻

圖 2-9　網路行銷重要性日益增加的五大原因與變化

十二、網路社群的 10 種型態

到目前為止，全世界或臺灣網路世界的社群發展，大致可歸納為如下 10 種形式：

1. 娛樂性社群（例如：巴哈姆特遊戲網站、藝人網站等）。

2. 商業交易社群（B2B、B2C、C2C）。

3. 搜尋社群（例如：找工作、找約會對象、結交朋友）。

4. 教育社群（例如：學生討論社群、Dcard）。

5. 特定事件社群（例如：超級星光大道）。

6. 公共意見社群（公共論壇、公共意見、PTT、Dcard）。

7. 品牌社群（對某些知名品牌或常用品牌所形成的社群）。

8. 消費者社群（消費者對社群發表產品使用報告或使用經驗分享）。

9. 員工社群（內部或集團性員工社群）。

10. 特殊主題社群（以特定嗜好、興趣或主題為基礎的社群）。

十三、網路行銷範圍

網路行銷的範圍，可包括如下幾項：

1. 付費廣告行銷（包括 FB / IG / Google / YouTube / LINE 等 5 種須付費的廣告行銷方式）。
2. KOL / KOC 網紅行銷。
3. 口碑行銷。
4. 社群行銷。
5. 部落格行銷。
6. 內容行銷。
7. EDM 行銷。
8. 搜尋引擎優化行銷。

十四、網路行銷 6 步驟

網路行銷的完整 6 步驟，如圖 2-10 所示：

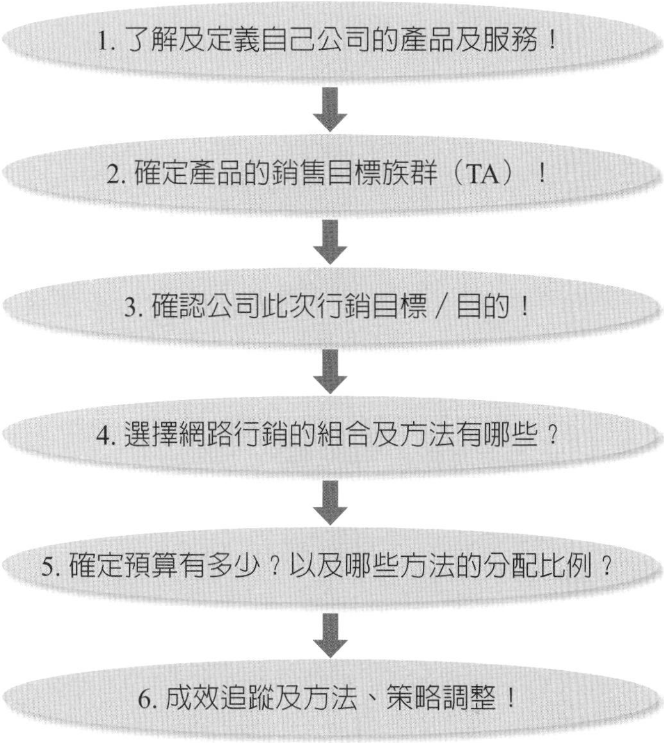

1. 了解及定義自己公司的產品及服務！

2. 確定產品的銷售目標族群（TA）！

3. 確認公司此次行銷目標 / 目的！

4. 選擇網路行銷的組合及方法有哪些？

5. 確定預算有多少？以及哪些方法的分配比例？

6. 成效追蹤及方法、策略調整！

圖 2-10　網路行銷 6 步驟

十五、360 度全方位整合行銷傳播

當今的行銷，已進化到 360 度全方位的整合行銷，而其所藉助的傳播溝通媒介，必須包含著傳統五大媒體廣告，然後再加上新崛起的網路及手機媒體才行。即如圖 2-11 所示：

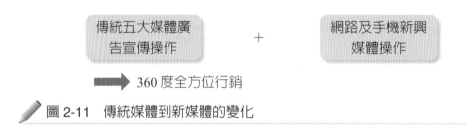

圖 2-11　傳統媒體到新媒體的變化

又如圖 2-12 所示：

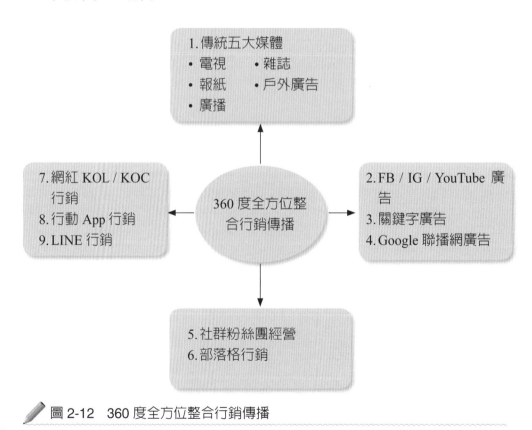

圖 2-12　360 度全方位整合行銷傳播

知識練功房

1. 請說明網路已成為重要的溝通平臺，它有哪 7 種溝通平臺的角色？

2. 請說明網路行銷的意義為何？並圖示其全方位的架構內容為何？

3. 請分析網路行銷的目標或目的有哪些？

4. 請分析網路快速發展下，對整體行銷環境帶來哪些影響？

5. 試請詮釋網路發展對「行銷 4P」的影響究竟為何？

6. 試請圖示網路行銷的八大未來趨勢為何？

7. 試請圖示網路行銷與傳統行銷之間的差異為何？

8. 請圖示網路的九大特性有哪些？

9. 試深入分析過去模式及現在模式，網路發展如何影響消費者行為？

10. 試請圖示網路行銷重要性日益增加的五大原因為何？

11. 試列示網路社群有哪 10 種型態？

12. 試圖示在網路世代的 360 度全方位行銷為何？並簡述之。

第 3 章

網路行銷概論（之 2）

01 網路行銷的思維、要素及操作工具組合

一、從 AIDMA 進展到數位網路時代的 AISAS

(一) AIDMA (傳統時代)

在傳統時代引起消費者購買決定的過程模式（Process Model），即是大家所熟知的 AIDMA 模式。包括：

A ⟶ I ⟶ D ⟶ M ⟶ A

Attention ⟶ Interest ⟶ Desire ⟶ Memory ⟶ Action
（引起注意） （引起興趣） （引起欲望） （記憶） （促使行動）

在產品剛上市時，廠商投入大量廣告，打造品牌知名度，即在引起消費者的注意。另外，廠商各種折扣、抽獎、贈品、免息分期等促銷活動，即在促使消費者展開行動。

(二) AISAS (數位網路時代)

不過到了數位網路時代，已經有很大改變，AIDMA 已轉變為 AISAS，即：

A ⟶ I ⟶ S ⟶ A ⟶ S

Attention ⟶ Interest ⟶ Search ⟶ Action ⟶ Share
（引起注意） （引起興趣） （展開檢索、 （購買行動） （共有分享）
搜尋）

在數位網路時代，很多年輕上班族或宅男宅女族，均透過電腦及手機上網去搜尋、檢索各種相關的資訊情報，並加以比較分析，然後理性採取購買行動。最後，在使用之後，還會把使用經驗、心得、感受，不管是好的或壞的，透過部落格、意見論壇、網路民調機制、病毒式網路散播等各種方式，表達出自己的經驗，與網友們分享，或共有或互動討論或激起共同心聲，此即 Share 的意涵。

(三) 小結

我們可以整理如圖 3-1 所示：

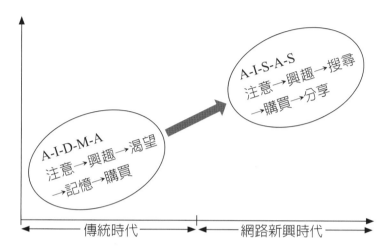

圖 3-1　傳統時代 AIDMA 到數位網路新興時代 AISAS 模式

二、網路行銷五大趨勢

進入 21 世紀網路時代，網路行銷具有下列 4 項顯著趨勢。

(一) 趨勢一：進入有聲有影新時代

隨著 5G 頻寬變大，影音 YouTube 等竄紅，「影音」成為企業主和消費者溝通的新語言。不僅客戶主動拍攝影片，透過影音 YouTube 平臺、抖音平臺、IG 平臺傳送分享，更有網路行銷活動開放網友上傳 Kuso 影片分享，打造更深的互動體驗和話題性。

(二) 趨勢二：網紅成為新主角

近年來，大小網紅及 YouTuber 的崛起，已成為各大企業、品牌合作代言及推廣產品的主要模式。

(三) 趨勢三：消費者創造行銷內容

企業已經講了太多，消費者開始覺得，在網路為何還要聽企業的。愈來愈多的企業讓消費者的經驗與創意做主角，設計成行銷活動的一環，不但更

有互動效果，渲染力量也更大。

　　例如：3M 與海尼根都運用影音部落格的機制，鼓勵網友上傳影音進行互動，也打破文字限制和增加話題。

(四) 趨勢四：跨平臺跨媒體創造綜效

　　許多以往沒有使用數位行銷的傳統主流媒體，也開始整合電信通訊。三立電視將熱門的戲劇節目與手機結合，結合電視臺的廣告、活動新聞、網站宣傳和節目宣傳，鼓勵觀眾透過手機簡訊，參與劇情的設計和互動，創造10 萬多通簡訊參與，是主流媒體進軍數位行銷的第一步，也讓數位行銷的運用更加跨行業。

三、網路成功行銷模式不可或缺的 4 項思維

　　國內知名米蘭數位科技的謝儀敦及王韻婷（2007）經理，依她們的經驗，提出網路行銷取得成功，應具備以下幾點思維或原則。

(一) 誘發消費者的興趣

　　雖然覺得自己商品優良，活動好康不斷，但消費者在某些層面上已經麻痺了，如何挑動消費者在熱情，首先必須了解網路市場生態以及 TA（目標族群）在網路上的使用行為，而後擬定策略從心理層面切入，並觸動他們的心。

　　消費者引起興趣的可能來自：是否有贈品？對我有什麼好處？好像有些新鮮有趣的？有我關心的議題嗎？等，把重心放回網友本身，探索不同世代對生活的感觸，有助於引起網友之間口耳相傳的連鎖反應，造成話題絕對是網路行銷中樂於見到的。

　　像是「一鳴精人綠油精廣告歌詞曲創作大賽」藉由「改編耳熟能詳的廣告歌曲」成為新話題，也讓對音樂創作有興趣的年輕朋友們參與其中，各得其樂。

　　「資生堂 MAQUILLAGE 心機彩妝活動」則以廣告影片中男女主角的曖昧互動，引起網友興趣，並參與留言，透過簡單的機制和贈品的搭配，曝光僅一週就有超過 1 萬筆留言數。

(二) 勿忘我的互動內容規劃

網站中該講些什麼？停止一廂情願地從企業角度置入資訊，試著從消費者方與企業方交叉篩選「What to say」，找到理想的平衡點。且另一個重要的事實是，愈加繁盛的網路行銷稀釋了每位使用者的時間與注意力，行銷人員將如何應對？

在無數令人印象深刻而優秀的網路行銷案例中，我們發現了一個共通點：它們不只有「對位」和「對味」的「What to say」，還更進一步從「What to say」中淬鍊出最能代表品牌／產品優勢的 Focus！假設每位使用者在其有限的時間瀏覽網站，他只能帶著單一且單純的思想或感覺離開，你希望是什麼？那可能是一個品牌／產品事實、一種風格與調性，也可能是一種抽象的關係或態度，把你的 Focus 找出來，給予「對策略」而且「好創意」的包裝，邁入勿忘我的境界。

(三) 理性與感性的美好體驗

技術與視覺感受是落實活動創意的一大考驗，Flash 在互動與質感呈現不像 html 處處受限，更能營造美好的「驚豔」！也可強化實體無法達到的互動關係。像永慶房屋「誰是接班人活動」，便使用 FLV 影片串流等創新技術，讓網站更加豐富多元。

(四) 配上有力的宣傳工具：媒體、數據與活動效益

主動出擊的宣傳工具是吸引網友注目的橋梁，在媒體的選擇上，應該注意專案的屬性，除了經費外，考慮的要素通常牽涉到接觸此媒體的年齡層、版位的曝光數、頻道的經營等，最後為不同的版位設計符合的 Banner。

值得省思的是即時效益的監控，要觀察所上的版位素材，利用數據分析是否效果不彰，彈性調整素材，除了帶給網友新鮮感，也可將策略導向比較準確的地方。

茲如圖 3-2 所示：

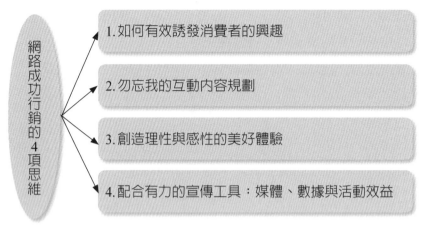

圖 3-2　網路成功行銷的 4 項思維

四、網路行銷時代必須學習的七大知識與工具

(一)網路行銷的時代必備：社群經營觀念

社群經營是進行網路行銷前的必備概念，一定要先認識如何在網路上進行社群經營，才有辦法使用好工具。

(二)臺灣主流應用社群平臺：FB

FB 的使用是絕對要學的網路行銷經營，個人帳號的利用或者投放 FB 廣告，目前網路行銷有很大的占比會是在 FB 行銷的使用上。當我們在 FB 上面開始進行各式各樣的點擊時，其實就是在幫 FB 累積數據，因為每一個點擊就代表著我們的習慣、行為或興趣，當這些都被記錄之後，我們的每一個帳號，就代表著我們可能會做的決定有哪些或消費行為有哪些。

FB 投放就是如此產生了。

(三)以圖像溝通為主的新興年輕社群：IG

IG 算是一個新興的社群平臺，2012 年被 FB 收購了，IG 的特性屬於純照片分享社群，是時下年輕人（15～39 歲）最愛用的社群工具。IG 未來可能會超越 FB 的使用性。

(四) 全臺灣廣為使用的通訊軟體：LINE

LINE 是目前臺灣最大的通訊軟體，約有 2,000 萬的用戶，只要是有智慧手機的人，幾乎會有一個 LINE 帳號。一般而言，LINE@ 生活圈、LINE VOOM 及 LINE 官方帳號均可進行網路行銷。

(五) 行之有年的內容行銷平臺：部落格行銷

部落格基本上是內容創作，利用有深度的內容來進行粉絲建立與建立部落客的影響力。網路上有影響力的人，通稱為意見領袖，包括網紅、知名部落客等均屬之。

(六) 全球最大搜尋引擎：Google

Google 的關鍵字搜尋廣告是常見的網路行銷之一。

(七) 全球最大影音平臺：YouTube

YouTube 成為全球最大影音平臺！

圖 3-3　網路行銷時代七大知識與工具

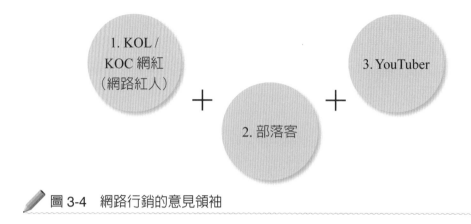

✎ 圖 3-4　網路行銷的意見領袖

五、網路整合行銷的三大要素能力

國內米蘭數位科技公司經理人 Ray（2006）曾提出在網路整合行銷操作上的三大要素能力，茲摘述如下。

(一) 創意企劃能力

對於剛開始從事「網路」創意的創意人來說，所遇到最大的瓶頸，就是發現的創意偶爾會與現今網路技術限制及整體專案預算規模相牴觸，因此，一個「網路創意人」除了要有必備的「腦袋」以外，還必須對網路相關技術有相當的了解，以及累積吸收專業知識的能力，並提高對專案預算可執行範圍的掌控度，才能規劃出符合廣告主需求、可行性高、又能有效利用網路技術達成目標的創意。

(二) 技術執行能力

執行任何網路行銷企劃案時，技術水準的高低以及執行力的強弱，往往是決定一個企劃案是否成功的要素之一；當創意企劃夥伴思考出一個既符合廣告主需求、又能在現今網路技術下執行的創意案時，技術人員的專業能力與實戰經驗卻不足以支援的話，再好的創意也是枉然，因而讓創意案的執行率變成不如預期、甚至更低。所以事前與技術團隊的充分溝通及協調，就成為達成這項要素的關鍵點了。

(三) 媒體整合能力

　　這個要素中，包括了「媒體規劃（Media Plan）」及「媒體購買（Media Buy）」兩個需要相輔相成的重要能力；若光是有強勢的「購買力」，卻沒有事前精準的「規劃能力」與專案進行中對於各項數據的「即時分析能力」的話，一個網路整合行銷專案的執行成果將會因此大打折扣；相反地，僅擁有好的「規劃能力」，卻沒有足夠的「購買力」時，將造成廣告主成本上的增加，令成本與效益的比例不佳。

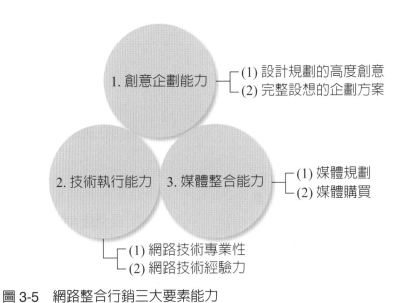

圖 3-5　網路整合行銷三大要素能力

六、建構網站集客力的關鍵 7 要素

　　國內微型企業輔導顧問薛良凱（2013）曾經指出網站集客力的關鍵 7 要素如下。

(一) 產生影響力

　　影響力指的是在某一個領域具有一定地位，發言與行為都能影響市場，產生某種程度的認同，並且也很快就能被搜尋到。影響力通常來自於產品、服務、內容差異化要夠大，試想：消費者應該要用什麼樣的關鍵字找到你的產品，然後把這些關鍵字輸入搜尋引擎，前 10 名結果就是你該學習的對象。

(二) 強化宣傳力

你的臉書粉絲專頁有人在看嗎？數一數按「讚」的人數就知道了。聰明的人，會研究文章內容與按讚的關聯性，粉絲喜歡什麼，你心中要有譜。介紹產品避免制式，多寫些使用經驗遠比描寫死板的規格有看頭，文章要融入五感元素，讓讀者讀到有畫面、有味道、有觸感的文字！

(三) 增加擴散力

即你的訊息被轉寄、轉貼給多少人。我有一位保險業朋友，從不跟我談保險，只是每週按時寄一則故事給我，多年後當我需要保險時，第一個想到的就是他。因為，「有料」的文章比商業廣告更平易近人，建議可提供一些有用、實用、派得上用場的知識，會讓你的文章更有擴散力。

(四) 提升活動力

當公司有網站後，須定期更新網站內容，自家網路上所有產品與資訊都該是最新的。更重要的一點是，須隨時保持監控狀態，如有什麼留言、信件就要儘快回覆；除自己的網站，也要隨時留意網路新聞和其他討論區的訊息，看看自己或同業是否有負面新聞出現，及早做好應變準備。

(五) 培養粉絲力

粉絲按讚表示「看過了」，但你無法確認粉絲對該議題到底知不知道、有沒有感覺。但只要讀者留言，我們可以確認這位粉絲對該議題「了解」，甚至「有感覺」。對於有回應的粉絲一定要特別留意，最好能培養成死忠型粉絲，最好的做法是建立一個 VIP 會員資料庫，以便進行差異化行銷。

(六) 創造動員力

要懂得活用虛擬與實體活動結合，時而來店體驗、時而上網促銷，用小禮物配上限量折扣，總有機會吸引到消費者的目光。另外，請不要小看網路的口碑宣傳效益，如果收到感謝信或讀者投稿照片，別客氣，快把它們貼出來吧！

(七) 強化導購力

活動、宣傳、人氣的終極目的，就是能夠產生收益，將活動成果逐漸轉換成收益的過程，就叫做導購。沒有增進收益的行為，表示活動沒有設計

好、沒有明確目標，這也是一種行銷資源的浪費。網路活動應該帶出商品推薦，商品推薦再接著帶出購物車，這些連鎖設計愈短愈好，讓消費者能快速下決定購買。

「開發一個新顧客的成本，是維護老顧客忠誠度的 7 倍」，因此，在網站設計上，必須同時兼顧招攬新客戶（仔細的介紹、衷心的推薦）、維護老客戶（細心的照顧、感性的呼喚）的雙重功能，在更新的過程中，也要廣泛採納消費者建議，適時新增或移除網站功能。

一個好的網站往往經過多次改版、更新、升級，不要期待網站服務能一次建置到位。唯有把對消費者的服務放在第一，透過長期的觀察、互動、改善，培養扎實的集客力，業績自然水到渠成。

02 網路行銷計畫內容、網路調查方法、網路品牌經營、網路廣告

一、網路行銷不是 100% 萬靈丹，應先建立完整的網路行銷計畫

國內網路行銷專家朱筱琪（2007）曾以其在數位行銷公司的經驗，提出如下網路行銷實戰作業的心得，值得參考：

> 網路行銷的確很複雜，所以客戶經常對我們提出一連串劈哩啪拉的詢問，網路究竟能為我的企業做些什麼？我應該對它有怎樣的期待？我應該如何經營我的網站？我需要投資多少人力及資本？等。其實網路行銷一樣符合 80/20 法則，釐清核心的關鍵成功因素，才能開創企業主與消費者雙贏的局面。
>
> 舉例而言，針對產品銷售，影響銷售業績的因素可能是「銷售人員的應對態度」、「品牌精神的認同」、「消費者口碑」等。因應不同的關鍵因素，企業都可發展出對應的網路行銷計畫。完整的網路行銷計畫應該包含「顧客接觸計畫」、「網站經營計畫」、「顧客忠誠度經營計畫」三大項，每項計畫應訂立明確的衡量指標與檢核點，藉由事後檢討以逐步累積企業經營網路的 Know-how。

　　五光十色的網路上總有新鮮的玩意兒能引起眾人的目光，但任何投資還是得在正確的目標與軌道下追求效益，整體規劃的網路行銷計畫能幫助企業避免掉入隨眾人起舞的陷阱，面對可能性無窮的網路大海，你準備好了嗎？

二、網路行銷「企劃提案」內容要點

　　國內知名網路行銷專家陳世偉（2008）針對網路行銷公司相關人員，應如何提出有效且完整的網路企劃案的思維要點，提出如下觀點。

(一)分析網站目的，擬定 KPI（Key Performance Indicator；關鍵績效指標）

　　是銷售？品牌形象？還是 CRM？客戶的主要目標是什麼？衡量標準是什麼？

(二)研擬達到 KPI 的數位行銷策略

　　分析 TA，找到客戶與 TA（Target Audience；目標受眾）的交集，用什麼 Big Idea（大創意）可以成功有效的溝通？

(三)善用數位科技與網路資源，規劃「可執行」的行銷計畫

1. 如何運用最新的互動觀念與技術來呈現 Big Idea？
2. 如何設計抽獎活動？什麼樣的流程可以讓 User（使用者、網友、會員）充滿興趣？
3. 如何鼓勵 User 自動留下資料？設計什麼機制或引發什麼動機，讓 User 不斷再次造訪網站？
4. 如何運用部落格與討論區炒作 Buzz？
5. 設計什麼樣的互動機制讓 User 可以體驗品牌精神？
6. 購買什麼樣的網路媒體操作不一樣的議題？
7. 行銷計畫的階段性如何規劃？
8. 什麼樣的購物機制可以讓 User 不會因為過程繁複而放棄？

　　以上行銷計畫必須轉化為精確的文件（SOW，即 Standard of Work；Project Plan，即專案計畫；Sitemap 與 Mockup 等），作為對內與對外的溝通文件，同時向客戶確認需求是否完整呈現，減低未來製作部門修改的成本。

(四) 開始製作執行

依據與客戶討論通過的行銷計畫藍圖，設計與技術部門依照 SOW、Sitemap 與 Mockup 的規格需求，製作網站內容或各式媒體素材。創新的技術與設計品質，永遠都是讓客戶買單的重要原因，若能同時將常用的機制轉化為可重複運用的元件，可大大提升效率與製作成本。

(五) 持續追蹤與改善弱點

網站上線只是第一階段的開始，根據每天的流量與 User 分析，持續調整後續的網站內容或媒體版位素材，或是利用 Social Media 收集 User 的反應，從不同的角度炒作議題。若回應率不彰，立即在機制上作調整，提高 User 參與的意願。

上述內容如圖 3-4 所示：

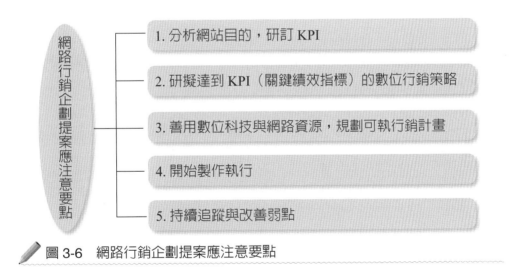

圖 3-6　網路行銷企劃提案應注意要點

三、網路市調與網路行銷研究（Net Research）

(一) 行銷研究的重要性

過去，傳統行銷研究（Marketing Research）扮演著重要的角色，其重要性在於：

1. 傾聽顧客的聲音，滿足顧客需求。

2. 滿足顧客多樣化、細分化與個性化的需求改變。

3. 提供研究所得到的情報，供為高階主管及經營者參考使用。

4. 發崛新的消費者、消費環境及競爭對手之變化與趨勢，以洞察這些變化的內涵，並做出因應之道。

(二) 傳統行銷調查研究的方法

傳統的行銷研究與調查方法，大概包括下列幾種：

1. 面談法

包括一對一、一對多或多對一的深度訪談，主要是提出訪談大綱或訪談問卷，請受訪對象提出看法及專業知識、經驗與判斷。

2. 留置問卷法

向調查對象或調查家庭，留下問卷，待一段時間填完後，即可取拿。

3. 電話調查法

又稱「電訪」，即透過民調中心或民調公司展開問題式的選答法，在採用大樣本或全國性樣本時，經常使用此電訪法。例如：政治選舉時，經常有各種電訪民調。

4. 郵寄問卷法

此即透過特定篩選過的目標對象，郵寄出問卷給對方填寫，即稱為郵寄問卷法。

5. 網路調查法

利用 E-mail 方式，傳出所欲調查的問題，請網友提出勾選答案或文字撰寫表達，此稱現代的網路調查法，以區別於傳統電話、問卷及面談調查法。

6. 焦點團體座談會（FGI, FGD）

此又稱為 Focus Group Interview 或 Focus Group Discussion；是一種小型的（10 人以內）深度團體討論會，由一個主持人主持會議討論進行。屬於質化的深度研究方法。

(三) 傳統行銷調查方法的缺點

傳統各種市場調查方法，不論電訪法、問卷法、一對一訪談法、座談深度研討法等，在實務上均有進行使用。但總的來說，這些方法也不免有些缺

點如下：

　　1.調查時間耗費較長。

　　2.調查成本花費較大。

　　3.調查問題數目也有受限制，不宜過多。

　　4.最後，效率來說是較低些，應該可以有更快的方法。

(四) 現代網路調查方法的優點

　　相對於傳統行銷調查法的缺點，恰好成為網路調查法的優點，包括：

　　1.網路調查法成本可較低些。它不須印製大量問卷的費用、不須郵寄的費用，也不須打電話的人員費用。

　　2.在調查時間、時效方面，網路調查法是較快速的。

　　3.網路調查法的題目也可以多一些，不像電訪那樣受到限制。

　　4.總結來說，網路調查在效率上是受到肯定的。

(五) 網路調查法應避免缺點

　　網路調查法雖有效率上的優點，但也應避免下列缺點：

　　1.如何有效避免非目標填寫對象而做網路填寫動作，應有效指定到目標調查對象的填寫。

　　2.如何加強網友的正確性填寫，而非為了一些獎品、贈品來填寫。

　　3.如何做好全國性、各性別層、各年齡層、各所得層、各地區層、各學歷層公平、公正且隨機之團體正確抽樣的達成，這是大型調查標本一大困難。

　　4.最後，在整個效能、精確度及精準度上能夠得到強化及技術上的說服力，將是網路調查化進一步普及的關鍵所在。

(六) 線上市調占比約 10%，未來成長空間大

　　直到近年，隨著網際網路多元發展和網路技術成熟，愈來愈多的企業、政府單位利用網路調查收集消費者意見，同時間，看到國外線上調查發展快速，好比英國線上調查比重達 25%，已經占所有調查方法中的最高比重，日本、美國也分別有 21%、15%，再度燃起國內線上調查的熱潮。

　　國內臺灣市場相對處在較低水準，據信，在現階段是國內線上調查量較

多的業者，104 人力銀行市調中心營運長估算，線上調查規模頂多 4、5 千萬元，占整體調查市場的 20%。

　　線上市場調查要發展，關鍵還是在客戶觀念的改變。舉大型廣告公司為例，目前調查費用 8 成以上還是花在實體調查，但有愈來愈多廣告公司或媒購公司為了向客戶提案，釋出要求簡單、快速、成本低的線上調查案子，這類案件已占 104 業績的 2、3 成。

(七) 國內主要 3 家網路市調服務公司比較表

公司	104人力銀行	東方快線EOLembrain	GMI
國籍	臺灣	臺灣EOL（60%）＋韓國Embrain（40%）合資	美國
特色	• 臺灣樣本會員數多且獨特：400 萬人力銀行資料＋各類職網 100 萬人 • 臺灣領先	• 臺灣 EICP 研究資源加上韓國第一大網路調查公司經驗 • 與中國大陸第一大 SINOMONITER 策略合作，可執行東北亞區調查	• 客戶範圍、調查內容涵蓋廣：有 60 多國、1,400 多家客戶 • 可執行全球性調查，在亞洲第一
市調樣本會員數	30萬	預計10萬	外包由104執行

四、利用網路以強化品牌的 5 項要訣 —— 大衛・艾格（David A. Aaker）的觀點

(一) 創造愉快的經驗

　　企業的網站要讓消費者喜歡上網瀏覽，應該具有 3 個特色：(1) 容易使用，不要太複雜以致讓人無所適從；(2) 具有吸引人的地方，譬如提供資訊、娛樂、交易或社交等功能；(3) 具有特色，能夠讓使用者有參與感，產生互動，也可以提供客製化的服務。

(二) 能夠反映和支持品牌

　　企業網站必須能夠符合品牌所標榜的精神，譬如可口可樂主張清涼、歡

樂，它的網站也可以讓使用者下載它的廣告歌曲。

　　企業網站的設計應該延續企業的識別系統（CIS），不論在顏色、字體、線條和排列上都須具有一致性。譬如柯達的黃色、維京的紅色、哈雷（Harley-Davidson）機車的黑色、維多利亞的祕密（Victoria's Secret）內衣的粉紅色，以主要色系貫穿整個網頁，讓人對企業的品牌感受深刻。

　　除了提供商品資訊以外，企業網站應該提供一些超越商品和服務以外的東西，讓消費者感到窩心，樂於上網，產生互動。譬如靠得住提供婦女健康知識、健康選擇；調理食品提供營養和健身知識。美國最大的代客報稅機構 H&R Block 金融服務公司讓顧客能夠上網下載報稅軟體、自行報稅，還提供節稅理財的知識，並且針對會計人員還提供稅務教育訓練課程。

(三) 和其他的傳播工具整合

　　企業網站應避免成為一個單獨的宣傳單位，而應和其他媒體宣傳整合在一起，發揮整合行銷的功能。

　　應該把企業網站當成旗艦店的概念，把廣告、促銷、消息稿發布、贊助活動等連結在一起。在廣告宣傳上，如報紙、雜誌、電臺等，能夠傳播的訊息有限，網路可以成為輔助的媒體，譬如新產品上市，廣告可以吸引人們的注意，網站則可以提供更多新商品的資訊，讓人們更進一步了解新商品的功能和用途。

　　在網站上舉辦競賽、遊戲或促銷活動等，也是有效的工具。

(四) 強化品牌忠誠度

　　企業網站不僅能夠提供商品資訊，更能增加消費者的認同感，以及對品牌的忠誠度。

　　企業網站尤其能夠提供忠實顧客有關企業的歷史和背景，在 SONY 的網站上，可以詳細看到整個企業的發展歷程，從電晶體收音機的發明到彩色電視、Walkman 隨身聽、PlayStation 遊戲機等的推出，都有詳細說明。在哈雷機車的企業沿革網頁中，可以知道哈雷機車的 2 位創辦人如何在 1901 年開始研發摩托車，如何經歷一次世界大戰，如何不斷的改良和研發等，這些故事都讓企業的品牌更有魅力，讓忠實顧客對企業更有感情和向心力。

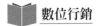

(五) 創造差異化的特色

要設計一個企業網站容易，要設計一個出色而與眾不同的網站則不容易。有特色的網站別人雖然可以抄襲和仿製，但無法取代。

汰漬（Tide）洗衣粉的網站，設計了一個除汙偵測站，可以根據消費者提出的汙垢的種類、衣服的布料、布料的顏色和款式等資料，提供除汙的解決方式。

利用網路強化品牌 5 項要訣

1. 創造愉快的經驗

2. 能夠反映與支持品牌

3. 和其他的傳播工具整合

4. 強化品牌忠誠度

5. 創造差異化特色

圖 3-7　David A. Aaker 利用網路強化品牌的 5 項要訣

五、素人影音廣告，新的行銷模式

網路數位廣告營收超過傳統媒體後，我們注意到特別興盛的影音廣告，尤其是透過素人（個人或團體）、影音直播或影片，陳述對產品的開箱、使用心得，對某些特定族群別有吸引力。

消費者行為漸漸改變。以 Google 的影音平臺 YouTube 為例，臺灣已有逾 10 位超過百萬粉絲的 YouTuber，10 萬粉絲以上的 YouTuber 更暴增 100 人，顯示臺灣高度接受影音資訊。形成網紅（網路紅人）與 YouTuber 的影音產業。

這種趨勢很明顯，許多廣告主開始重視影音對群眾（特別是對年輕人）的吸引力，不斷詢問如何透過影音廣告接觸過去難以觸擊的消費群眾。

科技扮演重要角色。透過後臺收集各種數據，讓企業主掌握廣告影片實際觀看狀況、使他們有信心，並可在投放廣告時給予建議。

例如：很多用戶看 5 秒廣告就跳掉，多半是一開始就未引起興趣，或是與自己無關，我們可以減少類似的廣告投放，給予其他的內容。

另發現一件有趣的事，傳統企業主下廣告時有「自己的觀點」，但 YouTuber 與粉絲有另外的互動方式，當 YouTuber 自由發揮、擺脫過去以企業主思維設計方式，反而更有效果。

過去幾年影音流量爆發性成長，企業從疑惑不解，到願意接受新的品牌表現模式，並進而投入更多預算做數位影音行銷。

科技分析數字讓企業主發掘新的潛在市場，近來發現，汽車駕駛對於寵物、小孩、家人「無法抗拒」；某汽車品牌設計了一系列寵物與車的影音廣告，反應超乎預期的好。利用科技分析數據，投放精準影音廣告，造就品牌與 YouTuber 等影音內容生產的商機，新興的數位行銷以影音模式呈現形成了新的行銷模式。

（資料來源：聯合報，2018年1月31日）

03 微電影行銷

一、「微電影」的定義

有人為「微電影」下了這樣的定義：微電影是經過專業策劃和系統製作，時間在 300 秒以內，具有完整故事情節的短片電影。對於觀看者來說，微電影的觀看幾乎沒有時空的限制，在短暫的閒暇時間，甚至是移動中同樣可以觀看。並且還有所謂的「三微」條件：「微時」（300 秒以內）、「微製作週期」、「微投資規模」，姑且不論這 3 個條件具體的標準，但是可以看到一個現象：從規劃、拍攝、投資規模，播映媒介來說，都釋放出受限於既有影音產業鏈模式之外的新機會。

二、微電影的效益

1.運用微電影，以較長的篇幅做到比廣告更完整傳達品牌的核心觀念。

2.運用微電影「說完整的故事」的特性，引發觀看者的注意，進而產生偏好，並投射在產品與服務之上。

3.運用微電影，藉助社群分享與行動網路的趨勢，以更低的行銷預算達到接觸閱聽族群目標消費者的效果。

三、微電影內容要吸引人的 5 要點

1.與觀看者有高度相關性。

2.引發其情感共鳴。

3.內容或表現方式有創意。

4.具有娛樂效果。

5.有延展性，讓觀看者可以自我延伸。

四、微電影讓人討論或分享 3 要點

1.要能引發觀看者喜歡（如上述）。

2.要讓觀看者「感覺良好」，像是覺得因此而表現出聰明，有自我品味，能幫助人。

3.讓觀看者與其社群之間產生歸屬感、連結感、參與感等感受。

五、「微電影」的產製過程與產業鏈關係

針對「微電影」發展過程與實際發生的案例，有人把「微電影」的產製過程與產業鏈關係用以下圖表方式表示：

1.UGC 純使用者產製內容

純粹是網友自製內容

2. 商業置入微電影

劇本 / 前置　拍攝　後製　上傳至網路平臺　散布推廣

專業拍攝團隊負責，商品 / 服務置入情節內　行銷推廣單位

3. 廣告主委製廣告微電影

品牌 / 廣告企劃　劇本 / 前置　拍攝　後製　上傳至網路平臺　散布推廣

企業 / 廣告公司　　專業拍攝團隊負責　　行銷推廣單位

六、微電影未來發展

　　國內微電影製作專家李全興（2012）認為，微電影未來發展 3 個方向如下。

1. 成為整合行銷的一環

　　與現有的平面廣告、電視廣告、互動式廣告、網路廣告彼此更深的結合，成為整合行銷傳播的環節之一。這一點已經在發生，但是否會出現更有趣的形式？例如：與不同媒介的品牌訊息間產生順序性、流程性，甚至是遊戲性，相信會有更多創意案例逐漸發生。

2. 拍攝製作單位更加廣泛，素人內容崛起

　　正如文章一開始提到，像 PopTent 這樣的平臺，可以媒合有拍攝能力的團隊與影片需求者，甚至不再受地理的限制（意思是美國的廣告主也可以輕易發包給中國的拍攝團隊）。而除了專業等級的拍攝製作之外，素人製拍影片裡特有的真實感或趣味，或許也會是提升社群傳布效果的一種機會。因此，有能力發掘與媒合廣告主與拍攝者的單位（不一定是平臺，也許是影展或比賽），也會因此在微電影產業鏈中扮演重要的角色。

3. 媒體與推廣單位的演化

因為微電影的觀看與瀏覽有相當大的比重是在行動裝置上，而如何讓影片被傳播開來，也許需要透過社群的傳布，甚至是行動通訊平臺如What's App、LINE 等新媒介。因此，傳統媒體主導的角色將轉移到影音平臺、網路媒體、社群意見領袖與行動通訊網路上。

所以，不是只有請到天王、天后擔綱演出，耗資千萬在大型入口網站分集播映的影片才叫「微電影」，這個正在演化中的影音內容與溝通方式還有相當多的可能性，在這樣的趨勢中，你可以扮演什麼樣的角色？值得你開始思考。

七、微電影播放管道

1. 企業官方網站。
2. 品牌官方網站。
3. YouTube 網站。
4. 手機 App。

八、演員

1. 知名演員。
2. 一般演員。
3. 素人演員。

九、微電影目的

1. 宣傳品牌形象。
2. 宣傳企業形象。
3. 達成各種行銷目的。

十、微電影成本

1. 微電影每部製作成本少則 80～200 萬，多則 300 萬元以上。

2.剪輯成 30 秒電視廣告片，在電視頻道播放，但成本較高。

3.也可以只在官網、YouTube 及手機中播放，如此成本花費較低。

十一、微電影訴求內容

1.感動人心的。

2.幸福的。

3.有趣、幽默的。

4.愛情故事的。

5.親情故事的。

十二、TVC 與微電影兩者間的差異性

電視廣告片（TVC）	微電影
30秒內	15分鐘內
不易有故事性的	有故事性的
不易觸動人心	較易觸動人心
適合打響品牌知名度	適合深入品牌黏著度與忠誠度
不易有口碑傳播效益	易有口碑傳播效益

十三、微電影行銷成功 3 祕訣 —— 內容、播出平臺、宣傳管道缺一不可

1. 內容製作

不同於傳統電視廣告的被動收看模式，網路廣告大多需要觀眾主動點選觀看，因此影片內容不能只說自己想傳達的、或是一味地訴求產品優點，網友愛看最重要。根據市場研究公司 Millward Brown 的調查，73% 的網友期待看到專業製作的成品內容，專業、優質的內容，才是網友所期待的。

例如：為了讓民眾從生活經驗當中感受馬政府的具體政績，政黨宣傳影

片擺脫了以往政府宣導歌功頌德的方式，而以愛情故事為主軸，強調就算繞了地球一圈、看遍了再多國家美好的風景，還是覺得臺灣最好！影片推出至今，已吸引超過 21 萬人點閱。

2. 播出平臺

微電影一般大多選擇在免費的網路平臺播出，透過網路傳播爭取曝光，而藉助網路傳播的微電影，同時也具備了網路方便下載、轉發，並可反覆收看等特性，但更重要的是，將影片上傳至網路影音平臺，必須是跟目標族群有關聯性的平臺，才能加深網友黏著度。

以 2014 年 4 月在 yahoo! 奇摩名人娛樂平臺首播羅志祥與楊丞琳的微電影《再一次心跳》為例，預告瀏覽人次就突破 40 萬人次，上線當天更有 300 萬的瀏覽率，5 集微電影的網頁瀏覽率（Page View）更創下 1,100 萬次的驚人成績。

3. 宣傳管道

就品牌或產品宣傳而言，微電影是一種影音行銷手法，從社群化的議題操作，吸引網友關注、點閱及分享傳播，創造話題性及新聞價值，進而打開品牌／產品的知名度；同時要能在影片上線前、中、後期，根據目的訂定整合策略，進行階段性操作，以獲得最高效益。

十四、〈案例〉全球第一大品牌精品 LV，推出首支「微電影」廣告片

相隔 4 年，法國精品 LOUIS VUITTON（路易威登，簡稱 LV）再度推出全新微電影廣告片「L'INVITATION AU VOYAGE」，由全球排名第 3 名的超模 Arizone Muse 擔綱女主角，在法國巴黎羅浮宮拍攝，充滿懸疑氣氛，卻帶出 LV 的品牌價值，讓人期待。

LV 曾在 2008 年推出首支官方廣告「Where Will Life Take You?」當時以各個國家旅行的人、城市與大自然流動畫面，呈現 LV 著重旅行、生活的品牌精神。

新微電影廣告片，由曾為 LV 拍攝首支成衣系列廣告的 Inez van Lamsweerde、Vlnoodh Matadln 再度執導拍攝，據悉，Arizona Muse 彷彿是

個間諜，看著一縷黑影在羅浮宮閃過，並進入義大利文藝復興時期大師傑作的展廳，Arizona Muse 追隨前往，劇情緊張又引人入勝。羅浮宮也難得出借拍攝，且鎮館之寶「蒙娜麗莎的微笑」也出現在廣告中。

據悉，LV 透過這支微電影，強化品牌在藝術、工藝的價值，敘述 LV 從打造行李箱、皮具的品牌，發展至成衣、飾品、珠寶手錶等全方位精品，女主角 Arizona Muse 穿著 LV 經典針織衫與圓裙，拎著剛推出就熱賣的 Empreinte Speedy Bandouliere 包款，為新一代女性穿著留下完美印記。

LV 近年積極拍攝各類型短片，多方接觸新型態媒體，這支微電影廣告據悉還將有續集，2015 年後會陸續公布。該支廣告在 LV 官方網路有預告，也在官網播放完整版，全球僅法、美、英、中國大陸、俄羅斯、香港與南韓在電視播放廣告，臺灣將僅有平面廣告和官方網站完整版。

知 識 練 功 房

1. 試圖示 AIDMA 及 AISAS 意義為何？
2. 試列示網路行銷五大趨勢為何？
3. 試列示網路成功行銷模式的 4 個思維為何？
4. 試列示網路整合行銷的 3 項要素能力為何？
5. 試列示網路行銷的 6 種操作方式為何？
6. 試列示網路行銷企劃提案內容要點為何？
7. 試列示網路調查方法之優點為何？及應避免之缺點為何？
8. 試列示網路公關具有哪六大特性？
9. 試圖示網路品牌經營五大指標為何？
10. 試圖示利用網路強化品牌的 5 項要訣為何？
11. 試簡述微電影與傳統電視廣告片有何區別？

第三篇
社群行銷概述

第 4 章

社群網站與社群行銷概述

01 網路社群快速崛起

一、「社群」是什麼？

1. 從早期的 BBS、部落格，到現今流行的 Facebook、Instagram、LINE、TikTok、Twitter 等，這些社群已然成為大家創作、分享及互動的網路平臺，更逐漸成為另一種熱門的網路趨勢。

2. 所謂的社群，就是：「網路社群是社會的集合體，當足夠數量的群眾在網路上進行了足夠的討論，並付出足夠情感，形成以發展人際關係的網路社會，則虛擬社群因而形成。」

3. 簡單來說，一群具有相同興趣的人，聚集在一起的地方，像是 Facebook、Instagram、LINE、TikTok、Twitter、YouTube 等有人群聚的平臺，都可稱之為「社群」。

4. 社群的本質是人，而 Facebook、Instagram、TikTok、LINE 等，這些媒體都只是經營社群的工具。

二、三大社群平臺的比較

根據臺灣網路報告，目前國內社群平臺使用率最高的是三大平臺，即 Facebook、Instagram、LINE，再加上 YouTube 等四者。

下表是呈現三大社群平臺的比較：

	Facebook	Instagram	LINE
使用率	90%	55%	95%
年齡層	20～65歲	12～35歲	全客層（12～80歲）
呈現方式	以文字為主，照片及影片為輔	以照片及影片為主，文字為輔	文字、照片、影片等多種格式並用

	Facebook	Instagram	LINE
特色與經營建議	透過粉絲專頁經營品牌，可投入少許預算，宣傳店家形象或推廣產品貼文	可拍攝精美的產品宣傳照或影片，利用限時動態吸引目光	可發起群組或社群聚集顧客群，或是建立官方帳號，可即時宣傳品牌、提供折價券或解決顧客問題

三、常見的網路社群分類

常見的網路社群有以下幾類：

1. 網路論壇／BBS（例如：臺大 PTT、Dcard 等）。
2. 聊天室。
3. 線上遊戲之遊戲虛擬場所。
4. 部落格（常與社群網站或大型入口網站連結）。
5. 社群網站：
   (1) 非購物類（例如：Facebook、IG、抖音、推特）。
   (2) 購物類（例如：時尚美容網 FashionGuide、手機行動通信社群討論網 Mobile01）。
6. 於企業網站（或購物網）中設置社群討論專區。

四、網路社群崛起，加速社群行銷的形成

上述各類社群中，又以最後二類對網路行銷的影響較為顯著。消費者在社群網站中交換訊息、尋找同好，進而創造、發布、分享訊息。除一般定義的社群網站外，網路社群的概念也逐漸延伸到不同類型的網站中，使網站有「社群化」的趨勢，亦即有愈來愈多的網站將社群的概念放入網站經營元素中，藉以延伸客戶服務，如廠商在其網站上針對產品設立「網路社群」專區，讓消費者在其中進行討論、交流，並在聊天室中 24 小時設置客服人員為消費者解決問題，此舉無形中增加了該項產品的價值與知名度，尤其對新

產品更有助益。此外，這種社群化網站還能藉此維繫良好的顧客關係，並得到最直接的客戶反映。另有許多汽車大廠提供個人化社群網站，結合國內車主上網習慣及需求，提供車主安全、個人化網頁，讓車主在社群中表達意見，並與其他車主交換用車心得，例如：福特 MyFord 網站（www.myford.com.tw）以及 Nissan RV 生活家網站等。

綜合觀之，網路上的「社群」就是「因為擁有共同興趣、喜好、目標或利益，因而組成的一群互動團體」，而「社群行銷」便是「針對這些團體進行行銷活動」。

02 社群網站的類型、成員及經營

一、實務上，社群網站的二大類型

目前社群網站的經營型態，可分為：(1) 提供部落格、相簿、交友等綜合型服務的「一般社群網站」，(2) 以及基於特定興趣與嗜好，發展而成的「利基型社網站」。前者如 Myspace、Facebook 及 IG，後者如國內最大美容討論社群 FashionGuide、3C 討論社群 Mobile01 等。

來自四面八方的網友，依據個人喜好，加入各種社群，在這一片「專屬」的園地，和其他網友分享、討論生活。

二、上班族對社群平臺高度依賴

雲端科技徹底改變人與人之間的互動方式！國內知名消費者市場研究顧問公司「東方線上」發布最新調查指出，超過 95% 上班族有使用 Facebook（臉書）的習慣，最常使用的時間是睡覺前跟等人時，就連上廁所、起床時都不放過，顯示上班族對雲端社群平臺的依賴。

結果發現，國內上班族最愛使用的社群網站仍以 Facebook 拔得頭籌，使用者高達 95.3%；之所以愛用雲端社群平臺，近半數受訪者表示渴望獲得關注；近 7 成上班族更坦言，打開社群平臺看到朋友傳來新訊息或回應貼文，會覺得自己受到重視。不過，上班族在社群平臺上交友廣闊，但其中有高達 7 成是完全不認識、沒見過面的網友（包括在社群網站上主動加或被加

朋友，或玩網路遊戲認識的朋友）。

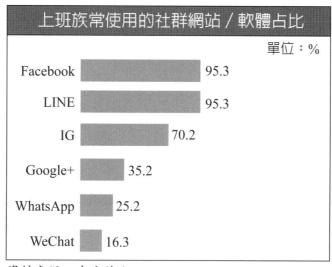

上班族常使用的社群網站／軟體占比

單位：%

Facebook	95.3
LINE	95.3
IG	70.2
Google+	35.2
WhatsApp	25.2
WeChat	16.3

資料來源：東方線上

三、Facebook（臉書）成為社群網站排名第一名

　　近十多年來，各式網路社群的不斷興起，從早期的 BBS 討論區到部落格，到近十年紅翻天的 Facebook、IG、YT，即使工具形式不同，卻同樣讓人們可以輕易地共同參與一件事或一個討論，透過彼此間的互相交流資訊、提供想法。網路媒體也因為社群網站的蓬勃，閱覽內容由媒體主導的「單向發聲」，轉變由群眾參與的「共同創作」。網路的發展也變得更多元，滿足更多人不同需求。

　　近兩年的 ARO 調查數據顯示，社群網站的到達率與瀏覽量不斷攀升，這意味著社群網站不光是使用者愈來愈多，使用的量也愈來愈大。尤其 Facebook 在某些年齡的網路使用者中，ARO 值排名不僅是社群網站第一名，甚至更打敗入口網站，成為臺灣用戶最喜歡「黏」的網路平臺。

　　網友在 Facebook 上除了玩遊戲之外、都還喜歡做些什麼呢？與朋友在塗鴉牆上進行互動，或透過粉絲專頁與自己喜歡的品牌互動，是網友最常使用的二大功能。透過 Facebook 本身強大的社群互動、連結機制，再加上 Facebook 很識時務地開放了站外使用的社群外掛與外部應用軟體開發者，

讓企業或品牌可以在平臺上發揮行銷創意，因而輕易地接觸到自己所需的目標客戶。

四、Facebook 社群經營的操作方式

數位行銷專家檀曉雯（2010）曾經在《廣告雜誌》裡提出 Facebook 社群經營的三大操作方式，茲說明如下。

(一) 粉絲專頁經營

Facebook 高人氣使用量，讓「粉絲專頁」、「社團」功能，成為品牌、企業、商家以至個人最佳行銷管道。在臺灣擁有最多臉書粉絲的 7-11，在粉絲專頁經營上，是以提升品牌好感度與網友互動性為主要行銷目標，例如利用 OPEN 小將與遊戲橘子合作推出首款 Facebook 遊戲《OPEN!CITY》，甚至結合網友生活習慣加入門市商品的推廣，或是利用 Facebook「讚」功能與舉辦粉絲活動，如當日若能滿 1 千人按「讚」，該項產品打 7 折等，都受到網友熱烈的響應。

(二) 串聯活動

Facebook 上最有價值的行銷資源，就是存在真實存在的消費客群，平均而言，每個 Facebook 用戶約莫有 130 個朋友。企業或品牌還可以事先在 Facebook 上進行產品問卷測試，操作產品上市前的話題性，或者產品上市後，利用粉絲間口耳相傳的效應，誘發粉絲發揮口碑力量，達到產品或品牌大量群聚曝光的目的。「雪碧」結合《青蜂俠》電影在臺上映，在 Facebook 舉辦「周董揪團 邀你看青蜂俠」活動，利用分享好友的機制，並鼓勵網友將活動訊息發表在個人塗鴉牆，吸引近 5 萬名網友參與活動，成功為品牌創造雙倍的廣告曝光價值。

(三) 精準廣告投遞

為什麼要叫做「精準行銷」？過去不管是電視媒體、平面媒體或一般網路媒體，廣告主很難精準確實掌握到自己的客戶在哪裡？喜歡什麼？Facebook 以實名制所建立的以「人」為核心所發展出來的各種關係，利用客群分類資料，讓廣告主可以非常精準的找出客群、瞄準客戶、讓潛在客群

變成真正客戶。解決了傳統媒體廣告主花了錢，投遞了廣告，卻無法掌握到底誰看到廣告的問題。

經由社群特性，帶來全新的廣告操作方式。

(四) 結合行動與在地資訊是未來趨勢

Facebook 不僅風靡 PC 網路用戶，目前亦主導行動網路市場。目前已有數億個用戶透過各種不同行動平臺連結至 Facebook，許多民眾使用手機上網的時間中，將近 5 成也都消耗在 Facebook 上。毫無疑問，Facebook 的崛起，勢必將會帶動另一波行動行銷的快速發展。例如 Facebook 地標商家簽到機制，讓定位服務功能與行動應用結合，變得更容易操作，商家也可以利用 Facebook 地標頁面，舉辦客戶簽到打卡活動，提供客戶免費試用品、折扣或其他好康獎勵來建立顧客的忠誠度，或是帶入更多新客戶。

使用正確 Facebook 行銷方法，就可以發揮無與倫比的社群擴散力！不管你喜不喜歡，Facebook 已經徹底改變你與朋友之間的關係，也改變許多企業與消費者的溝通。無論如何，媒體新時代來了！

五、人人有話說，個人即媒體

社群媒體不只串聯人際網絡，更讓個人得以獨立發聲，消費者由沉默、被消音的受眾，轉化為有自主意識、具獨特性與發言權的個體，因此，個人即媒體，而且還是得以左右其他消費者的重要口碑媒體。

安吉斯媒體集團依照網路社群行為的活躍度，將消費者分為五大族群，分別為：創作者、評論者、連結者、旁觀者以及沉默的大眾。

將臺灣安吉斯媒體集團 CCS 的資料與全球的資料比對，可以發現在臺灣有高達 48% 的社群網友屬於高度積極且主動產出訊息的「創作者」，遠遠超出全球創作者的平均值 22%（見圖 4-1）。這個驚人的數字，一方面再次證明臺灣消費者高度數位化，對於新模式的勇於嘗試與主動掌握，另一方面也說明，這是一個人人有話要說的社會，而社群媒體不只提供了一吐為快的管道，更釋放了個體發言的欲望與渴求。

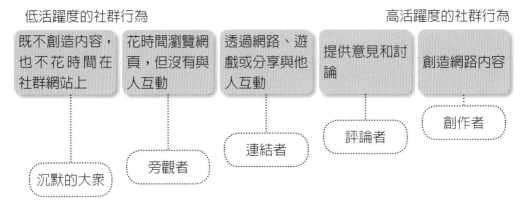

創作者	至少有以下2項行為（每個月至少2至3次以上）：管理自己的網站；上傳你自己創作的東西（影片、文章、音樂等）；在自己的部落格發表文章。
評論者	對其他部落格內容或意見發表看法；或參加社群討論／網路論壇（每週1次以上）。
連結者	玩連線遊戲或登錄自己的社群網站；或跟其他人分享你在網路上發現的東西，如：影片、文字、音樂等（每週1次以上）。
旁觀者	看電視節目的短片或電影的短片；或觀看整集的電視節目；或看其他人做的線上影片（如：YouTube）；或閱讀其他人的部落格（不包括社群網站，如Facebook、LINE、Myspace等）；或下載Podcast（每週1次以上）。
沉默的大眾	網路使用者，但不包含創作者、評論者、連結者及旁觀者。

資料來源：CCS 2010, Base: 15～24歲，N=3,000

 圖 4-1　社群行為及族群定義

六、小型企業利用社群網站行銷的 8 項錯誤

　　社群網站蓬勃發展，加速資訊傳遞的速度，爲小型企業帶來新商機；但利用社群網站行銷並非無往不利，專家建議小型企業利用社群網站行銷時，須留心 8 個常犯的錯誤。

(一) 未事先計畫

　　儘管許多社群網站提供免費應用程式，但花下去的時間就是金錢，所以

須先確立目標、設定達成計畫、決定投入的時間和資源，以求開花結果。

(二) 太快一頭栽入

並非每個社群網站都適合所有商家和企業主，如果一次嘗試所有平臺，反而容易顧此失彼。先研究那個平臺最適合業務目標，以及競爭對手和客戶常用哪些平臺？

(三) 忽略投資報酬率

小型企業的時間和資源均有限，所以要勤於追蹤網路行銷效果，以衡量是否值得投資。確保你有既定目標及檢視成果的方法，大部分社群媒體應用程式提供分析工具，並有求助欄解釋使用方法。

(四) 未充分利用平臺建立品牌

每個社群網站平臺都提供眾多資訊欄，讓企業填寫品牌訊息並插入圖像，但許多小型企業讓這些欄位留白，不僅未掌握吸引消費者的機會、降低自己出現在搜尋結果的機率，還會破壞公司形象。

(五) 沒有互動的老王賣瓜

在宴會上遇到只會自我吹噓的人最掃興，如果無法傾聽或讓消費者參與意見，網路行銷也徒勞無功。別害怕加入討論或發問，如果有人問你問題或發表評論，務必予以回應。

(六) 不能面對負面評價

難免會碰到滿腹牢騷的客戶張貼負面評價，但千萬別刪他們的貼文，以免被誤會成對自己的品牌不具信心。正面溝通並全力解決對方疑慮，才能贏得客戶忠誠度。

(七) 捨不得花時間經營

在網路上經營品牌非一蹴可幾，須有投入時間的心理準備。社群網站行銷見效的關鍵，在於持之以恆的上網互動，即使一天僅 10 分鐘也行。如果無法投入時間，最好別貿然開始。

(八) 欠缺熱情

　　社群網站行銷沒有熱情不會成功，如果企業主對網上互動不具熱情，但握有資源，不妨另找員工負責。

03 社群行銷與社群經營

一、傳統行銷與社群行銷的區別

(一) 傳統行銷

　　藉由產品、價格、促銷、通路來區分產品，並透過間接性與多層性的行銷方式曝光來達到行銷目的。但是傳統行銷方式並未能使業者了解消費者對產品的反應及回饋，而且傳統行銷所耗費的經費與人力較高，如下圖示：

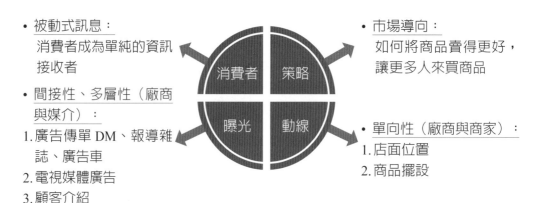

- 被動式訊息：
  消費者成為單純的資訊接收者
- 間接性、多層性（廠商與媒介）：
  1. 廣告傳單 DM、報導雜誌、廣告車
  2. 電視媒體廣告
  3. 顧客介紹

- 市場導向：
  如何將商品賣得更好，讓更多人來買商品
- 單向性（廠商與商家）：
  1. 店面位置
  2. 商品擺設

(二) 社群行銷

　　社群行銷為數位行銷其中之一，為近年來廠商漸漸著手經營的區域。社群行銷為虛擬社群，透過社群網站或手機 App 來經營，進而了解業者與客戶的互動，以及消費者對消費者之間的互動；此行銷手法效益比傳統行銷來得廣，且經費較低廉，如下圖示：

- 主動式參與並提高黏著度：消費者可直接互動並不再是單純的資訊接收者，也成了品牌與商品的參與者

- 客製化（廠商與網友）：
1. EDM
2. 網路廣告

- 顧客導向：
1. 如何透過網友將商品推廣並擴散
2. 縮短廠商與消費者之間的距離

- 雙向互動性（網友與網友）：讓消費者在認知品牌前，可以先了解網友的看法與建議

傳統行銷

```
Advertiser      電視
投入金錢    →   報章雜誌   →   大眾   →              實質交易
（廣告主）       廣告
```

社群行銷

許多企業或品牌都忽略了這幾個成功關鍵步驟

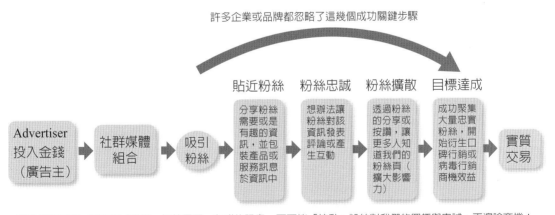

從事社群行銷，若不先「推送」粉絲需要、有感的訊息，不可能「拉動」粉絲對我們的興趣與忠誠，更遑論商機！

🖊 圖 4-2 傳統行銷與社群行銷之差別

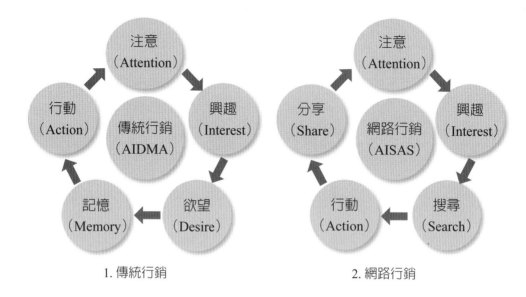

1. 傳統行銷

2. 網路行銷

3. 社群行銷

無論哪種模式，好的內容才能引起注意

圖 4-3　傳統行銷、網路行銷與社群行銷三者之差異比較

表 4-1　傳統行銷與社群行銷比較

項目	傳統行銷	社群行銷
1. 誰來行銷（Who）	行銷人員、企業員工	使用者
2. 行銷什麼（What）	商品包裝、議題包裝 流程包裝、通路包裝	個人感覺分享
3. 在哪行銷（Where）	實體通路、虛擬通路	虛擬通路
4. 何時行銷（When）	依據產品或服務推出時間點，進行產品或服務包裝與宣傳	任何時間，前幾年已經發生的，也有可能被使用者持續討論
5. 為何要行銷（Why）	要提高利潤，所以要行銷	因為個人喜好而行銷
6. 如何行銷（How）	告訴消費者產品及服務的好處，制定行銷SOP，促使消費者依購物流程進行消費	毫無限制，著重分享，不重手段

二、社群行銷的定義

(一) 什麼是「社群行銷」？

1. 根據臺灣網路報告，國內 12 歲以上上網人數多達 1,900 萬人之多，整體上網率高達 85%。

2. 所謂「社群行銷」，就是在聚集群眾的網路平臺上，經營網路服務或行銷產品的過程。有別於電視臺廣告、大型看板、DM、報紙廣告、公車廣告等傳統行銷的範疇，而透過 Facebook、Instagram、YT、TikTok、LINE 等社群媒體的傳播途徑，網路社群行銷的型態不僅多樣、創新、效率高、曝光時間長，更可將行銷能量發揮到最大效益。

(二) 社群行銷的優點

網路社群行銷的優點，包括以下三點：

1. 即時溝通，靈活度高

可即時發表新品或是優惠訊息，再根據顧客的反應與變化，隨時調整行銷方式。

2. 受眾精準，投遞優化

可以只針對目標受眾或區域擬定行銷策略，讓你的一般貼文、團購貼文或廣告更精準的投遞，創造最合適的內容及產品，來獲得更多的回應與好感度。

3. 預算彈性，成效數據化

行銷花費門檻較低，投遞時間的調整也更有彈性，每次投遞的過程都可以化成數據，清楚得知到目前為止有多少人看過這則廣告，以及後續的互動行為，讓你可以更明確的分析廣告成效，也可以為企業挖掘更多潛在顧客。

三、社群經營關鍵四要點

(一) 建立品牌好印象

想要讓粉絲變顧客，須為品牌建立好印象，以下為注意事項：

1. 大頭貼照：使用店家或品牌的標誌或圖形符號，方便粉絲辨識。
2. 用戶名稱：使用店家或品牌名稱，方便粉絲辨識，也可以再加上「Store」、「Shop」等關鍵字，更容易搜尋。
3. 網站：利用店家網址或 Facebook 粉絲專頁連結網址，引導粉絲進入你的官方網站進行購物，以及參加社群優惠活動。
4. 個人簡介：用簡單幾句話介紹你的產品或服務，也可以加入品牌概念說明，或可採用 # 主題標籤。

(二) 視覺取勝，用照片、影片說故事

社群行銷最搶眼的內容就是每一則貼文的照片、影片，因此，在社群平臺上行銷，照片是最關鍵的因素。依貼文主題為產品巧妙搭配背景、燈光、擺設，再加入故事性、生活元素與品牌風格，形成一張張精美照片或一段影片，讓客群對產品留下深刻印象，達到推廣的效果，也更能提升客群對品牌的信任感。

(三) 設定行銷目標及客群

1. 目標客群

了解目標客群才能為社群經營帶來最大的價值，不管男、女性、學生、青少年、小資族、上班族、銀髮族或專業人士，依目標客群的需求設計文案主題與活動進行推廣，如果預算足夠，還可以找合適的網紅或部落客為產品開箱。

2. 行銷目標／目的／任務

在進行任何行銷活動之前，必須訂定一個明確的目標，像是希望增加營業額、提高品牌曝光度、建立品牌形象，還是希望找到一位網紅為你推廣新產品，增加更多追蹤者等，有了清楚的行銷目標，才有分析行銷策略的方向性，讓你投入的時間及金錢產生最大效益。

(四) 標註地點與 Hashtag（#）優化貼文

在貼文中標誌地點，可以觸及更多你所在地區的用戶，而 Hashtag 是全世界用戶的共通語言，用戶可以快速搜尋到你的貼文。使用 Hashtag（#）的技巧，應用簡短的關鍵字，比冗長的文字訊息來得更有效益。

四、社群經營的「搶讚」迷思

現在很多人對於按讚的態度，從初期的滿腔熱血，到後來變得意興闌珊，可是看到親友貼文又不好意思不捧場。所以，擁有多的按讚數並不代表提高了轉換率與關鍵績效指標（KPI），更不代表會轉換成購買商品率。所以大家要想辦法增加的，應該是貼文的正面留言次數及分享次數。

五、圈粉（Fanocracy）

對品牌經營者而言，透過社群吸引粉絲、培養鐵粉，幾乎是品牌成功的關鍵。各行各業都要靠打造社群圈才能成功生存，每個人都要齊心協力塑造一種「圈粉」文化，持續在顧客心目中留下深刻印象。

「圈粉」一詞的英文，由「Fans」及「Anocracy」組合成「Fancracy」而來。Fans 就是粉絲，Anocracy 原本是政治學術語，意指不由政治體控制

的「無支配體制」。因此，集結成粉絲體系，稱之爲「圈粉」。

能夠留住人心，才是眞正圈粉。按了一次讚，甚至短時間累積多少粉絲不是重點，對我們的品牌不夠認識，也不能算是粉絲。

讓粉絲成爲「鐵粉」，甚至成爲「信徒」，是成功打造獲利模式的首要課題。總之，圈粉＝培養粉絲忠誠度。

六、三大策略決定圈粉成敗

商業品牌社群網站要爭取粉絲的認同感，使其成爲鐵粉，主要須特別注重以下三大策略：

1. 視覺策略引起共鳴。
2. 內容策略提高討論。
3. 互動策略產生口碑。

七、「內容產出」模式

不管是 FB 或 IG，一切都還是得依靠平時的內容及互動，來鞏固社群圈的厚度，社群圈愈厚，愈有機會影響陌生潛在粉絲，把他們圈進來成爲粉絲。而我們也可以依據平常的貼文內容，不斷加強社群圈的凝聚力，此模式即是：內容產出 → 觀察受眾反應 → 收集受眾回饋 → 調整內容再產出。

所謂「內容爲主」的意識逐漸抬頭，使得專注在「內容行銷」變成社群行銷的重要指標。對 IG 而言，圖片及影片的吸引人們視覺，就是最優先要經營的部分了。

視覺是抓住大家目光的敲門磚，而文字則是圈住粉絲的最好機會。

八、社群經營的工作角色分配

企業要經營 FB、IG、YouTube、LINE 網路社群時，可能會由多人分工來經營此網站，這些人的分工說明如下。

(一) 趨勢分析者

趨勢分析對社群經營占有很重要的地位，這個角色必須知道目前受眾喜

愛的內容方向是什麼，時事節慶可搭配行銷的內容、產業趨勢分析，以及自身品牌優劣勢為何；對趨勢敏銳且社群意識高，通常能提供內容經營適當操作的靈感來源。

(二) 製圖設計者

為社群內容經營設計可用的圖像，製圖者除了要能將影音、圖像內容結合行銷目的，了解何種素材可達到訊息傳遞的功用外，對智財權及版權也須具備基本知識，提供原創或合法的內容，好讓品牌行銷使用。

(三) 文案撰寫者

文案是一個品牌的靈魂，能完整地把靈魂釋放的文案撰寫者，是掌握品牌精神的關鍵角色。除了理解何種文案能抓住受眾的心，更要具備將文字帶有轉換下單的設計作用。

(四) 社群互動者

小編人員擔任社群互動的角色，是維持品牌與受眾之間感情的協調者。好的互動者需要耐心與基本公關能力，以打破網路上人與人之間的距離，同時也提高品牌的好感度。

(五) 成效分析者

成效分析者除了要全面了解這段期間規劃的內容外，也必須具備分析受眾反應與互動回饋的能力。除了知道數據要如何忠誠反映經營成果外，也要了解環境變化如何影響社群經營。

九、觀察粉絲的各種反應與評價

受眾反應就是讓品牌可以長久經營的關鍵；每一次的貼文是否能讓粉絲看了之後產生進階的轉換運作，或者是否能打造自主口碑傳播的效果。

而所謂受眾的反應，即：按讚 → 留言 → 分享 → 購買等。

不論是 FB 或 IG，每個商業帳號的後臺，電腦版或手機版其實都內建了各種大大小小的洞察報告數字。透過這些數字的呈現，我們可以觀察到整體帳號的成長、觸及率、互動率等，也可以逐一檢查單篇貼文的表現。

另外，觀察法也可以運用在分析上，例如：收到 10 則留言，有一半留言是批評的，有一半是好的，可以觀察這些留言是正評或是負評。除了社群平臺留言之外，也有「星級評等」，五顆星代表極滿意的滿分。

十、各社群平臺的使用度及優劣分析

(一) FB

臺灣長期以來的社群平臺使用分布，以 FB 為最大宗。其使用年齡及性別也較平均，不僅是 40～55 歲壯年族群，55～75 歲的中年使用者也不少；如果目標族群是全年齡層的品牌，在 FB 上發展是比較理想的。

(二) IG

臺灣使用率第二名的為 IG，主要年齡層仍以年輕族群用戶分布較多，約 18～35 歲，且女性使用者比例稍高一些。IG 以視覺為主，主打影音與圖片呈現的品牌，且以年輕族群為銷售對象，就會選擇用 IG 做經營的工具。

IG 可以大量呈現多張作品，限時動態版位的使用率也是全世界最高的。

(三) Twitter

過去 Twitter 在臺灣的市占率雖不高，但近年來使用率有小幅成長；Twitter 的好處是轉推分享非常容易，只要按一個鍵就能分享到自己的頁面中，且動態消息的呈現方式，會以當下發出的貼文優先曝光，所以能快速收到最新消息。

但 Twitter 對文字、圖片及影片的呈現就比較壓縮，所以，若想呈現比較多的文字內容或多張完整圖片樣貌，Twitter 恐怕就不太適合。

(四) YouTube

至於以影像及音頻為主的呈現，在 YouTube 上發表內容，可以讓受眾獲得較佳的觀看體驗。

十一、京站百貨樓管人員成為「直播主」賣東西

2020 年 3 月，新冠肺炎疫情爆發後，各大百貨公司人潮減少，臺北京

站百貨公司為了救亡圖存，嘗試讓樓管成為直播主，直接在線上與網友做溝通銷售，反而成為救命藥方。

京站百貨的主力客群為 20～35 歲的年輕學生及上班族，樓管人員輪番上陣，舉凡吃的、彩妝、行李箱等，幾乎無所不賣，而在螢幕前，說學逗唱銷售櫃位的產品，成為圈粉，創造疫情期間的好業績。

經過幾次好成績後，京站百貨決定成立專責小組，在內部遴選，並培訓直播主，建立模組化的 SOP 流程。即：

1. 由樓管人員選出商品，和廠商談好優惠、數量、到貨日期等細節。
2. 企劃發想直播主題及腳本。
3. 寫成提案交給店長，包括預估成本、目標銷售量及營業額等。
4. 進行排程、場勘及預算評估；最後在固定時段做正式直播。
5. 建立獎金制度，激勵樓管人員；此外，也將櫃姐納入此計畫內。

十二、品牌粉絲價值如何計算，應考慮五大因素

當品牌紛紛成立社群媒體的粉絲頁、當「小編」成為品牌最火紅的發言人、當粉絲頁收集了好幾萬個「讚」，這時品牌不禁想問：這麼多個「讚」，背後代表的意義為何？每個支持品牌的粉絲，真的都是品牌的愛用者？還是只是跟著湊熱鬧？重要的是，成千上萬的粉絲們，到底有多少價值？能夠為品牌帶來多少效益？

一個按讚的粉絲對品牌來說有多少價值？新臺幣 30 元、90 元，還是 300 元？《Social Media ROI》作者 Olivier Blanchard 認為，粉絲的價值不能簡化成單一的數字，他提出計算粉絲價值時要考慮的 5 項因素如下。

(一) 社群粉絲的價值不等於獲取的成本

在買汽車的時候，汽車的價值通常等於購買的價格，但在粉絲價值計算時，並非如此。

(二) 粉絲的價值需考量他的購買習慣，和影響他人購買行為的能力

粉絲價值的計算方式，需從粉絲和品牌產生消費的實際數值，以及影響他人購買的數值來計算。如果粉絲在一年內都沒有消費，或影響他人消費，

對品牌來說，價值就是零。

(三) 每個紛絲的價值都是獨一無二的

　　每個粉絲的生活型態、需求、品味、購物習慣都不同，有的粉絲是季節性的消費者，有的只會按讚但極少消費，因此用單一數值去衡量粉絲價值並不精確。

(四) 粉絲的價值隨時會改變

　　由於粉絲購買行為會隨不同時期改變，如果去年某粉絲花了 1,000 元，並推薦朋友花了 500 元購買該品牌商品，去年這位粉絲價值就是 1,500 元，今年沒有消費，粉絲價值就是零。

(五) 不同的品牌、產品，粉絲價值都不同

　　同樣一個人，每年花在購買賓士車或可口可樂上的金額應該不會相同。因此，對不同品牌來說，每個粉絲價值都不同。

　　這 5 個因素點出了一個關鍵，粉絲的價值和最終的購買行為密不可分。品牌在思考粉絲價值時，不應該用單一的數據去量化每個粉絲，然後加總計算社群媒體的投資報酬率，而是應該設法了解每個粉絲的生活型態、購物習慣，以及是否有能力去影響他人的購物行為。

十三、八大祕訣：把臉書粉絲變成顧客

　　利用影音創造流量是未來的重要趨勢，根據全球數位商業分析公司 ComScore2018 年的調查，全球有 12 億人曾上網觀看影音內容，並看過 2,000 億支影片。

　　此外，根據 IDC2018 年《全球新媒體市場模式》報告預測，臺灣網友在觀看影音下載，以及觀賞串流影音內容的行為，未來將呈現倍數成長，成長動能甚至超越社群媒體的使用。

　　因此，大量投入影音內容是社群行銷首要工作。網路影音平臺服務公司 OOYALA 提供八大祕訣，讓品牌不只招攬人氣，更有機會把粉絲變顧客。

(一) 把文字變影片，讓數字說話

如何知道哪些內容會讓消費者感覺到驚喜？一開始先做消費者研究，累積影音創造吸引人的體驗，讓消費者感覺到品牌在做一對一的對話。如 Dell 把所有產品說明拍成影片，除了讓消費者一目了然而增加購買意願，Dell 也能透過產品解說影片的點擊次數，主動發現哪些是消費者最不了解的產品，因而主動調整產品，有了影片之後，Dell 甚至裁減產品服務部門，也節省一筆人事開銷。

(二) 洞悉喜好，留住顧客心

當影音累積到足夠的量時，就能發現哪些影音內容最受消費者喜愛，如 2 分鐘的影片可能比 5 分鐘的影片更受消費者歡迎，或是哪些特定表演者特別引起消費者興趣。只要讓消費者在你的影音平臺上停留愈久，他們就愈有可能購買，但要特別注意，消費者不喜歡推銷意圖太強烈的影片，一旦消費者感覺到被推銷，可能就會離開。

(三) 下對關鍵字，容易被搜尋

現在是個內容很容易被淹沒的時代，消費者如何能從人海中找到你？一般消費者都是使用 Google、yahoo! 奇摩、Bing 等搜尋引擎，如果下對關鍵字，就有機會出現在這些搜尋結果的第一筆，但多數人都會忘記幫影片加上關鍵字。此外，如果能將所有影片集中到一個平臺，就能增加相關影片的曝光率。

(四) 找對媒體，提高分享量

消費者熱愛分享影音的原因是有趣，所以比起文章或網站，影音被分享和觀看的次數更多。品牌可以選擇將影片發表在 YouTube、Facebook 和自己的官網，或是 yahoo! 奇摩的影音平臺，因為這些平臺有一定的人氣，能助品牌一臂之力。最後在影片上傳後，記得要追蹤瀏覽人次和分享次數，才能對影音內容做調整。

(五) 研究點擊分布，發現新市場

拓展市場遇上瓶頸了嗎？密碼就藏在追蹤影片點擊的分析報告中。影音能從空間分布幫助品牌發現意想不到的新市場，當你清楚掌握哪裡的消費者

最喜歡你的影片，就能找到拓展市場的機會。

(六) 點一下就交易

在影音旁加上點擊購買的指示，讓消費者看完影片時，同時立即化感動爲行動，但消費者最怕複雜，所以品牌必須把購買流程變簡單，消費者才能買得更輕鬆。這類按鍵可直接嵌入影片內部，但通常爲了美觀，會把按鍵設在影音外部，才不會干擾消費者的影音體驗。

(七) 把握行動趨勢

現代消費者經常把智慧型手機、平板和電腦交互使用，無論在哪一種螢幕上，都有機會做消費。因此，品牌必須建立影音的多裝置策略，讓消費者在任何一種裝置上都能順暢觀看，此外，品牌也必須在多元裝置上，提供方便的購買管道。

(八) 優化平臺管理

社群時代下，消費者會透過多螢幕收看影音，因此品牌更要做好平臺管理，爲消費者的影音體驗品質把關，如打造一致的品牌印象，讓影片適合螢幕欣賞，也讓購買流程簡單順暢。

十四、經營粉絲團的四層引導流程

(一) 第一層：接觸

在粉絲團經營上，第一層目的都是先「接觸」，先想辦法接觸到粉絲，或許是偶然的一篇文章吸引他第一次接觸。

(二) 第二層：提升黏著度

想辦法使粉絲們持續關注，提升黏著度。

(三) 第三層：互動

如果有一天，粉絲願意開始與我們互動（按讚、留言、分享），代表著這樣的粉絲願意開始用行動支持我們，會更容易吸引他們來消費。

(四) 第四層：引發購買

最後才是接收銷售訊息。有些人經營粉絲團的盲點就是只 PO 營業訊息、銷售訊息，在貼文中毫無互動溝通，只有冷冷的表達，所以也就不會想要繼續黏著了。

經營粉絲團與粉絲們溝通的 3 元素，即：文案、圖像及影像。

如何撰寫文案，有以下幾個重點：

1. 「標題」是一個引頭，好標題會吸引人家想要繼續往下看。只要讀者被標題吸引，點擊進去，有流量基本上目的就算達成。
2. 文案內容掌握 3 原則：
   (1) 適時斷句。文字內容太長，會令粉絲懶得看。
   (2) 應要「易讀」、「易懂」、「清楚表達」。僅使用白話文表達，不要置入太多專業名詞。
   (3) 利用貼圖製作視覺效果。

十五、某餐飲店社群行銷術

(一) 社群行銷三大元素

某餐飲店透過三大元素，即：1. 產品力；2. 店頭魅力；3. 文案力，讓其三家餐飲店都能高朋滿座，而且每天都有源源不絕的消費者主動推廣，幫這三家店做正面口碑行銷。

1. 產品力：獨家特色美食

餐飲店品牌操盤策略當中最基礎的就是「產品力」，這也是餐飲必備的致勝關鍵，做出差異化的產品，打造亮眼有特色的餐飲商品。

「產品力」就是品牌擴散的基礎元素。

2. 店頭魅力：消費者拍照上傳 FB 及 IG 分享

餐飲店有一個行銷必殺技，就是在店鋪設計的時候，一定要把「讓人想拍照」這樣的場景元素設計進去，讓店鋪不會死板板，每個人進來都想「拍照上傳社群媒體分享」，透過這樣的場景設計，讓來店裡的顧客都會想拍照，創造「口碑效應」。

3. 文案力

發文就是要思考「發文目的」及「發文主軸」是什麼？

社群發文有五大方向：

(1) **以銷售為目的**：希望透過貼文引發消費者到店消費。

(2) **活動訊息**：有時候舉辦一些活動讓粉絲參與，建立與粉絲面對面的互動。

(3) **分享訊息**：透過分享訊息與粉絲互動，建立與顧客間的情感。

(4) **品牌形象**：每一個訊息透露出對品牌的用心，以及希望跟消費者溝通的事情。

(5) **善用顧客見證替品牌加分**：顧客使用心得就是產品的最佳見證，

上述幾個方向可以穿插使用，避免只有單一主選項目讓粉絲感到枯燥乏味。

1. 餐飲社群行銷 3 要素	2. 餐飲業：社群發文五大方向
(1) 產品力	(1) 以銷售為目的
(2) 店頭魅力	(2) 活動訊息
(3) 文案力	(3) 分享訊息
	(4) 品牌形象
	(5) 善用顧客見證替品牌加分

十六、案例

案例1　日本啤酒商善用Facebook行銷，成功創造新產品討論熱度

　　日本啤酒商龍頭Sapporo啤酒將從本週五（3/22）起，開始在網路上販售一款新啤酒「百人的奇蹟」（百人のキセキ）。這款新啤酒的特別之處，在於它是利用Facebook粉絲團號召喜愛啤酒的網友。從去年9月開始，與網友進行每週一次的線上討論會，歷時半年開發而成。除了新啤酒的口味、酒標，連販售、宣傳方式也在討論議題中。討論會總共舉辦18次，合計共有1.2萬人參加，累計留言數8,500則。

案例2　東急手創館的社群網路經營心法

　　創立於1976年，並在上海、臺灣等地都設有多家分店的日本生活雜貨品牌東急手創館（東急ハンズ），雖然已是市場領導品牌，近年來卻因為電子商務的盛行，業績受到大幅影響。為了改善劣勢，東急手創館開始積極經營各個社群平臺，並歸納出數條重要經營心法。

　　東急手創館目前擁有官方Facebook粉絲專頁、YouTube頻道、Twitter等數十個社群平臺。在社群平臺營運之初，東急手創館便訂下了幾條經營法則。經過無數次的嘗試，最後將這些法則歸納為以下9項：
1. 每天盡量在固定時間發文。
2. 盡可能回覆每一則留言。以公司名稱為關鍵字搜尋，不論看到有趣的留言或批評都要積極回覆。
3. 發文要公正，立場不偏頗。
4. 網友反應熱烈是好事，但更要注意那些「沒有反應的人」。
5. 洞悉人心，聽出網友「沒有說出來的話」。
6. 如果遇到無法在網路上解決的問題，一定要將距離最近的分店推薦

給網友。

7. 就算是透過網路，也要記得對方是你的顧客。

8. 官方發言務必要採取正向態度。

9. 發文要能引起網友參與討論的興趣。

● 案例3　小賈斯汀教你如何好好玩社群行銷 ●

小賈從不到20歲的小歌手，至今擁有1.1億位Twitter追隨者，這個數字甚至比他所屬的國家加拿大總人口數還多，其成功心法爲：

1. 與追隨者真正且經常的對話，並且時常感謝他們。

2. 努力讓更多人分享轉載內容。

3. 記住自己是在經營一個社群，而不是一個廣告機器人。

● 案例4　IKEA要你帶著Facebook好友一起來 ● Shopping

IKEA最新一波網路行銷宣傳「Bring Your Own Friends」，要你帶著好友一同購物，運用Facebook廣大的動員力，再結合公益活動，讓購物更理直氣壯。

首先你必須要進到IKEA的粉絲專頁，按讚以後，點選左欄裡的「Bring Your Own Friends」活動，就可以看到活動的詳細內容了。

每邀請一位朋友，IKEA就捐1美元給「Save the Children」，最高上限是5萬美元。

在邀請完朋友之後，就可以獲得免費早餐券、購物袋兌換券和折價券。

● 案例5　可口可樂增加社群行銷預算 ●

可口可樂臺灣分公司的行銷向來主打電視廣告，占預算金額近80%，但臉書等社群網站崛起，預計未來3～5年將增加廣告行銷比重，

讓電視廣告比重降為50%。

　　可口可樂看好臺灣綠茶市場，發表首支日式抹茶新品「原萃」，可口可樂臺灣分公司總經理高文宏即在會中做出上述表示。

　　「原萃」定位為臺灣市場第1支添加日本進口抹茶的日式綠茶，也是可口可樂在臺灣正式進軍綠茶市場的首支新品。

　　為了讓「原萃」一炮而紅，高文宏表示，公司砸下新臺幣1億元做廣告行銷，由於產品特色強烈，強打「最好喝的日式綠茶」印象，捨棄過去找藝人代言的做法，直接讓產品當英雄。

04 社群行銷專題概述（企業社群行銷）

一、企業與社群行銷的關係

1. 聲量：做曝光。
2. 口碑：做品牌。
3. 評價：抬聲望。
4. 導購：帶銷售。

二、各種社群媒體的不同特性

1. YouTube：影音內容、內容分享平臺。
2. Facebook：文、圖、影音綜合交友平臺。
3. LinkedIn：文字內容、職場深度社群。
4. Instagram：文、圖、情境氛圍社交平臺。
5. WordPress：文、圖、影音內容平臺。
6. LINE：文、圖、即時訊息交友。
7. Pinterest：圖、情境氛圍社交平臺。

三、各類型社群媒體的相關網站

社群類型	相關網站
1.社交平臺	Facebook、Myspace、SOCL、Tumblr
2.討論區	巴哈姆特、FashionGuide、Mobile01、卡提諾論壇、伊莉論壇
3.資訊媒體	Inside、Tech Orange、Womany、iSwii、MMDays、數位時代
4.部落格服務	WordPress、Wretch、PIXNET、Xuite、Blooger、Sina Blog
5.微網誌	Twitter、新浪微博、Plurk
6.即時通訊	Skype、QQ、LINE、WhatsApp
7.線上交友	愛情公寓、Beautiful People.com、LinkedIn
8.網路相簿	Picasa、Flickr、Instagram
9.影音平臺	YouTube、Blog TV、Vines
10.社群書籤	Digg、Delicious
11.BBS	臺大批踢踢、Dcard
12.知識平臺	知識+、Ask.com

四、各類型社群媒體的主要特性

社群類型	主要特性	效益週期
1.社交平臺	擴散、散播與分享	時效短
2.討論區	議題討論與發展、串聯式互動	時效短
3.資訊媒體	報導性、分享性、自主性	時效長
4.部落格服務	個人媒體、口牌經營	時效長
5.微網誌	第一手資訊	時效短
6.即時通訊	即時連線互動	時效短
7.線上交友	發展較專注之人際關係	時效中
8.網路相簿	照片分享，透過照片互動	時效中
9.影音平臺	影片分享，透過影片互動	時效長
10.社群書籤	書籤分享，透過書籤互動	None

社群類型	主要特性	效益週期
11.BBS	議題討論與發展、串接式互動	時效短
12.知識平臺	一問一答、置入性行銷	時效長

五、社群可以為企業做什麼？

1. ORM：Online Reputation Maintain（線上企業聲望維繫）。
2. OPR：Online Public Relations（線上公共關係）。
3. CRM：Customer Relationship Maintain（顧客關係維繫）。
4. WOMM：Word Of Mouth Marketing（口碑行銷與品牌認同）。
5. BI：Business Intelligence（Customer Insight）（商業智慧／消費者洞察）。
6. 企業可以透過社群媒體與直接或潛在顧客溝通互動，甚至促進銷售及導購。
7. 透過社群媒體可以凝聚、收集更多消費者動態意向。

六、社群凝聚與擴散的十大關鍵

1. 區隔多元與多樣的議題。
2. 明確精準與精確的族群。
3. 精心製作與設計的內容。
4. 常態收集與歸納的資料。
5. 內化吸收與消化的知識。
6. 專注投入與付出的經營。
7. 掌握議題與操作的敏感。
8. 互動回覆與回應的用心。
9. 穩定持續與不斷的發文。
10. 組織團隊與用人的投資。

七、社群溝通與認知關聯建立順序

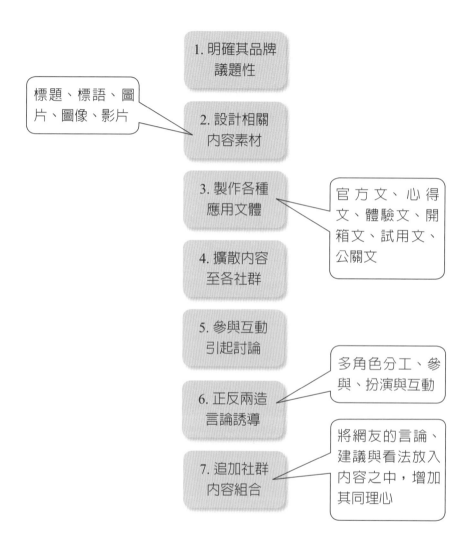

八、社群內容製作元素

九、打算運用何種媒體

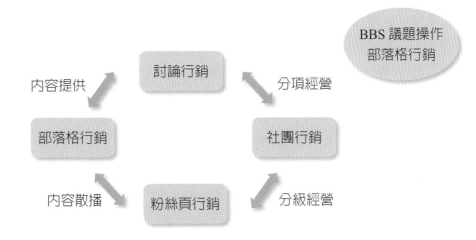

十、運用 BFD 公式，引起網友閱讀

1. Beliefs（信念）：目標對象相信什麼、態度又是什麼？
2. Feelings（感受）：他們感覺、感受最強的是什麼？
3. Desires（渴望）：他們最想要的是什麼？想要看見什麼？

十一、社群行銷要持續長期的做

1. 花多少時間收集相關資訊，整理並消化成爲可操作之議題。
2. 一年 365 天隨時都有進行各種議題的溝通與交流。
3. 每天必須分配足夠的時間發文、互動、回應與分析。
4. 每個議題操作的長短，由觀察整個傳遞、散播的狀況而定。
5. 無時無刻都有熱門話題在社群蔓延著，是不是能隨時掌握？

十二、經營社群應該做的事

1. 持續觀察、監控與收集社群口碑。
2. 多元化故事行銷包裝議題與內容。
3. 使用符合企業品牌之內容做溝通。
4. 於官網、EC 平臺做社交媒體優化。
5. 訂出明確溝通議題並設計其內容。
6. 需要持續口碑與議題的發布溝通。
7. 豐富內容多元化設計圖像與影片。
8. 結交與維繫相關社群媒體之關係。
9. 考慮社群導購進行內容鋪梗包裝。

十三、經營社群不應該做的事

1. 品牌溝通盡量避免用過度煽動的議題。
2. 粉絲頁經營不要用他人的內容操作。
3. 社群人員工作安排盡量清楚不要太雜。
4. 各社群媒體操作要持續，不要炒短線。

5. 不要顧此失彼，依照有限資源做判斷。

6. 切記不要過度回應或是情緒性發言。

7. 避免過於刻板、無聊、單調的官方內容。

8. 不要純粹用利益的角度做社群行銷。

9. 純粹廣告的內容盡量不要直接使用。

十四、內容製作流程

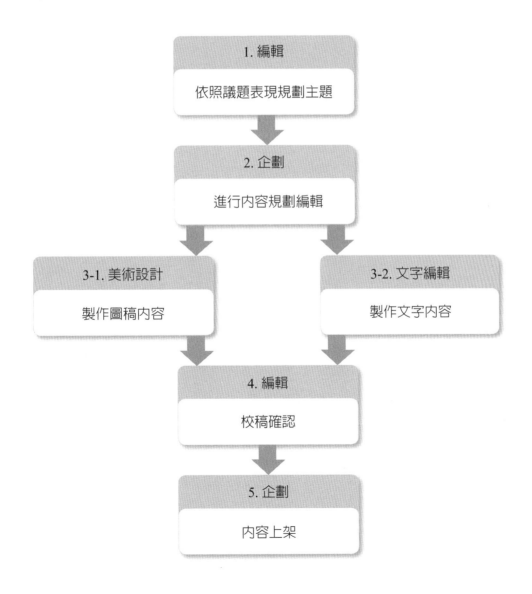

十五、內容型態

1. 新聞報導形式：速度。
2. 專業文章形式：深度。
3. 趣味分享形式：廣度。
4. 分析報告形式：準度。
5. 共同創作形式：參與度。
6. 影片音樂形式：娛樂度。

十六、經營社群，內容才是王道

只有做出符合網友需求、需要的內容，才能吸引網友持續黏著度、關注，並進一步獲得網友們的支持與回饋。

05 實戰案例

● 案例1　○○購物網站社群行銷操作策略報告 ●

一、消費者分析

根據資策會消費者輪廓與本購物網消費者年齡分析，34歲以下網購族群占比約72.1%，而本購物網則集中於30～49歲，約占71%，消費者在年輕族群的品牌指名度有提升空間。

二、社群貢獻度

近一年自社群平臺Facebook所導入的訪次，每月平均○○○○人次，客單價○○○○元，轉換率○○%，六月分加入新血經營後，造訪及業績均較前一個月略有提升。

三、競網分析

本公司購物網與競爭對手○○購物網屬性相反，○○購物網站有以Facebook為操作平臺，每月流量約○○萬人次，推估營業額每月約○○○萬元左右，約占整體業績1%，大量以贈獎活動與異業合作結合，提升社群。

四、社群策略

本公司購物網族群年齡稍高，並以女性為主，在年輕族群指名度較

低，因此社群策略在業績方面提升網媽族群的消費；在流量導入方面，則提升年輕族群的指名度和信賴度。

増加業績
網媽一族
30 ～ 40 歲
的女性

增加流量
活力購物族
30 歲以下
年輕人

針對網媽一族提升購買力　　提升年輕族群指名度

五、網媽一族特性

　　1.社群天性為樂於與人分享。

　　2.喜歡看部落格、Facebook。

　　3.最愛買親子育兒產品、女裝配件、美妝保養品、生活用品。

　　4.網媽一族的特性是易於分享好康、對價格敏感，並對親子產品等具高度興趣。

六、網媽一族：○○好省團

　　對象：懷孕期間或小孩在10歲以下之父母。

　　活動方式：申請加入○○好省團可不定期獲得試用品，申請加入先贈送尿布、溼紙巾8折券，每月再贈送生活用品85折券，以吸引族群消費，繼續利用部落客、網媽口碑推薦，加強推文力道，加速導入新會員。

　　試用品來源：從各廠商募集。

免費登記　　獲得試用品　　生活用品回購　　口碑推薦

七、網媽一族：部落客大力寫手

　　部落客大力寫手，針對本網站熱賣商品為主，以「育兒親子類」、「女裝配件」及「美妝保養品」為標的，針對網媽一族喜愛的部落客做挑選，初期規劃10品交由知名部落客（每日流量在5,000人次以上）撰寫。

　　目前規劃　　「育兒親子類」　　2品

「女裝配件類」　3品
「美妝保養品」　5品，共10品

八、網媽一族：精打細算比價網

本網站購物在這些比價網站的平均成交轉換率在○○～○○％之間，相較於單純的購物平臺，更能拉出客戶成交的最後一哩。參考國外社群+導購的創新經營模式，如中國蘑菇街時尚購物社區及美國YELP網站，以網媽注重的生活、廚具及美妝保健類商品來比價，以獨立網址經營，隨時置入森森購物網商品。

目前兩大比價網每月共約導入○○○訪次，推估此網站建立後，有機會導入○○○訪次。

九、活力購物族特性

先從信賴度高的網站開始比價挑選商品，找到更便宜的時候，會挑選便宜的網站購買。

本公司購物網多數為看過電視購物、了解品牌，年齡層較高，但商品折扣具備競爭力，只要能夠成為年輕族群的口袋名單，就有機會達到成交。

利用社群提升年輕族群指名度和信賴感。

十、活力購物族：網路故事——省錢超人

利用網路名人生動有趣的言論，以省錢超人為主題，利用其提高品牌在社群的擴散力。

活動方式：拍攝有故事的話題影片，吸引年輕網友傳遞話題。

影片平均閱覽次數約300,000次以上。

省錢超人預估○○○次觀看，預計導入○○％的流量。

十一、活力購物族：異業合作贈獎

與電影、娛樂及目前廠商洽談合作，以資源交換的方式，獲得年輕族群所喜愛的贈品，以此開放試用及贈獎，預計活動排程如下。

過往一檔約吸引○○○人次點閱，其中約○○為新訪客，6個月約可創造○○○人次新訪客。

十二、其他社群操作

目前已在進行的社群活動如下：

1. WeChat與LINE合作案

目前正在進行官方帳號的建立，頁面建置完成後即可上線。

　　2. Samsung合作專案

　　與Samsung合作Smartphone、SmartTV上架App，正進行App建置與合約簽訂。

　　3. 好嗨社群遊戲專區

　　以遊戲吸引網友黏著度，預計8月底前上線營運。

十三、計畫預算

　　本次社群擬執行「○○好省團」、「省錢超人」、「異業合作贈獎」、「部落客大力寫」、「精打細算比價網」等5個活動，預算預計○○○○○○元，約導入○○○○○訪次，預計達成○○○○○○元實際業績及未來品牌效益。

十四、競網分析

項次	競網分析	博客來	PChome	樂天市場	momo 購物	森森購物網
1	成立時間	2009	2011	2009	2010	2011
2	粉絲數	90萬	83萬	85萬	140萬	22萬
3	月訪客數	1,432萬	3,244萬	690萬	3,117萬	30萬
4	平均每日發文	4.7篇	3.2篇	5.5篇	7.8篇	1.6篇
5	議題特色	• 摘錄作品片段或介紹作者引發粉絲討論 • 問答導入Facebook活動頁送Coupon	• 不定時PO文宣傳手機App上的整點特賣 • 配合時事與粉絲交流分享心得 • 舉辦留言贈獎活動吸引粉絲參與	• 透過留言分享舉辦抽獎活動 • 介紹產品訊息，並且在PO文中導入購物網站連結	• PO文內容時常分享可愛具話題性的圖片，吸引粉絲討論 • 大量產品促銷訊息曝光	• 分享贈獎活動 • 產品促銷訊息露出 • 新聞話題露出

● 案例2　○○購物網站保健美妝社群經營報告 ●

一、社群切入點

針對30～39歲女性族群，解決她們所在意的問題。

1. 我們有什麼

　(1)虛擬購物唯一主打嚴選價值的網購平臺。

　(2)最需要品質保證的保健食品，健字號一次到位。

　(3)線上客服、商品評鑑等服務機制。

2. 社群溝通主張

　(1)Woman Power。

　(2)從商品延伸到新訊，提供購利價值，給會員夠力的美麗。

二、我們可以做什麼

1. 經營品牌價值提升社群人數

　(1)延續○○購物最大品牌價值——○○嚴選，提供高規格即時服務。

　(2)設計擬人角色，以第一人稱方式進行溝通。

2. 利用新聞平臺創造議題及新族群導入，以提升參與度

　(1)將主要訊息內容與○○新聞網同步，協請進行編輯，以轉載形式露出於粉絲團，讓粉絲相信內容具有新聞價值。

　(2)以商品或優惠，提供○○社群露出，導入新族群。

3. 經營具有價值的內容，擴大傳播度

　除商品及優惠外，提供具有價值的知識內容。

三、社群經營第一步

1. 以健康美麗俱樂部為主題，同步刊登於○○新聞網＋○○購物網＋FB

　滿足多數女性族群，導入潛在客層。

2. 以好的商品、好的知識為支持

　優勢商品：以線上最大健字號專賣店為首波主打。

3. 以專業醫師提升價值作為好的互動

　與站內同步，邀請醫師進行諮詢。

4. 取○○○諧音，設計○○喵形象，經營網址熟悉度

四、整體溝通架構

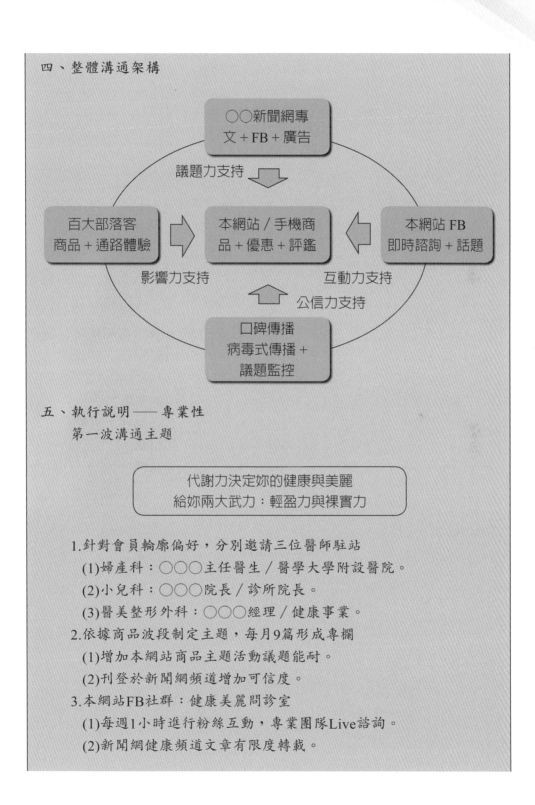

五、執行說明——專業性

第一波溝通主題

> 代謝力決定妳的健康與美麗
> 給妳兩大武力：輕盈力與裸實力

1. 針對會員輪廓偏好，分別邀請三位醫師駐站
   (1) 婦產科：○○○主任醫生／醫學大學附設醫院。
   (2) 小兒科：○○○院長／診所院長。
   (3) 醫美整形外科：○○○經理／健康事業。
2. 依據商品波段制定主題，每月9篇形成專欄
   (1) 增加本網站商品主題活動議題能耐。
   (2) 刊登於新聞網頻道增加可信度。
3. 本網站FB社群：健康美麗問診室
   (1) 每週1小時進行粉絲互動，專業團隊Live諮詢。
   (2) 新聞網健康頻道文章有限度轉載。

六、執行說明——影響力

> 鎖定輕盈力與裸實力兩大波段主題
> 以保健／美食商品為主力

1.人選Must

　(1)市場知名度：近期單日訪次均值○○○以上。

　(2)部落客發文主題與產品契合度。

2.產品Must

　(1)廠商相對能投入資源，提供通路優惠組合者。

　(2)除主題契合度外，另考量後續合作與培植性。

3.合作Must

　(1)圖文授權○○○與○○○使用，增加銷售賣點。

　(2)以導流為目的，同步利用部落客本人FB發布文章。

七、執行說明——部落客體驗

　以人氣部落客花猴為例：○○○溫泉酒店體驗撰文

1.中午12點造訪人次○○○○人次

　新發文於2小時瀏覽人次達萬人，FB粉絲近○○萬。

2.部落客於網路社群中，相當於藝人經營

　對各自部落格要求高，圖文均會經過編輯。

3.該部落客以營造生活的質感優雅為主

　搭配老公阿宅的攝影，可依據酒店特色做發揮。

八、執行說明——價值力

1.24小時速達體驗組，立即解決妳的問題

　(1)針對主題、跨廠商包裝單週體驗。

　(2)結合FB募集體驗心得。

2.評鑑再升級，專業營養師即時回覆

　(1)專案約聘營養師，針對保健館評鑑做即時問答。

　(2)匯集問題，發布於網站內作為會員自我診斷參考。

3.保健館Care U電子報

　(1)保健館訂單設計專屬電子報，關懷餐後滿意度。

九、第一波時程規劃——七月

	類別	項目	7/W1	7/W2	7/W3	7/W4
1	活動端	活動主題及波段確認（7/17～8/11）				
2		前置作業規劃執行				
3	專業醫師	合作模式確認				
4		攝影等前置作業進行				
5		首次上線諮詢				
6	部落客	部落客及商品確認				
7		寫稿 / 審稿				
8	廣宣	廣宣計畫整合提出（7/9）				
9		製作期				
10		上線				

部落客宣傳爲波段操作，預計7/17與廣宣同步上線。

十、預算與目標——○○年第3季

以3個月爲週期，相關社群操作媒體編列○○○萬元。

1. 直接效益：營收新增○○○萬元，占目標營收比○○%（目標○○億○○萬元）。

2. 間接效益：網站形象宣傳，提升消費者體驗養成社群正向力。

	類別	項目	07	08	09	Q3
1	預算	部落客	萬	萬	萬	萬
2		三師＋營養師	萬	萬	萬	萬
3		社群媒體	萬	萬	萬	萬
4		新聞網	萬	萬	萬	萬
5		小計	萬	萬	萬	萬
6	效益	導入訪次	萬	萬	萬	萬
7		轉換率目標	%	%	%	%
8		銷售件數	萬	萬	萬	萬
9		新增營收	萬	萬	萬	萬
10	投產比					

● 案例3　某購物網社群行銷做法分析 ●

一、○○購物網近3個月每月流量約18萬人次，營業額每月約○○○萬
元左右，約占整體業績1.1%，大量以贈獎活動與異業合做結合，
提升社群。

項次	類別／月分	4月	5月	6月
1	訪次	183,411	179,567	185,344
2	轉換率	3.2%	3.3%	3.1%
3	客單價	1,846	1,727	1,672
4	業績金額	10,834,454	10,233,702	9,606,750

二、分析近半年發文類型，共有6種主要類型，大致發文分配如下。其
中生活化的網路分享最多人按讚、抽獎最多留言、部落客發文最多
人分享。

編號	發文類型	發文頻率	發文占比	按讚次數	留言次數	分享次數
1	商品推薦	每天5篇	68%	463	7	13
2	每日一賠	3天1篇	12%	465	12	5
3	網路分享	2天1篇	17%	4,265	25	356
4	部落客分享	1月1篇	0.5%	2,133	411	376
5	吉祥物	1週1篇	1%	1,356	12	17
6	按讚抽獎	1週1篇	1%	2,765	499	352

三、每日一賠

留言標的：

針對3C商品，利用故事方式，以300字左右文章，敘述與3C課長賠
錢賣的過程。

平均按讚數：456

平均留言數：12

平均分享數：5

發文頻率：3天1篇

四、網路分享

　　留言標的：

　　針對網路熱門圖片進行轉貼，多為可愛寵物、有趣事物做分享。

　　平均按讚數：4,265

　　平均留言數：28

　　平均分享數：356

　　發文頻率：2天1篇

五、部落客分享

　　留言標的：

　　與部落客合作試用商品，並在粉絲團發文加強宣傳。

　　平均按讚數：2,133

　　平均留言數：411

　　平均分享數：376

　　發文頻率：1個月1篇

六、吉祥物露出

　　留言標的：

　　主要露出吉祥物，宣傳品牌。

　　平均按讚數：1,356

　　平均留言數：12

　　平均分享數：17

　　發文頻率：1週1篇

七、按讚抽獎

　　留言標的：

　　粉絲按讚＋留言＋分享，可以抽試用品或禮券。

　　平均按讚數：2,765

　　平均留言數：499

　　平均分享數：352

　　發文頻率：1週1篇

案例4　某公司網路廣告媒體操作效益分析

項次	模式	說明	造訪次數	新造訪率	跳出率	轉換率	交易數量	收益	單日產值	廣告預算
1	口碑行銷	部落客	5,265	58.74%	2.27%	4.46%				
		目標	30,000			1.50%				
		目標達成	17.55%			297.56%				
2	議題操作	新聞	121,610	77.86%	78.15%	0.19%				
		目標	125,000			1.20%				
		目標達成率	97.29%			16.19%				
3	廣告操作	PChome廣告	53,248	71.07%	52.28%	0.19%				
		BloggerAD	15,257	29.25%	48.42%	0.00%				
		GoogleAD	13,767	88.14%	81.63%	0.00%				
		目標	100,000			1.50%				
		目標達成率	82.27%			12.90%				
4	關鍵字	yahoo!	30,622	63.32%	50.94%	1.42%				
		目標	66,667			1.50%				
		目標達成率	45.93%			94.49%				
5	推薦導購	Findprice	18,824	51.37%	7.12%	1.69%				
	外部媒體小計		550,262			0.99%				
6		Facebook	648	12.65%	18.41%	9.10%				
7	自有媒體	EDM	32,932	N/A	12.93%	6.58%				
		目標				3.00%				
		目標達成率				219.24%				
	自有媒體小計		33,580			6.63%				
	媒體合計		583,842			1.32%				

案例5　某公司社群行銷操作

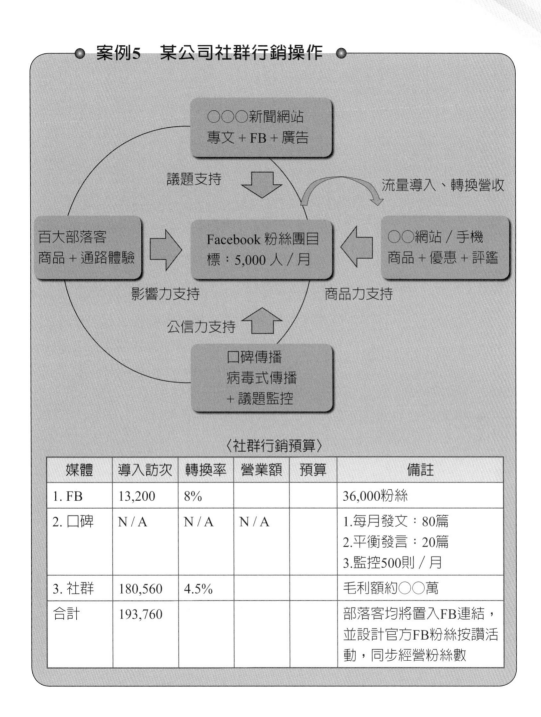

〈社群行銷預算〉

媒體	導入訪次	轉換率	營業額	預算	備註
1. FB	13,200	8%			36,000粉絲
2. 口碑	N／A	N／A	N／A		1.每月發文：80篇 2.平衡發言：20篇 3.監控500則／月
3. 社群	180,560	4.5%			毛利額約○○萬
合計	193,760				部落客均將置入FB連結，並設計官方FB粉絲按讚活動，同步經營粉絲數

06 社群行銷案例

案例1　最大3C討論社群Mobile01

國內最大3C討論社群Mobile01，就是許多人買3C商品必看的網站，也因此吸引許多廠商前來洽談合作，並提供最新、最夯的商品，請站上資深玩家進行「評測」，再上網與網友分享心得。

這些網友協助企業進行評測，「分文不拿，測試完後，商品就退還給廠商」，這是站長Chiang的堅持，他秉持「中立評斷商品好壞」的設站宗旨，讓網友可以沒壓力的分享心得。

碰到新鮮、有趣的新商品，評測的網友們還會主動PO「開箱文」，從打開商品包裝的那一刻開始，用一張張照片和大家分享對商品的感受。

「這不是個商業園地，而是個網友分享心得，找尋資訊的地方。」Mobile01站長Chiang說。

經營社群網站能在網友間產生一定的影響力，不打破一開始和使用者共同建立的遊戲規則，這也是利基型社群網站上的發言有如此大的「口碑」力量，最重要的關鍵。

案例2　佳麗寶與FashionGuide（FG）社群網站合作

2008年，佳麗寶和華人最大美容討論社群FashionGuide合作，在新商品上市前，提供500套試用品，給FashionGuide的試用大隊試用，榮獲網友票選為「特優」商品，並獲頒「FG標章」。在商品正式上架後，果然熱賣。

佳麗寶人員每天都會上網閱讀網友的PO文，把正面的評價視為前進的動力，至於負面的評價，則會先詢問美容老師，該如何向消費者解釋，再上網回覆。

透過這一來一往的溝通互動，消費者和品牌的關係也逐漸深化。企業在社群網站打廣告，不只是「做宣傳」，還和消費者「建關係」，品牌影響力也在這個過程中逐漸擴大。

案例3　FashionGuide（FG）美妝評鑑網站發揮影響力

一、FG評鑑標章正式進駐屈臣氏連鎖店

2007年8月，FashionGuide（FG）美妝評鑑網站品牌的專櫃，進駐領導通路商屈臣氏，科技大樓門市33項貼有FG推薦標籤的商品，集中陳列、獨立設櫃，兩週內此33品項對門市總業績的貢獻度成長120%。屈臣氏點頭答應該FG專櫃進駐22家門市。

二、成立「FG市調大隊」評鑑制度

經營10年來，FashionGuide讓每一個發言人的身分、暱稱、年資、發言篇數都透明公開，可以輕易搜尋比對。2006年5月上線的「FG市調大隊」評鑑制度，從報名的2萬多名網友當中，依照會員年資和發言專業度，嚴格挑選出4,000位，按年資和參與度加權計票，只有15%的評鑑商品，能夠榮獲「特優」及「優選」標章。

三、建立評鑑權威，受到品牌大廠的重視

2007年11月，新光三越信義新天地店40萬份的週年慶型錄，借用FG logo的影響力，整整兩頁都是FashionGuide美妝榜推薦商品。

FashionGuide以美妝評鑑網站聚集消費者，逼得品牌商和通路商不得不合作。

該網站行銷暨營運總監張倫維回想道，「品牌廠商曾經質疑，FashionGuide怎麼掐住品牌的脖子來做評鑑者？」消費者現在購買商品之前會先上網搜尋產品資訊和評鑑，口碑行銷力量不容忽視。FashionGuide憑著每日進站人數超過12萬人，每日平均停留時間23分鐘，80%的使用者是20～35歲具有高購買力的女性，建立評鑑權威，還能算出網友的使用習慣，讓品牌商非得和FashionGuide合作。

品牌廠商不得不在商品未上市前，就拿出50～500份試用品給評鑑大隊使用，希望在商品上市當天就搭上FG Logo熱賣。

知名化妝品牌除了透過專櫃與消費者溝通的傳統方式外，也紛紛搭上Web 2.0風潮。倩碧、雅詩蘭黛及MAC等，都來FashionGuide經營社群服務網站。

知 識 練 功 房

1. 試述網路社群為何快速崛起？
2. 常見的網路社群有哪些類型？
3. 試述社群行銷為何成形？
4. 就實務而言，社群網站有哪二大類型？
5. 目前社群網站排名第一者為何？
6. 試述 Facebook 社群經營的 3 種操作方式為何？
7. 試述 Mobile01 討論社群內容有哪些？

第 5 章

網紅與 KOL / KOC 行銷

01 網紅經濟

一、網紅的定義之 1

1. 狹義定義：係指網路美女、顏值高、擅長自我行銷，靠媒體傳播及炒作而爆紅。
2. 媒體定義：由於受到網友有追捧，而迅速走紅的人。
3. 網路百科定義：在現實及網路生活中，因為某個行為或某件事，而受到廣大網友的關注，因此而走紅的人。
4. 經營管理定義：可以對粉絲的特定行為產生影響力及決策力的一種意見領袖。

二、網紅的定義之 2

網紅（Influencer）即為「網路紅人」，又被稱為 KOL（Key Opinion Leader，關鍵意見領袖），指的是在網路上活躍、具有知名度的人物，大多透過經營臉書、Instagram 等社群軟體或 YouTube 與粉絲互動。

在這個人人離不開手機的的時代，關注網紅逐漸成為人們日常生活中不可或缺的一部分，吃飯時一邊收看直播，通勤滑手機時看他們的 PO 文，早已成為人們接收資訊的重要管道，也因此各大企業積極發展網紅行銷（Influencer Marketing），希望藉由網紅的影響力，推廣產品、創造品牌在網路上的聲量，進而促進轉換率（即：轉換為訂單、業績）。

三、網紅為什麼會出現

1. 社群媒體時代，人人都能成為網紅。
2. 社群媒體時代的到來，將網紅帶入爆發期。
3. 網紅成名後，可以有一些收入來源，成為一種職業工作。

四、網紅爆紅的背後大眾心理

1. 網友的好奇心。
2. 表現欲。
3. 偷窺欲。
4. 話語權。
5. 價值觀。

五、網紅爆紅背後科技支撐點

1. 網際網路訊息科技的發展。
2. 智慧型手機及 4G、5G 網路的普及。
3. 訊息量快速成長。

訊息傳遞方式的演進：

文字 → 圖片 → 聲音 → 視訊 → 直播

六、網紅的類別

1. 意見型。
2. 表演型。
3. 話題型。
4. 專長型。

七、網紅靠什麼而紅

1. 靠高顏值紅。
2. 靠表演而紅。
3. 靠寫作、插圖而紅。
4. 靠說而紅。
5. 靠才藝、知識而紅。
6. 靠炫而紅。

7. 靠 KUSO 而紅。

8. 靠事件而紅。

9. 靠出名而紅。

10. 靠直播而紅。

八、網紅產業鏈

1. 網紅經紀公司（經紀人）。

2. 社群平臺（FB、IG、YT、LINE、TikTok）。

3. 供應鏈生產商或平臺。

九、培養忠實粉絲要注重三感受

1. 利用參與度提高粉絲忠誠度。

2. 以個人化體驗提高粉絲成就感。

3. 真心尊重粉絲，粉絲就會尊重你。

十、網紅獲利（收入）來源

1. 廣告收入。

2. 電商收入。

3. 拍片收入。

4. 站臺收入。

5. 商業服務收入。

6. 直播收入。

7. 會員收入。

十一、國內知名網紅

例如：蔡阿嘎、阿滴英文、滴妹、古娃娃、千千、理科太太、HowFun、這群人、Joeman 等。

十二、網紅行銷案例

美國知名護唇膏品牌 EOS 也很重視網紅行銷，而且此品牌更喜歡與她們建立長期的合作夥伴關係。2019 年度，EOS 在推出新品系列時，即邀請了多達 19 位較爲知名的美妝與生活型態領域網紅，共同參與長達一年多的新口味研發，並推出了薰衣草拿鐵及荔枝馬丁尼等 6 種風味的新產品，引起不少的媒體曝光。

另外，這些協助產品開發的網紅對自己催生的產品，也具有強烈的認同感，因此，在日後自己 IG 及其他媒體的宣傳上，自然更不遺餘力，而這 19 位的 IG 網路粉絲，也會對此品牌更加捧場。

十三、臺灣萊雅的網紅經營、管理與行銷

臺灣萊雅旗下有 13 個品牌，也是網紅行銷的佼佼者；光是在 2019 年，臺灣萊雅便與 930 位網紅合作，與網紅共創內容，帶動與消費者互動，也是讓消費者更愛萊雅品牌的方式之一。

對於網紅的管理，臺灣萊雅早在 2018 年就逐步建立 SOP 制度，三大策略分別是：(1) 建立網紅數據資料庫；(2) 強化網紅關係管理；(3) 以消費者爲核心出發。

網紅數據庫會依據不同的內容關鍵字，爲網紅及粉絲的屬性分類；並在每一個活動結束後，做集團內跨品牌、跨行銷活動的整合性分析，作爲下次決策依據。

網紅關係則由萊雅委託 6 家代理商集中管理，與網紅之間也有簽合約；萊雅公司內部則會不定期舉行與網紅間的培訓及交流，以期更理解與粉絲溝通的方式。

網紅行銷呈現方式多元化，2020 年受疫情影響，「直播」反而成了最夯的方法；萊雅公司內部各部門都在做直播。接下來，萊雅公司看好「網紅商務」，不論是網紅內容導購、直播導購或是開發品牌聯名商品，都是萊雅可能嘗試的方向。

02 KOL / KOC 行銷

一、KOL 是什麼？

KOL 是「Key Opinion Leader」的縮寫，意指關鍵意見領袖，舉凡部落客、網紅、YouTuber、甚至是明星藝人，只要在某個領域或議題具有影響力，並有不少粉絲追隨，都是 KOL。

二、為什麼要做 KOL 行銷？

當我們在滑 IG 或 FB 時，常看到 KOL 為某個產品拍短片或寫使用心得，藉由粉絲對 KOL 的信任感，提升消費者對產品的興趣。而在行銷時，KOL 可以使用者的角度分享，為品牌製造大量曝光度，甚至拉抬轉換成訂單，這就是 KOL 行銷的力量。

綜言之，做 KOL 行銷的二大目的，就是：

1.增加消費者對我們品牌的信任感、知名度、好感度與曝光度。

2.希望間接增加對我們品牌未來的購買機會及回購率。

三、KOL 的各種類型

KOL 的類型很多，包括：旅遊類的、美食類的、美妝保養類的、知識類的、語言類的、親子母嬰類的、3C 類的等十多種。

四、KOL 的露出平臺

KOL 的露出社群平臺主要有 5 種：(1)Facebook；(2)Instagram；(3)YouTube；(4)LINE；(5) 部落格，這 5 種都是目前 KOL 行銷常使用的平臺。

五、KOL 的粉絲人數

KOL 依粉絲人數來看，可分 3 種，一是大牌 KOL，其粉絲人數在 100

萬以上；二是小 KOL，其粉絲人數在數千人～10 萬之間；三是介於 10～100 萬之間的中型 KOL。

六、如何挑選合適的 KOL？

如何挑選合適的 KOL，主要有三大原則：

1. 確定您 KOL 行銷的目的

如果您要的是曝光品牌，那就要找粉絲數較多的 KOL；若是想提升業績促進銷售，那就需要找粉絲黏著度／親和力較高的 KOC。

2. 了解您所挑選 KOL 的擅長領域及個人風格

我們並不是隨便找一個有名氣的網紅，花錢請他做業配就會成功，我們還須注意到每個 KOL 擅長的領域及風格都不盡相同。一定要找到跟自家產品或品牌相符合、相一致的 KOL，如此較容易成功。

3. 分析曝光平臺優劣以及 KOL 粉絲的年齡

我們也必須了解受眾最常使用哪個平臺，並把 KOL 粉絲年齡考量進去。例如：你的產品是高單價的保養品，但卻找了一個粉絲受眾為 17～25 歲的 KOL，那效果恐怕就很小了。

所以，不要為了跟風隨意挑選網紅，必須了解 KOL 及 KOC 在不同平臺的狀況及帶給粉絲的價值，也是選擇網紅的重要條件之一。

七、線上＋線下兩者強力曝光

例如：某餐廳曾舉辦試吃活動，並邀請知名大廚蒞臨現場，有效的實體活動，搭配 KOL 在現場出現以及新聞策動，引發近 5,000 則分享，影片觀看次數達 23 萬。

八、預算考量

公司預算多少，也是必須考量的，百萬大網紅曝光當然高，但公司有那麼多預算可以花在這邊嗎？其實，KOL 行銷不一定要找高價位、高曝光的網紅才會成功，最重要的是要遵循前面所說的，找到適合我們品牌

的 KOL，才能達到強力曝光及效益最大化。另外，如果我們公司的預算較少、品牌較小，則反而找較便宜的 KOC 更爲有效果。

九、網紅行銷的功能

具體來說，網紅行銷具有下列 5 個功能：

1.可以影響粉絲們對購買此品牌的決策及消費心理。

2.可以增加對品牌的好感度、忠誠度及黏著度。

3.可以增加品牌新的用戶。

4.可以幫助品牌曝光，增加能見度。

5.最終，網紅行銷操作得當，亦可以帶來些許業績。

十、網紅的 4 個分級

網紅依大小，可有 4 個分級：

1.奈米網紅（Nano-influencer）：粉絲在數千～1 萬人以下的素人宣傳。

2.微型網紅（Micro-influencer）：粉絲通常介於 1～10 萬人間。

3.中型網紅（Macro-influencer）：粉絲通常介於 10～100 萬人間。

4.大型網紅（Mega-influencer）：粉絲超過 100 萬人。

十一、網紅行銷要注意些什麼？

規劃網紅行銷應該注意以下 7 點：

1.制定完整的網紅行銷策略：包括預算、合作方案等。

2.確立尋找網紅的途徑：比如說找網紅經紀公司或是網紅個人、或是數位行銷公司。

3.找到適合的網紅 KOL 及 KOC 合作對象。

4.根據不同的合作對象調整提案內容。

5.將網紅發布的時程與產品推出、公關時程表整合及密切配合，以產生綜效。

6.確認網紅合作合約及簽約。

7.嚴謹的執行力及推動力。

十二、網紅行銷企劃：九大步驟流程

根據知名的「哈利熊部落格服務市集」指出，一個成功的網紅行銷企劃方案，應該詳實的依照九大步驟流程去企劃及執行，如下說明。

(一) 設定目標／目的／任務

與任何一個成功的行銷策略企劃一樣，第一個步驟就是要「訂下目標」，也就是說透過這個合作案，你希望達到的成果是什麼？制定目標不僅可以為整個合作案勾勒框架，也可以協助品牌制定出合理的成果衡量標準。

一些常見的目標，包括：

1.推廣宣傳：讓更多人認識、了解、喜歡你的品牌、產品、服務或活動。
2.建立品牌識別：讓更多人看見你的品牌個性、價值觀及曝光度。
3.建立客群：讓更多人追蹤或是訂閱你的品牌帳號。
4.互動：讓更多人分享、留言或是對你發布的內容按讚，以提高更友好的互動率。
5.獲取潛在客戶：讓更多人填寫表單、領取優惠，獲得新客戶名單。
6.營收轉化：讓更多人購買你的產品／服務，提高公司業績。
7.客戶忠誠度：讓更多人對你的品牌產生興趣，並與之連結，形成對此品牌的忠誠度。
8.建立外部連結：為你的網站提高 SEO 分數與導流。

(二) 定義你的受眾輪廓（Profile）（TA）

在確立你的目的後，你必須先明確定義出你的理想受眾。你希望透過活動觸及到什麼樣的客群，如果品牌還沒有設定目標客群，建議先從目標客群著手，找出客群的特性。在找到客群的特性後，你就能更清楚的知道這些客群平常都喜歡追蹤什麼樣的網紅、使用什麼樣的社群媒體平臺、逛什麼樣的網站等。

(三) 選擇合作形式

設好目標後，我們就要確立達成目標的合作形式。一般來說，觸發網紅

宣傳品牌會有 3 種情況：網紅自發性分享你的內容或是訊息、付費讓網紅宣傳你的品牌或是結合上面兩種形式。一些常見的合作形式：

1. **給予贈品**：給網紅免費的產品或是服務，換取他們的開箱文或是評價。
2. **客座貼文**：在網紅的部落格中創作內容。
3. **付費內容**：付費給網紅，讓他們將你的品牌放入部落格、社群媒體平臺上，這些內容可能是品牌創造的，也有可能是網紅自己創造的，或是融合而成。
4. **共同創作**：與網紅合作共同創造可以放在你的網站、他的網站，或是第三方網站的內容。
5. **社群媒體分享**：創造好的內容，讓其他社群願意主動提到你的品牌、分享你的內容。
6. **競賽或是抽獎**：建立抽獎活動，讓網紅向他們的粉絲分享你的活動資訊。
7. **聯盟行銷抽成分潤**：給予網紅的專屬短連結或是折扣碼，讓網紅可以拿到創造營收的特定比例（即抽成分潤）。
8. **品牌代言付費**：與品牌的忠實粉絲建立連結，讓他們提到你的品牌、產品或服務，以換取特定優惠、免費產品或是在品牌帳號曝光的機會。

(四) 設定合理預算

接下來，品牌就要根據想要達成的目標以及合作形式設下合理的網紅合作預算。

(五) 寫下合作提案

接下來，就要根據剛剛所想好的合作形式寫下一個完整的合作提案，可能會包含你的品牌介紹、提案內容等。提案內容最好是簡單、清楚的，也建議大家可以寫一份完整的網紅行銷合約，包括合作細節、交稿日期、報酬、合作證明等內容，保障雙方權益、避免未來紛爭。

(六) 找到適當與最佳的網紅

在完成剛剛的 3 個步驟後，我們可以開始找能幫助你達成目標，並與目

標市場連結的網紅們，這個步驟可以說是網紅行銷中最為重要的！

　　基本上在找理想的網紅時，我們必須考慮到以下幾點因素：

1. **網紅的粉絲客群**：與其找到一個與你客群無關的大網紅，不如找一個與你客群相關的小網紅效果會更好。

2. **網紅的觸及與互動量**：雖然粉絲的質比量更重要，但是你必須確保你找的網紅能夠觸及到夠廣的用戶，足以幫助你達成目標。

3. **網紅的內容與個性**：要注意的是，品牌最好能夠與和品牌個性相仿的網紅合作。在正式合作前，必須先仔細閱讀他們所發布的內容，確保這些內容是：

   (1) **高品質的**（現在市面上氾濫著許多沒有效益的假帳號）。

   (2) **與你的產業、產品或服務相關的。**

   (3) **與你的品牌價值相符的。**

　　找網紅是一個困難的事情，但好在現在市面上有許多不錯且必須付費的網紅媒合平臺及網紅經紀公司，可以省下不少時間。除此之外，如果你打算自己找的話，可以從一些熱門標籤中著手搜尋。

(七) 聯繫網紅

　　在開始與網紅聯繫的階段，你必須確立公司內部的流程。你必須要向網紅們展現你的品牌是可信的、專業的，比如說，千萬不要公司內同時有兩個人都在聯絡同一個網紅。所以，企業必須建立一套清楚的流程系統，包括：

1. 誰負責聯繫。

2. 聯繫的時間。

3. 聯繫的對象。

4. 合作的提案與材料。

5. 誰負責後續的聯繫。

6. 聯繫的狀態更新。

(八) 追蹤成果 / 成效

　　網紅行銷的成功與否，取決於你是否達到當初設立的目標與任務，不同的目標可能會有不同的衡量標準，常見如下：

1. **衡量品牌意識**：網站流量、網頁閱覽、社群媒體提到的次數、網站停

留時間、網站使用者等。

2. **衡量品牌識別**：社群媒體提到的次數、公關報導（報導文獻數量、連結等）。

3. **衡量客群建立**：表單填寫人數、追蹤人數等。

4. **衡量互動率**：分享、留言、按讚人數等。

5. **衡量潛在用戶**：表單填寫人數等。

6. **衡量營收**：增加營收、當次活動的業績額等。

7. **衡量客戶忠誠度**：客戶留存率、更新率等。

8. **衡量連結建立**：連結的數量、連結的質量。

十三、選擇「合作網紅」的 10 個準則

(一) 受眾分析（目標消費客群，TA）

首先，非常重要的第一個考量因素就是「受眾」，或稱為 TA。網紅的粉絲與我們品牌的客群是否相仿？想要成功做好這點，品牌就要對自己的目標消費客群有一定程度的了解，例如：我們客群是男多或女多、在什麼年齡層、是什麼特質的、喜歡什麼或不喜歡什麼、收入大約是多少等。建議品牌在尋找適當的網紅前，先做好品牌顧客輪廓分析（Profile 分析）。

如何知道網紅的客群？除了從他們的風格、粉絲直接去做分析外，現在市面上有許多好用的網紅名單收集平臺，擁有強大的數據庫能夠做出類似的分析。

(二) 高互動率

互動率代表粉絲對網紅的呼應程度，也就是說，看這些粉絲們多常回應網紅所提供的內容，高的及好的互動率，說明粉絲們是非常重視網紅所提供的內容。要如何計算一個貼文的互動率呢？只要「將所有貼文的讚數與留言數加總，再除以總追蹤人數」即可。

(三) 品牌形象關聯性

在選擇網紅時，我們必須選擇與我們品牌形象及品牌特色相吻合的網紅。

(四) 公信力

具有公信力的網紅更有機會擁有一群死忠的粉絲，他們會藉由其在特定領域的專業建立忠實的跟隨者，並且讓粉絲信任他。

(五) 價值觀吻合

在合作之前，你必須要確保你的品牌和網紅的價值觀吻合。例如：請一個素食主義者為你宣傳餐廳新上市的牛排大餐似乎就不太妥當。想要了解他們的價值觀，就必須做足功課，認真的看看他們的個人檔案，發布過的影片、照片，以及他們所寫的描述內容等。

(六) 內容品質

根據與網紅合作的模式不同，有些可能需要仰賴這些網紅發揮他們的創意，為你製作客製化的內容。因為他們製作的這些內容會代表你的整個品牌，也是許多潛在用戶與你的品牌第一個接觸點，所以你必須看看這些網紅的內容是否擁有高質量。當在查看網紅的檔案時，可以觀察他寫的內容是否有下列特性：

1. 清楚易懂。
2. 內容邏輯架構良好。
3. 有創意的。
4. 具一致性的。
5. 專為 IG 上的呈現效果而做優化。
6. 有質感。

(七) 業配發文頻率

在研究網紅檔案的時候，也可以觀察一下網紅發文的頻率。一般來說，常發文的網紅，能夠累積更多忠實的粉絲人數，粉絲們也更願意分享他們的內容。以 Instagram 而言，理想的發文頻率是每 1～3 天發一則。在看頻率的時候，你也應該觀察網紅有多常發商業贊助文。一個好的網紅應該要在普通發文與商業贊助文中取得一個平衡點，如果你發現一個網紅常常連續發好幾篇商業贊助文，那就要小心了，表示他在粉絲心目中的可信度可能正在慢慢降低。

　　在觀察商業贊助文的時候，也可以滑一下留言，看看網紅的粉絲們對他所發布的贊助文是如何回應的，過多負面評價則代表這個網紅過於商業化，接太多業配了。因為，一般粉絲都不會太喜歡接業配文太多的 KOL。

(八) KOL 個人可信度

　　如果你想要與網紅合作順利的話，你應該要選擇可信度高的網紅們。比如說，如果這個網紅回覆訊息都很慢，那麼很有可能就會讓你沒辦法在排定的時間內完成合作事項。

　　可信的網紅通常都會儘速回覆訊息，態度積極、專業、認真、用心投入與具高度配合。

(九) 增加的粉絲人數

　　帳號中「有機」粉絲人數的增加是非常重要的。如果你發現一個帳號突然一夕之間多了很多粉絲，那麼很有可能這些粉絲是買來的，但也有可能是其他原因造成的，比如說，帳號被精選放在 Instagram 的首頁，或是最新內容被廣為分享，或是被一個大型的 Instagram 標註分享。無論如何，必須要進一步了解粉絲人數暴增的原因，以確保這個網紅是值得合作的。

(十) 受眾品質

　　我們剛剛有提到，有些網紅會買許多假的粉絲或是假的互動。那麼，究竟如何分辨網紅受眾品質的好壞呢？以下整理一下：

1. 網紅的內容質量差，但粉絲卻很多。
2. 網紅發布的內容很少，但粉絲人數或是互動率很高。
3. 網紅的粉絲與互動率不成比例，有可能過高或是過低。
4. 網紅追蹤的人數大於追蹤網紅的粉絲人數，比如說，追蹤網紅的人數有 3,000 人，但網紅追蹤的人數卻有 5,000 人。
5. 網紅追蹤的帳號有以下特徵：
   (1) 微乎其微的內容。
   (2) 沒有大頭貼。
   (3) 大頭貼使用圖庫照片。
   (4) 奇怪的用戶名。

(5) 可疑的「追蹤人數：粉絲人數」比率。

6. 網紅帳號最近才成立，但已經有大量的粉絲。

7. 網紅帳號有突然或是不合常規的變化，比如說，突然增加了非常多粉絲人數，接著又掉了很多粉絲。

8. 大部分的留言都是垃圾留言或是重複性的留言。

9. 在發布了一個內容後，網紅的貼文在短時間內，快速得到了大量的按讚數

10. 網紅的影片觀看人數與粉絲人數不成正比。

十四、網紅行銷的效益

(一) 網紅效益 1：累積品牌的網路聲量

　　現代人在下單訂購商品之前，往往會先上網搜尋評價、參考網友的使用心得再做決定，而網紅分享產品使用經驗，也有助於累積網路聲量，幫助消費者更了解產品相關資訊，進而提升購買的欲望。

(二) 網紅效益 2：提升品牌信任度

　　網紅的粉絲是怎麼來的呢？他們大多是因為喜歡網紅的人格特質、生活方式，才會持續追蹤，因此，網紅與粉絲之間存在強烈的信任感，兩者之間的關係是非常緊密的，當網紅受廠商邀約推薦產品的時候，基於長期累積的信任感，這群粉絲非常容易成為消費者，下訂單購買商品。

(三) 網紅效益 3：提高品牌曝光度

　　由於網紅已有一定的粉絲基礎，商家可以利用網紅的人氣，有效提升品牌的知名度，同時也提高新產品的曝光度。

(四) 網紅效益 4：拉近與消費者之間的距離

　　網紅是最了解其粉絲的人，知道他們喜歡什麼樣的內容，而網紅所發布的貼文或影片，也大多貼近大家的日常生活，就像是好朋友向你真心推薦產品一樣。透過網紅行銷，可以拉近企業與消費者之間的距離，促使消費者購買商品。

十五、網紅行銷簡易 3 步驟

(一) Step1：確立網紅行銷的目標

　　確定網紅行銷策略的第一步，就是確立網紅行銷的目標，比如宣傳產品、響應活動、操作 SEO 排名等。唯有獨立明確的行銷目標，才有助於規劃合作計畫，選擇合適的網紅和合作方式，例如：FB 貼文分享、拍攝 YouTube 影片或是撰寫部落格文章。

(二) Step2：尋找合適的網紅人選

　　在挑選網紅合作的時候，切記並不是粉絲愈多愈好，必須將以下 4 個參考指標列入考量：

1. 知名度：對於目標受眾來說，網紅人選是否具有知名度。
2. 相關性：網紅特質與業配的產品愈相關，目標受眾愈容易產生共鳴，促成轉換的機率也更高
3. 傳達性：網紅與他的粉絲是否互動良好、具有影響力，能夠確實將資訊傳遞給粉絲。
4. 可信度：網紅的信譽也會連帶影響企業的形象，事前應了解該網紅在網路上的評價，他所傳遞的訊息是否具有可信度。

　　選擇合適的網紅，才能達成設立的行銷目標，同時為業配的產品、企業形象加分。

(三) Step3：定期追蹤成效

　　與網合作之後，還必須定期追蹤成效，回頭檢視當初設立的網紅行銷目標是否達成。

十六、網紅行銷：4 種社群平臺比較分析

(一) 部落格

　　部落格是最容易被搜尋引擎擷取的網紅行銷渠道，因為較能建構自主性的網站設計，往往也最能提供使用者清楚且完整的產品資訊與豐富的圖片、影片。當具有購買動機的消費者上網搜尋資料時，如果能夠得到第三方網紅的背書與有別於品牌官方說法的詳細資訊，將有助於提升轉換業績／訂單機

會。在臺灣目前較知名的部落格有痞客邦、各個論壇等。

(二) Facebook

雖然臉書演算法的不斷更新，造成臉書貼文的觸擊率不斷下滑，但就臺灣而言，多數的主力消費族群依然有使用臉書的習慣，因此臉書在短期活動中的能見度高，所帶來的短期轉換效益也是最好的。除此之外，許多品牌也會與網紅合作舉辦貼文抽獎、直播等活動，若搭配廣告，更能發揮臉書的高擴散性與互動性，提升行銷效益。

(三) Instagram

據統計，2013 至今 IG 使用人數已成長超過 10 倍，龐大的人口基數使 IG 成為許多企業最重視的網紅行銷平臺。IG 多數以圖片作為主要呈現方式，著重於圖片的構圖與設計。其功能「限時動態」的使用者，全球一天更是高達 5 億！除此之外，時下 25～30 歲的消費者開始會在 IG 上搜尋關鍵字，因此也為 IG 網紅帶來了新的商機。

(四) YouTube

以影音的方式呈現，但因為影音製作所需的人力耗工又費時，因此合作成本是 4 種中最高的。然而在影音世代的今天，對於需要短期大量曝光又有足夠預算的中大型品牌及企業而言，找 YouTuber 合作將是首選。

十七、你應該知道的網紅行銷數據

根據美國 Mediakix 研究機構發布的網紅行銷相關數據，如下重點：

1. 63% 的行銷人員將會在接下來的 12 個月內增加網紅行銷的預算。
2. 48% 的人認為網紅行銷的投報率（ROI）比其他行銷管道好。
3. 企業每花 1 美元在網紅行銷上，平均可以擁有 5.2 美元回報。
4. Instagram 是網紅行銷大家最愛合作的平臺。
5. Instagram 貼文是大家最愛的內容合作形式。
6. 小網紅的互動率比大網紅高。
7. 最多人使用的網紅行銷成效衡量標準是「轉換率增加」與「營收增加」；其次是能增加對該品牌好的認知度及好感度。

十八、臺灣：2021 年具影響力的網紅排行榜

KOL Radar 聯合《數位時代》共同發表 2021 年最具影響力的臺灣百大網紅榜單，在社群媒體中引起熱烈迴響。運用 KOL Rader 獨家的資料庫，計算 2021 上半年全臺 Facebook、Instagram、YouTube 三大主要社群平臺的粉絲數、互動率、互動數及點閱數，精挑細選出 100 名在 2021 年最具影響力的網紅，此處列出前 35 名。

1. 蔡阿嘎。
2. 這群人 TGOP。
3. 館長。
4. 王宏哲。
5. 那對夫妻。
6. Duncan 當肯。
7. 黃阿瑪的後宮生活。
8. 阿滴英文。
9. 486 先生。
10. 眾量級 CROWD。
11. 谷阿莫 AmoGood。
12. 蔡桃貴。
13. 在不瘋狂就等死。
14. 鍾明軒。
15. Sand & Mandy。
16. 白癡公主。
17. 阿神。
18. Amy の廚房。
19. Wackyboys 反骨男孩。
20. Joeman。
21. 理科太太 Li Ke TaiTai。
22. Howhow 陳孜昊。
23. YummyDay 美味日子。

24. 黃氏兄弟。

25. Onion man。

26. J.A.M 狠愛演。

27. 林進飛、醺卑鄙 fashion baby。

28. 八耐舜子。

29. 聖結石 Saint。

30. 老高與小茉 Mr & Mrs Gao。

31. 千千進食中。

32. 小玉。

33. 三原 JAPAN Sanyuan。

34. 滴妹。

35. 放火 Louis。

十九、「網紅零接觸行銷」的四大關鍵步驟

(一) 第一步：曝光

　　網紅最基本價值，就是透過自身人氣達到產品曝光效果，並藉七大刺激行銷：開箱型、直播型、情境型、創作型、插畫型、體驗型、教育型等手法宣傳。讓觀看粉絲能直接吸收產品訊息、增加消費欲望。

(二) 第二步：互動

　　網紅曝光僅是一般的內容產出，若搭配互動抽獎的機制，使粉絲主動填問卷、做小測驗、心得留言、打卡分享等，即可達成多種效益。其中效益包含讓消費者再度了解產品優勢、加深印象，炒熱產品話題熱度、讓粉絲自然擴散至同溫層朋友，以及收集消費者基本資料。

(三) 第三步：導流

　　網紅產出優質且吸引人的內容後，必會引起部分粉絲的消費欲望，快速提供明確的購買資訊及誘因，即是重要的一環。經由官網或粉專 URL 與 LINE@ 的置入，讓消費者迅速找到購買入口，同時亦可藉由網紅分享專屬優惠折扣碼或頁面，加速粉絲購買衝動。

(四) 第四步：再利用

藉由第二步的互動及第三步加入官方帳號，可收集品牌興趣者的資料，甚至是消費者的打卡分享。收集名單可作爲廣告投放的二次利用，顧客體驗貼文也可再次整合於行銷頁面，建立消費者的回饋好評口碑，轉爲下一位買家下訂單的刺激點。

二十、網紅行銷：六大互動體驗，強化與粉絲的溝通

進一步解析零接觸行銷中的「六大互動體驗」機制，深入了解各方法如何強化 KOL 與粉絲之間的溝通過程，以達到發掘品牌潛在消費者的目標。

(一) 問卷情蒐

透過問卷收集粉絲資料，對產品的使用狀況與需求建議，以利品牌勾勒消費族群輪廓，且可搭配抽獎機制或領取免費試用包來增加網友填寫意願。

(二) 抽獎測驗

運用參加小測驗的方式，勾起粉絲對個人測試結果的好奇心，因參與者需允許存取 LINE、Facebook、Instagram 帳號，或是留下基本資料等，可供消費者資訊收集之用。

(三) 問答互動

KOL 可於個人限時動態使用「點選」或「簡答」的問答方式，快速了解粉絲喜好，此種方式因可直接與 KOL 互動，粉絲參與意願高，適用於簡易市調。

(四) 留言徵獎

依照 KOL 所引導的內容，在 IG 標註朋友以參加抽獎活動，藉此激勵網友創造高留言數，不僅可從中獲利粉絲需求與意見，同時有機會透過演算法增加曝光度。

(五) 遊戲轉入

讓粉絲藉由參加小遊戲的過程留下資料，可搭配抽獎活動，提升粉絲參與度。遊戲設計上也可聚焦於產品理念及特色，增加宣傳機會，強化品牌

印象。

(六) 打卡活動

　　粉絲透過 Hashtag 打卡上傳活動照，收集帳號名單並同時讓消費者主動為品牌打廣告，此種方式也常以抽獎作為誘因，激發網友參加意願。

二十一、網紅行銷案例

● 案例1　美國Nike運動品牌 ●

　　如果有關注國外YouTube的朋友，應該對「What's Inside」這個頻道並不陌生，這是由一對父子所經營的YouTube頻道，以剖開日常物品觀察內裡為主題，直至2020年9月止，累積了超過近700萬的訂閱人數。

　　2017年，當Nike推出最新鞋款Nike Air VaporMax時，他們邀請了這對有名的父子檔前往巴黎Nike總部。從Air VaporMax靈感來源，到整個製作過程，What's Inside前前後後總共發布了7支影片，將品牌訊息巧妙的融入頻道主題中。而單單就「What's Inside Nike Air VaporMax」這部影片，觀看次數就已經超693萬，累積超過5.4萬的讚數。而此次合作也成功為Nike的新產品創造了極大的網路聲量。

　　我們總結一下Nike此次合作成功的原因：

1. 與大型網紅強強聯手，大大增加品牌曝光。
2. 用另一個角度傳達品牌訊息，讓大家看到品牌的幕後故事以及新產品的「真實面貌」。

案例2 Olay（歐蕾保養品）

2020年時，Olay發起了#FaceAnything活動，邀請9位擁有不同背景的女性網紅合作。這次的活動，主要是挑戰社會上的刻板印象，並以鼓勵女性擁抱「自然美」爲主題。Olay創造了品牌標籤#FaceAnything，讓9位網紅成爲品牌代言人，並帶頭展現自我，而此行動大大激發了擁有同樣理想、渴望擺脫社會束縛的女性們。

這次合作Olay的成功之處爲何？

1. 以一個有影響力的主題出發，增加品牌正面形象。
2. 創造獨有標籤，刺激活動病毒式的散播。
3. 豐富品牌的UGC用戶生成內容庫。

案例3 美國可口可樂

2017年底，可口可樂試著趁節慶之時，在西歐推廣原味可樂。可口可樂創造了一個品牌特有標籤#ThisOnesFor，鼓勵用戶分享喝可口可樂的歡樂時分。在這次活動中，可口可樂共與14位歐洲的網紅合作，其中有6位是至少有10萬粉絲的中大型網紅，其他8位則爲粉絲人數介於1～10萬的小網紅。14位網紅共分享了22篇贊助貼文，照片中皆需拿著品牌的經典飲料，並且表明他們想與誰共享這杯可樂。

事實證明，#ThisOnesFor是一個極爲成功的品牌合作案例。活動累積超過17萬的讚數、1,600則留言，以及平均7.8%的互動率。這次的合作，可口可樂成功有幾點原因：

1. 完美的時間點：正值節慶前夕，成功將節慶歡樂氣氛與品牌連結，並增加產品營收。
2. 行銷訊息具傳播性：以讓每個人都參與的「分享」爲主軸，深化社群間的連結。
3. 完美的受眾族群：可口可樂的網紅合作對象從時尚產業、旅遊產業到運動產業，成功打入了品牌理想的年輕族群。

二十二、網紅經紀公司的4點能力強調

一般來說，專業的網紅經紀公司，例如：iKala（KOL Radar）、Asia KOL 等，均會強調他們的四大專業能力：

1.全方位網紅行銷企劃。

2.完美媒合高品質網紅。

3.強大網紅數據資料庫。

4.上億筆社群內容數據。

二十三、知名網紅經紀公司（**KOL Radar / iKala 公司**）的五大專業功能與執行步驟

(一) 數據驅動行銷策略

提供完全企劃與策略，透過上億筆網紅社群數據資料庫，掌握議題與社群脈動，爲產品訂定網紅行銷策略與溝通切入點，成功讓品牌與產品深植消費者的心。

1.確認行銷目標。

2.效益分析與預估。

3.數據與創意企劃。

4.內容與社群策略。

(二) 精準找高成效網紅

精準推薦網紅人選，透過 AI 網紅搜尋系統篩選互動率、觀看率與漲粉率，以及查找本品 / 競品關鍵字，爲公司品牌找到高成效、高含金量的網紅。專業的網紅搭配策略，以及系統化找到最佳網紅人選，有效達成品牌曝光、提升品牌好感度。

1.5 萬筆跨國網紅資料庫。

(三) 完美執行網紅媒合

擁有媒合超過 3,000 位網紅對接執行合作案經驗，透過細緻溝通對接與高效率執行，讓所有策略完美落地，達成加倍效益。

1.網紅簽約與付款。

2.網紅詢價與溝通。

3.內容產製與修訂。

4.品牌主審稿確認。

(四) 內容製作與曝光宣傳

有效規劃網紅內容與宣傳，協助取得網紅素材授權，並操作廣告投放於各社群平臺，包括 Facebook、Instagram、YouTube，加乘網紅社群內容曝光與互動，創造更高網紅行銷與社群口碑效益。

1. 社群內容行銷。
2. 廣告素材授權。
3. 曝光渠道規劃。
4. 精準廣告投放與媒體採買。

(五) 成效評估與結案

針對個別網紅社群表現，提供完整數據成效，並提供優化專案的專業建議，幫助下次行銷策略更上層樓。

1. 網紅數據成效檢核。
2. 廣告投放成效報告。
3. 未來策略優化建議。

二十四、網紅合作合約的內容為何

國內知名的「哈利熊線上服務市集」（2020）在其官網一篇文章中，指出應如何寫一份完整的網紅合作合約書，內容非常詳實有用，值得參考，故摘述如下重點，該文指出與網紅合作的合約中，應該包含下列六大項目。

(一) 工作內容

工作內容是整份合約中最重要的元素，清楚的寫出內容創作者需要為你做些什麼。這邊會寫出：

1. **創作內容的形式**：部落格、貼文、影片或直播等。
2. **露出平臺**：臉書、Instagram、公司網站、公司 YT 頻道、KOL YT 頻道等。
3. **內容數量**：貼文數量、圖片數量、影片數量等。
4. **發布期間**：明定發布的截止日期，以及內容會在露出平臺上保留多久的時間。

5. **品牌風格**：定義出品牌風格及其風格要求。

6. **其他細節**：比如說要使用的主題標籤、其他合作對象必須做或是不能做的事情、內容發布前是否需要經過你的同意等。

圖 5-1　網紅合約的 6 項工作內容

(二) 報酬

合約中也要清楚寫出內容創作者所能拿到的報酬。

1. 報酬金額。

2. 影響報酬的事件：比如說，沒有在截止日期給予檔案或是沒有在截止日期前發布、或是有些品牌會將報酬與成果相連結。

3. 交付方式：頭尾款、一次付清等。

4. 匯款帳號。

(三) 合作成功證明

你可能會需要內容提供者提供一些關於合作的數據，比如說 Instagram、Facebook 的貼文數據洞察、觀看人數、互動率等，這些都必須

在合作前就明確訂定出來，避免未來合作完成後的爭議。

(四) 排他性

網紅行銷是一門大生意，也就是說，一個網紅可能會同時與很多品牌進行合作，特別對於那些知名的網紅來說，合作提案可能源源不絕。所以如果你想要讓這個內容提供者與你建立排他性的合作關係，你就必須把這項條款放入合約中。但記住，並不是每一個網紅都會接受這種合作方式，可能一些小網紅比較願意這樣合作。

(五) 法律責任與義務

雙方在合作前，都必須了解各自的法律責任與義務。比如說，依照公平會的公告，網路業配屬於見證廣告的一種，如果見證者與廣告主之間有利益關係的話，就有公開揭露的必要。

還有之前「理科太太」就曾因為基因公司宣傳的影片中，在代言商品沒有事先送食藥署審核就多次提到廠商名字，涉及廣告行為，最後被衛生福利部的食藥署開罰 20 萬的案例。所以，代言的時候大家一定要注意法規。比如說，食品、化妝品領域的廣告不能誇大不實或是宣稱療效。這些都可以寫入合約中，避免不小心誤觸法規。

(六) 簽字

記得，畢竟合約是一份正式的法律文件，所以雙方都必須仔細閱讀內容、同意合約中的事項並且簽名。

最後要提醒大家，合約能夠幫助雙方了解自己的責任義務，並且保護雙方的權益，如此一來，也能建立更良好的合作關係喔！

圖 5-2　網紅合作合約內容的六大項目

二十五、網紅行銷最新四大趨勢

根據知名網紅經紀公司 KOL Radar 發布的《2021 年網紅最新行銷趨勢報告》，重點歸納出下列四大趨勢。

(一) 趨勢 1：KOC 微網紅快速成長（Key Opinion Consumer，關鍵意見消費者）

與大網紅不同，KOC 更強調網紅本身就是消費者，且更具「推薦感」。目前採用 KOC 策略的前三名產業為美妝、快速消費品與 3C 產品。

(二) 趨勢 2：YouTube 影音內容當道

YouTube 不但是臺灣最常使用的社群媒體，YouTube 官方也指出，有 81% 的消費者認為 YouTube 會影響他們的購物決策，影音內容對於消費者的決策影響力不容小覷。

(三) 趨勢 3：聲音社群

KOL Radar 也獨家與 SoundOn 合作，收錄 2020 年全年度 SoundOn 平臺上 4,553 檔節目，包含作者名稱、內容簡介與節目資料，發現目前 Podcast

的節目仍較多爲知識型，科技、創業、分析、投資之關鍵字出現頻率相當高。

(四)趨勢4：社群導購或直播團購／導購成長

受疫情影響，電商比過往更加熱門，KOL Radar 跨 Facebook、Instagram、YouTube 平臺，撈出了「團購」、「導購」等具有社群促銷關鍵字的貼文，發現自疫情開始後的貼文數量就直線上升，透過社群導購成爲電商相當大的助力，也使網紅收益來源增加。

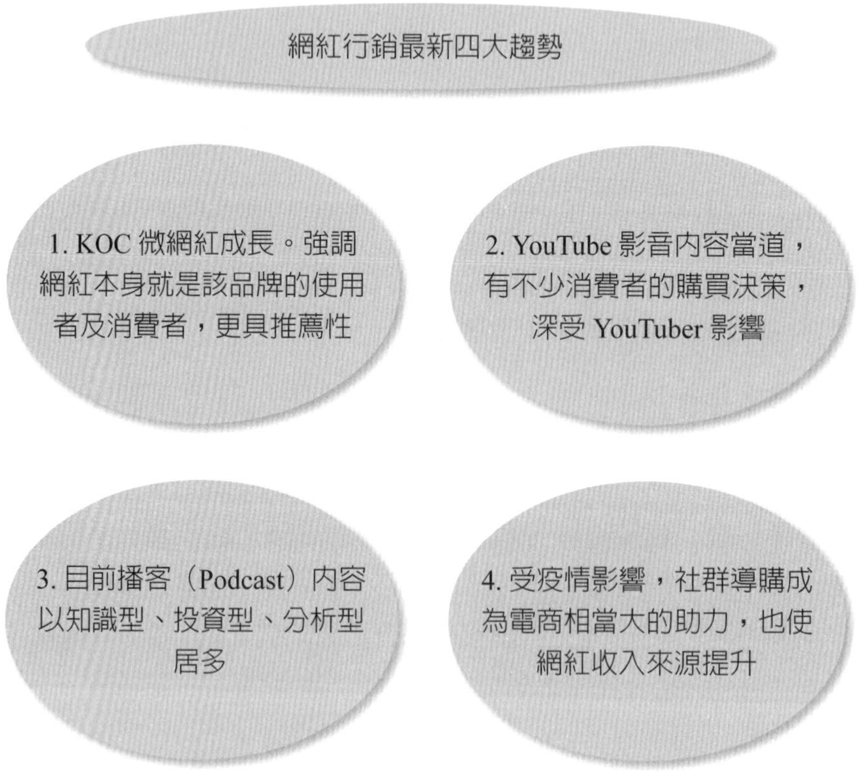

網紅行銷最新四大趨勢

1. KOC 微網紅成長。強調網紅本身就是該品牌的使用者及消費者，更具推薦性

2. YouTube 影音內容當道，有不少消費者的購買決策，深受 YouTuber 影響

3. 目前播客（Podcast）內容以知識型、投資型、分析型居多

4. 受疫情影響，社群導購成爲電商相當大的助力，也使網紅收入來源提升

圖 5-3　網紅行銷最新四大趨勢

二十六、網紅行銷十大趨勢

根據國內知名的網紅行銷公司──「圈圈科技公司」撰文指出下列十大網紅行銷趨勢（2021），摘要如下述。

(一) 微網紅、奈米網紅將受到更多喜愛

以臺灣的 Instagram 來說，微網紅為粉絲數落在千人到萬人之間的創作者，他們粉絲數雖不多，但與粉絲高互動、高黏著的特性，將是品牌與潛在消費者連結的關鍵。

(二) 長期持續合作更勝一次性檔期

比起一次性合作，愈來愈多品牌會與網紅培養長期持續的合作關係，現在消費者每天被各種資訊轟炸，就算是看到喜歡網紅分享的單則內容，也不見得會立刻購買，透過長期持續與網紅合作，讓你的商品成為其生活中的一部分，更容易打動潛在消費者。

(三) 新的社群平臺、新的內容創作跨平臺經營

從 Clubhouse 的爆紅我們就能發現，永遠會有新的社群平臺跟內容形式不斷冒出。品牌行銷除了深耕單一社群平臺，跨平臺的經營也將會愈來愈重要。

(四) 網紅類型將更加多元、分眾

隨著愈來愈多人投入自媒體經營、內容創作，將有更多專精某領域或深耕特定主題的創作者崛起，分享的主題也將愈來愈分眾，品牌將更容易找到精準的合作對象。

(五) 愈來愈多品牌投資網紅行銷

到 2021 年全球網紅行銷市場規模預估達到 138 億美元，並有 63% 的品牌主、行銷人員在 2021～2025 年會投入更多預算至網紅行銷。

(六) 網紅行銷不再只看感覺，需要計畫及數據

隨著行銷科技的進步、網紅媒合平臺和工具的崛起，網紅行銷也能透過數據進行優化，利用工具讓執行更省力。

(七) 影音內容變得更重要

隨著社群平臺把更多重點放在影音上（如：TikTok、Instagram 的 Reels 或 IGTV 等），網紅行銷也需關注影音內容，2020 年光是 Facebook 瀏覽直播影片的人數就成長近 50%。

(八) 真實原創才是王道

　　全社群時代，粉絲想看到更多真實原創的內容，因為喜歡創作者的風格，粉絲才會追蹤及持續互動，品牌與網紅合作應該尊重他原本的調性及創意，否則很難打動粉絲。

(九) 動機行銷和企業社會責任

　　人們開始更加重視企業社會責任，連網紅行銷也不例外，主要起源來自歐美國家，網紅行銷應該跨種族、性別、性向，與多元創作者合作，臺灣雖然較少感受到種族議題，但與更多元的創作者合作將是可以參考的方向。

(十) 員工也能是網紅

　　人們渴望真實，比起僵硬的標語，人們更想看見公司／品牌背後活生生的人，給予資源和舞臺，熱情的員工將有機會成為最佳的品牌大使。

網紅行銷十大趨勢

1. 微網紅、奈米網紅將受到更多喜愛

2. 長期持續合作更勝一次性檔期

3. 新的社群平臺、新的內容創作

4. 網紅類型將更加多元、分眾化

5. 愈來愈多品牌投資網紅行銷

6. 網紅行銷不再只看感覺，需要計畫及數據

7. 影音內容變得更重要

8. 真實原創才是王道

9. 動機行銷與企業社會責任

10. 員工也能是網紅

✏️ **圖 5-4　網紅行銷十大趨勢**

二十七、「網紅生態」最新調查分析報告

國內知名的《數位時代》月刊與 iKala（愛卡拉）公司合作，提出一份最新的 2022 年「網紅生態」調查分析報告，重點如下：

1. **臺灣社群媒體使用率高達 88%，比全球平均 50% 還更高。**

2. **臺灣有 75% 的消費決策會受到網紅推薦或代言廣告影響，**此使得品牌主將行銷預算轉到網紅身上。

3. **國內網紅總人數，在 2022 年已達到 3.8 萬人，**相較 2019 年的 2 萬人，成長 90% 之多。

   其中，小網紅、微網紅或稱奈米網紅（一萬粉絲以下）成長最快，占有率達 50% 以上。

4. **臺灣最主流的三大社群媒體為 FB、IG 及 YT。**

5. **2021 年，網紅生態最新五大現象：**

   (1) 奈米網紅數量超過一半（即 3.8 萬人的一半），但其與粉絲的互動率卻反而比較高。

   (2) 在三大社群平臺中，IG 的互動率最高（達 3%），FB 互動率次之（0.7%），YT 互動率最低（0.5%）。

   (3) 7 成網紅在 IG 平臺上展現，6 成網紅在 FB 平臺上展現，1.5 成網紅在 YT 平臺上展現；因影音製作成本較高，故在 YT 平臺上展現的網紅較少。

   (4) 在 3.8 萬名網紅中，其中，女性網紅占 60%，男性網紅占 30%，團體網紅占 10%；團體網紅有崛起之勢。

   (5) 美食話題最能吸引觀眾。

6. **2021 年，在 3.8 萬名網紅中，各種專業網紅的分類如下：**

   (1) 美食網紅：占 38%。

   (2) 攝影網紅：占 22%。

   (3) 穿搭網紅：占 21%。

   (4) 保養網紅：占 20%。

   (5) 運動網紅：占 14%。

   (6) 影視網紅：占 12%。

(7) 音樂網紅：占 12%。

(8) 教學知識網紅：占 12%。

(9) 感情網紅：占 11%。

(10) 旅遊網紅：占 11%。

7. 大網紅如何穩住自己地位：

(1) 要持續創作高品質的內容，帶進高流量。

(2) 要開拓穩定的收入。

8. 網紅 4 種主要收入：

(1) 會員付費。

(2) 廣告拆帳分潤。

(3) 廠商業配。

(4) 電商導購收入。

9. 新興社群平臺：

(1) 短影音社群平臺：TikTok。

(2) 聲音為主的社群平臺：Podcast 及 Clubhouse。

10. 2021 年百大網紅的部分網紅：

(1) 蔡阿嘎（生活）。

(2) 阿神（遊戲）。

(3) 簡單哥（美食、料理）。

(4) Amy 私人廚房（美食）。

(5) 料理 123（美食）。

(6) 史丹利（遊戲）。

(7) 蔡桃貴（親子）。

(8) 這群人（幽默）。

(9) 486 先生（電商）。

(10) 館長（社會議題）。

(11) 反骨男孩（幽默）。

(12) Rice & Shine（親子）。

(13) 唐綺陽（命理）。

(14) 見習網美小吳（生活）。

(15) 谷阿莫（電影）。

(16) 重量級（生活）。

(17) 千千（美食）。

(18) Howhow（幽默）。

(19) 白癡公主（幽默）。

(20) 牛排（幽默）。

(21) 視網膜（社會議題）。

11. **如何創造高互動性內容？**

(1) 先創作出好內容。

(2) 掌握時下熱門話題。

(3) 深耕分眾話題。

(4) 經營多元平臺（FB、IG、YT）。

12. **YouTube 訂閱頻道數：**

(1) 超過 100 萬的有 50 個網紅。

(2) 超過 10 萬的有 1,100 個網紅。

13. **百大網紅中，有 90% 同時經營 3 個社群平臺**（即 FB、IG、YT）。

14. **「社群導購」的變現模式，**近年來已成為品牌廠商找網紅行銷合作的操作方式之一。

15. **廠商對網紅行銷成功的關鍵：**

(1) 要找到真正對的、適合的、正確的、有效的網紅（一個或多個網紅）。

(2) 要網紅做出有吸引力、能吸引粉絲們來看的好內容。

(3) 品牌廠商要投入適當、足夠的行銷預算，且要長期經營。

(4) 要隨時調整、精進做法。

16. **品牌廠商操作網紅行銷的：**

(1) 自己來操作，自己找網紅合作。

(2) 透過外部知名的 KOL 網紅經紀公司或網紅行銷公司來操作；並請他們先提案做簡報，然後互相討論、修正及定案。

二十八、網紅行銷 4 種策略

網紅行銷在尋找 KOL 或 KOC 時，有 4 種策略可以思考，主要是要配合公司預算有多少而定。包括：

1.預算多時，可採取：

　(1) KOL + KOL 策略（找多個大型網紅一起參與）。

　(2) KOL + 多個 KOC 策略（大型網紅 + 數十個微型網紅）。

2.預算少時，可採取：

　(3) KOL 策略（找單一大網紅）。

　(4) KOC 策略（找多個微網紅）。

第 6 章

Facebook（臉書）、IG 行銷與經營概述

01 臉書行銷概述

一、臉書（Facebook）小檔案

茲列示臉書小檔案如下：

創立時間	2004年4月
創辦人	祖克柏（Mark Zuckerberg）
特色功能	可免費申請帳號、開社團、設粉絲專頁、建立活動、玩遊戲、即時通訊、打卡按讚、分享等 手機版、電腦版均可用
用戶數	全球每月至少用一次的用戶11.5億人，每天至少用一次為6.99億人，約1,800萬個粉絲專頁
臺灣用戶統計	每月活躍用戶：1,400萬人 每天活躍用戶：1,000萬人

二、臺灣熱中臉書，全球第一，1千萬人天天上線

(一) 臺灣每天至少 1 千萬人上臉書

臺灣人瘋臉書程度全球之冠。據臉書官方公布的臺灣用戶數據，每天至少 1 千萬人上臉書，以臺灣 2,335 萬人口估算，等同每 10 人中，有逾 4 人每天用臉書，比任何國家的民眾對臉書還「黏踢踢」。臺灣人黏臉書的程度高於以往任何網路平臺，但能不能將「按讚」化成實際行動，有待觀察。

據臉書官方數據，臺灣每月平均 1,400 萬人用臉書，每天約 1 千萬人上臉書，其中 710 萬人透過智慧型手機或平板電腦登入，每天至少用一次的活躍用戶，占每月活躍用戶比率達 71%，較香港的 67% 及全球的 61% 要高。

(二) 每月花 379 分鐘瀏覽

臉書自 2008 年起推出繁體中文版，可上傳照片、文章，對別人的動態按讚互動而竄紅，臉書遊戲「開心農場」在臺爆紅，也助長臉書聲勢，還能

成立社團、粉絲專頁、打卡、分享等。

　　據市調公司創市際 ARO 於 2013 年公布的數據，網友在臉書的花費時間最長，單月長達 379 分鐘、瀏覽 544 個網頁。據統計，三大臉書粉絲專頁為 yahoo! 奇摩新聞、Candy Crush 和開心農場，粉絲數依序為 231 萬多人、187 萬多人及 183 萬多人；三大娛樂名人粉絲專頁是五月天阿信、隋棠和田馥甄（Hebe），阿信粉絲達 132 萬餘人。

(三) 隨時隨地打卡留言

　　臉書的出現令民眾生活型態有不少改變。打卡（在臉書上標示所到之處的地理位置）是特別流行的現象，臺灣人喜歡隨時隨地透過臉書打卡、即時分享照片，特別是餐廳美食、人物自拍。臉書漸漸成為現代人獲得訊息及分享的主要管道，愈來愈多人不看入口網站或新聞網站，而是透過臉書個人化的動態時報接收新聞，掌握親朋好友動態。

　　不少民眾喜歡在餐廳吃飯時把菜餚拍照上傳並打卡，以致上菜後不能馬上舉箸，要先拍照、打卡。

(四) 餐廳利誘打卡宣傳

　　不少店家也透過臉書行銷，如餐廳給來店消費打卡者折扣優惠。魏姐包心粉圓永春店開幕，臉書打卡限時送千碗；業者說，此優惠可讓打卡者的臉書朋友都知道，拓展知名度。

三、臉書全球會員人數超過 25 億人，史上最強攬客工具

　　臉書目前全球會員人數超過 25 億人，已是全球最大社交網路服務公司。各公司在臉書的粉絲人數如下：

表 6-1　企業臉書粉絲人數表

公司	美國可口可樂	美國星巴克	迪士尼	愛迪達	臺灣 7-11
粉絲人數	1億	3,673萬人	5,257萬人	3,774萬人	262萬人

　　為什麼連名媛貴婦使用的歐洲名牌精品，也都要設立臉書粉絲專頁呢？

原因就在於社群行銷的超強攬客能力，這些精品名牌看重的就是臉書驚人的攬客特質。目前，臺灣國內已有 1,800 萬人登錄為臉書的會員。

四、何謂臉書？

1. 臉書是一種提供社交網路服務的網站。那是一個人與人可以互相連結，並透過相片、影片、個人近況日記，可隨時隨地傳達網路意見留言等，享受溝通樂趣的虛擬空間。

   臉書最基本的功能，便是「留言」。包括個人近況、上傳自己拍的相片、影片，以及轉貼欣賞的歌星、明星相關 YouTube 影片、推薦網站的連結等，都可以透過在塗鴉牆留言的方式，來與朋友分享。

2. 它是整合電子郵件 + 部落格 +Skype 即時通訊 +BBS 電子公告板 + 照片分享 +YouTube 影音分享 + 地圖 + 網路遊戲的大拼盤，在臺灣 1,800 萬人有帳號。

   臉書是一種社交平臺，幫助人們把真實世界中的朋友圈搬到網路，利用這個數位工具，人們以圖文分享和按「讚」（Like）的機制，達成自我表達、與人連結，進而讓人際關係產生更緊密的歸屬感，無論使用者居住在哪一個國家或城市。

五、炒熱氣氛的「讚」功能：臉書行銷新利器，全球 7 億人按讚

臉書裡所有的網頁、留言、甚至是每一則廣告，都有這個「讚」的按鈕配置。

當每個人覺得「原來如此」、「這太有趣了」、「我太喜歡了」、「我很認同時」的那一刻，就可以按這個「讚」。

臉書全球使用人數突破 25 億人，用戶除開設一般頁面與親友互動，還可開設粉絲專頁，讓粉絲按「讚」加入，即時交換訊息，當作行銷利器。例如：當紅歌手女神卡卡全球按讚粉絲超過 5,780 萬人，比前美國總統歐巴馬的 5,500 多萬人還要多；歌手周杰倫有逾 379 萬的粉絲，也比前總統馬英九的 185 萬人高，在網路社群，歌手受歡迎的程度，明顯大於政治人物。

臉書粉絲專頁的內容，即使不按「讚」也可看到，但粉絲按讚可表達支

持，且專頁一有更新訊息，就會自動連結出現在粉絲臉書的「動態消息」中，相當方便。除了女神卡卡的粉絲專頁人氣旺，樂迷心中永遠不朽的披頭四，粉絲按讚數也超過 3,962 萬人，厲害的還在後頭，臉書公司本身的粉絲專頁，按讚的粉絲更超過 2 億多人！

　　不少企業與商品也都設有粉絲專頁，作為與消費者接觸的媒介。例如：手機大廠宏達電的 hTC 粉絲專頁有超過 588 萬按讚數；知名車廠賓士粉絲專頁至今則有超過 2,110 萬粉絲按讚；微軟遊戲機 XBOX 的按讚數超過 2,263 萬次；相當受歡迎的美國影集《CSI：邁阿密》，粉絲按讚數超過 1,499 萬次。

六、臺灣臉書使用者輪廓

　　Facebook 各年齡層會員分布如下：

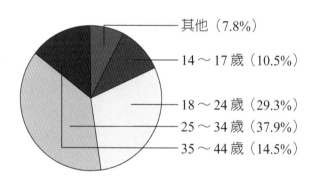

　　　　　　其他（7.8%）
　　　　　　14～17 歲（10.5%）
　　　　　　18～24 歲（29.3%）
　　　　　　25～34 歲（37.9%）
　　　　　　35～44 歲（14.5%）

七、臺灣臉書粉絲人數最多的前三大品牌

　1. 7-11
　　人數：262 萬人。
　　特色：全球臉書零售品牌的第五名，以及全球企業品牌前 150 大，擅長把社群從臉書拉到實體店面。
　2. 統一星巴克咖啡同好會
　　人數：219 萬人。
　　特色：除了介紹產品並分享咖啡的歷史和故事，粉絲們則自述對星巴克

咖啡的喜愛。

3. MUJI 無印良品生活研究所

人數：128 萬人。

特色：從實體進入臉書，又從臉書回到門市聆聽消費者聲音，再帶回到粉絲專頁，儘管有些粉絲在平臺上喊「產品貴」，有更多粉絲表達喜愛，各地要求設店的聲音在粉絲專頁上此起彼落。

八、臉書粉絲專頁，已成為行銷一環

1. 根據 2020 年統計，臉書每月有超過 27 億的活躍使用者，如果把旗下著名的服務加入統計，其中 21 億使用者還會同時使用 FB、Instagram、WhatsApp、Messenger。有超過 9.6 成是透過行動裝置登入的會員，根據數據顯示，臉書觸及到多達 60% 的網路使用者，儼然成為最受歡迎的社群平臺。

2. 臉書網路黏度強，使用者可以透過網路，經由電腦、平板、智慧型手機等管道聯繫所有會員。經由社群力量，無論個人、社團，甚至是公司行號，都能在臉書上聯繫及交流。臉書粉絲專頁更能協助公司、組織與品牌分享動態，與用戶連結，隨著 FB 的流行，粉絲專頁已經成為行銷重要的一環。

九、申請臉書帳號

建立粉絲專頁前，必須先擁有 FB 帳號；只要準備一個 E-mail 帳號，再輸入一些基本資料就可以申請，註冊完全免費。

以下簡單說明臉書帳號的申請方式：

1. 開啟瀏覽器，在網址列輸入「https://www.facebook.com」進入。

2. 首頁會顯示註冊表單，先在欄位中輸入姓氏、名字、電子郵件等相關資訊，接著選按「註冊」鈕，再經過搜尋朋友、基本資料填寫與大頭貼照片上傳，即可完成帳號註冊。

十、建立粉絲專頁前的準備資料

1. 粉絲專頁名稱

好的名字等於成功的一半，一個好的粉絲專頁名稱應簡潔、有力，更要好記、好找，店家多會直接使用公司名稱來命名，或可從產品服務關鍵字思考。

2. 封面相片

剛進入粉絲專頁時，首先映入眼簾的就是封面相片，所以第一件事當然就是為全新的粉絲專頁新增封面相片。當公司有新產品、新服務、新活動、新消息時，不妨更換封面相片進行宣傳，效果會更好。

3. 大頭貼

大頭貼代表粉絲專頁的風格，為粉絲專頁設計一個顯眼而具有代表性大頭貼，不僅能加深瀏覽者印象，也能協助其他粉絲找到到這個粉專，許多店家會選擇使用 Logo 作為大頭貼。

4. 專頁詳細資訊

為粉絲專頁加入店家描述，除了一般業務內容，還要包括營業時間及聯絡方式，讓用戶可以快速找到你。

十一、粉絲專頁封面相片使用注意事項

進入粉絲專頁，第一眼看到就是大大的封面照片，透過一些主題素材的搭配，再加些創意，就能呈現充滿設計感，又兼具巧思的封面照片，抓緊粉絲目光。

例如：餐廳裡受歡迎的菜色、鞋店中熱賣的球鞋照片等，都是粉專很好的封面素材，不僅可以吸引粉絲，還能凸顯最新活動與專頁特色。

十二、臉書活動──邀請、宣傳、舉辦等都交給它

臉書的活動（Event）功能，允許用戶邀請粉絲和朋友參加活動，不管活動形式是發生在網路或實體上。FB 的活動可以是一個真實活動的網路邀請卡，例如：結婚典禮、生日派對、愛心義賣、讀書會，也可以是一個發生

在臉書或其他網路平臺的活動邀請卡，例如：新產品的網路命名活動，以及下列等情況（活動）中。

1. 銷售活動。
2. 開幕、新產品發表會。
3. 登山、旅遊。
4. 簽名會和名人現身。
5. 表演和電影試映會。
6. VIP 派對。
7. 虛擬活動。
8. 義賣和愛心募款活動。

以統一星巴克咖啡同好會的「週末咖啡體驗」活動為例，第一次的活動吸引了 272 位粉絲參加，塗鴉牆上很多粉絲回應：「只有臺北有，為什麼不到中南部來？」隔了一個月，廠商就下高雄、臺中辦活動。

傳統活動結束後，細心的廠商或行銷團隊有時會寄給參與者一則手機簡訊、電子郵件或卡片謝函等，這樣的方法也適用在 FB 的活動後續。

十三、何謂臉書行銷（FB-Marketing）

1. 臉書行銷即是利用臉書的高流通性以及高散播能力去執行訊息的傳遞，將行銷的內容放置於臉書中，搭配上特定的活動，例如：按讚、分享、回文等，來造成民眾的迴響。因為臉書是屬於免費的社群工具，所以在使用上可以節省經費，以致利用臉書行銷是時下當紅的行銷手法。也因為現今大多數民眾都有使用臉書的習慣，所以其訊息傳播速度是十分快速且普遍。高黏著度的部分，根據調查，每個人每天平均花費 4～7 個小時黏著於臉書上，這是一個相當驚人、但也相當值得利用的數據。

2. 臉書行銷會利用舉辦活動，藉由贈送獎品吸引人群分享相關內容，從中藉以達到曝光率。人們會因為獎品而幫廠商傳遞廣告訊息，而廠商即可節省廣告經費，仍舊達到強大的宣傳效果。

3. 臉書行銷同時具有話題性，當身邊的人有一個新的話題，而自己卻排

除在外，便會從網路上從中得到訊息，也就是所謂的病毒行銷。好像別人接觸自己也應該接觸、又覺得跟隨潮流是必需的，不知不覺就缺乏對於臉書的抵抗力。

4. 臉書具有強大的「交友能力」，它可以整合 yahoo! 奇摩等信箱和即時通訊聯絡人，更可利用學經歷找回失散多年的朋友，其強大的連結力，讓使用者可以透過社交圈的即時訊息交叉連結，輕易得知他人的動態與交友圈，如此強大的社群功能平臺，讓使用者很容易就定著在 FB 上。時至今日，它已經變成愈來愈重要的「人際互動平臺」，有些人甚至把它當即時通訊在用，隨時在網上分享資訊，甚至當公司缺人時，愈來愈多主管人員也會在自己的 FB 上張貼訊息，只要點一下「分享」，訊息很快就會擴散開來，而透過朋友圈引介找到的人，通常比從人力網站來得更有「信用」。也就是說，利用臉書行銷的過程中，因為是朋友間彼此轉貼的內容，我們會「願意」且「不設防」的去看朋友們在分享的東西，於是民眾就在無預料之下看了廠商的廣告，且習以為常。

十四、五大原則寫出生動的粉絲專頁

1. 顧客和員工是最好的廣告明星。

● 臺灣案例：統一星巴克咖啡同好會 ●

臺灣星巴克咖啡企業所設立的粉絲專頁「統一星巴克咖啡同好會」，是臺灣粉絲專頁排名第二的品牌，粉絲數超過219萬人，僅次於7-11。

統一星巴克咖啡同好會擅長利用照片增加社群互動，統一星巴克咖啡請員工做廣告明星，粉絲專頁放了來自各門市的員工照片或員工與顧客的合照，這是企業展現員工向心力的好方法，也能拉近和顧客的親近感。其實，在每天門市點咖啡的例行公式中，許多認真仔細的星巴克員工早已經是顧客的貼心好夥伴，他們摸清楚顧客的咖啡喜好，會詢問：「今天還是喝拿鐵嗎？」

星巴克咖啡塑造了一種都會、年輕、精英、咖啡界的Gucci形象，除了是每日工作、生活的提振劑，也是一般人最容易聯想到和好友喝咖

啡聊天的便利悠閒聚會空間，產品本身已具備社交元素，再活用星巴克員工和粉絲的活力照片登上粉絲專頁，不僅輕鬆地充實了專頁的內容動態，也證明了星巴克企業成功打入城市社交生活的事實。

統一星巴克咖啡同好會也喜歡讓顧客分享咖啡經驗，推出產品的同時，會邀請粉絲以相機記錄私有的咖啡時光，連結到粉絲專頁進行公眾分享，建立了品牌是和粉絲一起共有的強烈感覺。

只要是有產品、有一小群顧客作為基礎的企業品牌，都可以善用照片的小撇步，增加和粉絲互動，讓粉絲專頁每天看起來都神清氣爽。

2.讓幽默感上陣。

3.提供知識性的內容。

4.問問題。

5.揭開企業內部或產業內幕的神祕面紗。

十五、臉書行銷操作案例

以下列示國外幾家公司推動粉絲專頁成功的要點：

1.達美樂公司：直接將粉絲的意見商品化。

2.拉斯維加斯旅館：粉絲好康優惠折扣——不點擊讚，就無法享有粉絲好康，也無法收看專屬影片。

3.曼哈頓房仲公司：活用相片功能，將相簿當成物件資料庫使用之活用術。

4.格鬥聯盟：販售臉書粉絲專屬限量商品。

5.某電影公司：將影片配置在「讚」按鈕下方來吸收粉絲。

6.Levi's 牛仔褲：透過「讚」按鈕來投票決定代言人。

7.某食品公司：以笑話滿篇迅速累積粉絲人氣。

當你按下讚後，畫面上就會出現自己的名字及連結，這也是臉書具有炒熱氣氛功能的特殊文化。

就是這種網友熱烈及積極參與的態度，創造了臉書每月超過 300 億條留言的驚人數字。

十六、粉絲專頁的使用工具

臉書是歡迎廠商在平臺上從事商業行為的，主要有 3 種工具，如下：

1. 粉絲專頁（fan pages）：所有人都可瀏覽。
2. 社團（Group）：擁有臉書帳戶的用戶才能瀏覽。
3. 廣告：主要為聚焦型廣告，要收費。

在粉絲專頁裡，FB 還提供管理者「精準行銷」的數據分析工具。包括：粉絲數目的變化、屬性分析、互動參與、新收的按讚數、人口統計圖表等。

十七、粉絲專頁經營的 3 個 C

粉絲專頁最難的不在於製作，而在於每天的經營與管理，重要的有以下 3 點。

1. 數位內容（Content ＝與粉絲共享）

   粉絲專頁裡的塗鴉牆留言（如訊息、連結、相片及影片等），管理者每天最少、最好需在塗鴉牆貼文一篇與粉絲分享。

2. 溝通（Communication ＝與粉絲對話）

   藉由與粉絲間的互動，可以讓廠商有全新的發現。因此，與粉絲直接對話的互動功能，絕對不可少。

3. 競賽（Contest ＝競爭意識）

   各公司粉絲專頁如何贏得粉絲的眼球爭奪戰，必須有競爭意識，以贏得粉絲每天忠誠的瀏覽、留言或按讚。

十八、成功經營中小企業 FB 粉絲團的十大訣竅

國內臉書粉絲團行銷專家權自強（2013）依其過去曾為 30 多家中小企業專職經營 FB 粉絲團的豐富經驗，綜合歸納出欲成功經營 FB 粉絲團的十大訣竅，如下簡述。

(一) 命名正確就已成功了一半

如果是有品牌的企業，就以品牌來命名，如果不是大品牌，他認為，以推廣的理念命名會優於機構名稱。例如：我會變瘦粉絲團、貓奴互助會等，

比較沒那麼商業化，也可爭取目標群眾的認同感。

(二) 互動模式比「一言堂」的單向資訊傳遞，更能活絡粉絲團

一個叫做「釣魚人」的粉絲團，鼓勵網友將自己釣的魚 PO 上來跟大家分享，比起部分名人單一訊息的張貼，更能創造互動。

(三) 創造互動的好處是，有助於增加訊息在 FB 上曝光的機會

不過，究竟該怎樣增加互動？因此，第 3 個要素就是要創造或留意可被分享的「有梗」內容。要不斷地去想其他人會想分享這則訊息嗎？通常有趣的標題、圖片或影片較易吸引人。

(四) 多用疑問句製造互動

例如：「下午天氣不好，外面下起了雨」，這是肯定句，不易引起互動。比較好的方式是，「外頭有下雨嗎？」（疑問句）；「請大家說一下自己住的縣市有沒有下雨？」（要求回答句）；「請大家說說住處的下雨情況，從回答的人之中抽出一位送 New iPad 一臺」（禮物回答句）。

(五) 多使用上傳圖片來發文

「永遠不要只發文字而已」，因為圖片占的分量比較大；在塗鴉牆較容易被看到，而且可愛或特殊的圖片可增加被分享轉載的機會。

(六) 發文的時間點有學問

一般來說，最佳的發文時間為週一到週五的 7：00～9：00、13：00～14：00，還有週一到週四的 19：00～24：00，分別是上班族通勤、午休和晚上下班的時間。通常週五晚上到週日下午都不適合發文，因為大家多半會外出，但週日晚上 19：00～24：00 也是一個好時機，大家外出返家後，通常會看看 FB 訊息，或是上傳出遊照片分享。

(七) 多辦虛擬或實體活動活絡粉絲團

可在粉絲團上推出集滿多少粉絲就可抽大獎，或是只要按讚就捐錢給公益團體、徵求生肖年的寶寶照片等活動。另外，也可不定期舉辦實體網聚，凝聚向心力。

辦活動重點不在於活動設計多巧妙，而是人人都可以參與。因此，他建

議設計的遊戲或活動要愈簡單易懂愈好，遊戲規則也是愈短愈好，最好一天就可玩完。他強調，粉絲要的是好玩，而不是獎品的大小。

(八) 人味很重要，要投入你的角色

「立康阿嬤的中藥保健園地」粉絲團會用阿嬤的臺灣國語和口吻來發文，分享保健知識，角色的經營就很到位。

(九) 透過發問拉近距離

「各位家長覺得如何？」和「爸爸媽媽們覺得怎麼樣呢？」兩者的問法就有明顯的距離感差異，要盡量拉近和粉絲的距離。

(十) 第一人稱和第三人稱的差異

粉絲團的經營要多用第一人稱，讓粉絲覺得是你在寫自己的親身經驗，會更有親切感。

十九、製作粉絲專頁的七大步驟

廠商製作粉絲專頁，應有下列圖 6-1 的 7 項步驟：

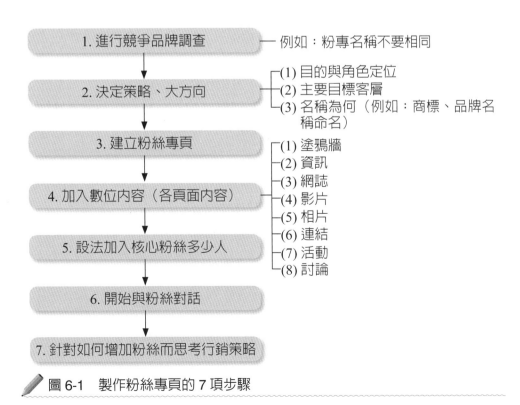

圖 6-1　製作粉絲專頁的 7 項步驟

二十、免費增加個人粉絲 3 要點

1. 以電子郵件通知朋友。
2. 在個人檔案貼上粉絲專頁的連結。
3. 在部落格以及企業首頁貼上部落格小玩意兒物件。

二十一、臉書企業行銷的功能（成效）

臉書行銷的各種操作方式，可對廠商帶來下列正面的功能或效益：
1. 打造及提升品牌知名度、喜愛度及忠誠度。
2. 強化與顧客的黏著度。
3. 創造口碑傳播效益。
4. 宣傳公司及品牌各種訊息。
5. 為顧客帶來各種折扣或優惠。
6. 促進產品的銷售業績。
7. 與顧客建立即時與互動的關係。
8. 讓顧客適度參與公司的產品創意及評核。

二十二、如何知道在臉書行銷的效益

粉絲專頁成立後，粉絲也上門了，如何知道是誰經常拜訪你的粉絲專頁？還有，粉絲們在專頁上都做些什麼事呢？

「精準數據分析」是 FB 平臺中提供給粉絲專頁經營者的績效測量工具，幫助經營者找出粉絲的資料，以及粉絲在專頁的各種活動情形。

包括每天和每月的活躍用戶、點擊數、瀏覽數、回應率、每天的按「讚」數、累積的按「讚」數、粉絲數和粉絲的組成分析、互動程度（塗鴉牆訊息、影片、照片收看率）等，還有粉絲專頁的外掛應用程式和廣告效果，精準數據都可以告訴你。

比對數據資料，可以看看什麼東西受到粉絲的歡迎、什麼內容粉絲反應冷淡。

如果這些數字都呈現正向的成長，表示你的粉絲專頁正朝著好的方向進

行。如果不是，就要好好檢討。

　　拜臉書數據可得性和即時性之賜，行銷人員可以準確評估及優化行銷活動的基礎，在和消費者互動的過程中，與時俱進地測試、改進行銷及媒體策略等。

二十三、臉書可以省下多少行銷費用

　　美國 Vitrue 公司根據對大小品牌操作臉書的經驗數據，統計分析出粉絲的價值，當一個企業專頁擁有 10 萬粉絲，等同於產生了約臺幣 1 千萬元（33 萬美元）的媒體價值。所以粉絲數夠多的粉絲專頁可以成為一個自營媒體，自己生產內容給粉絲讀者，省下仰仗外部媒體的大筆費用。

　　大企業的百萬粉絲團可以轉換的廣告價值就更高，數字上看億元，中小型的粉絲專頁如果粉絲數達萬人，保守推估也約有臺幣百萬元的廣告效益。

二十四、需要回應粉絲的批評嗎？

　　在臉書粉絲專頁上的惱人廣告和垃圾留言想當然耳要經常清除，但是那些看起來是對企業品牌的批評罵聲呢？真想把那些負面文字都刪除掉？千萬不要！哪裡出錯就面對解決！

　　建立品牌忠誠度最好的方法，就是用誠實的心態和透明的溝通與粉絲交往，儘管是出現在塗鴉牆上的負面評論，也要讓它自然消長，而不要刻意消音。

　　回應臉書批評是一種危機處理，在搞清楚狀況並著手解決問題的時候，行銷界慣常有兩種處理方式，一是讓社群中的粉絲來回應，另一種是經營者在外部平臺回應。

　　當問題太過針鋒相對時，專家建議用臉書粉絲專頁以外的平臺回應，例如：傳送臉書私人訊息給粉絲，或在官網、部落格、其他媒體頻道公開說明，這是避免日後無止境的謾罵一再發生於粉絲專頁。

二十五、企業內部專人負責經營粉絲專頁

　　經營臉書粉絲專頁需要花時間，得有人負責定期更新內容和資料，配合企業的目標，適時推出對應的行銷活動，經營者最好是能代表公司的人。對企業不熟的人，寫起臉書內容會有種隔層紗的熱情不足。然而，不管內包或外包，做臉書行銷都還不是那麼大的問題，重點在於是不是找到對的人才。

　　在美國，「社群經理」（Online Community Manager）是一個發展中而且逐漸重要的職務，主要的工作內容是社群領域的行銷。從執行面來看，社群經理人要具備公關經驗，會做行銷又能辦活動，會拍照、寫稿，還要有面對危機處理的 Know-how 和對話的能力。社群經理職務屬於新興領域，臺灣的企業傾向把社群經營掛在行銷部門，學校裡尚未有「社群經理系」等學科培養專業人才，更彰顯了社群行銷人員自我養成的重要性。

二十六、臉書廣告：精準

　　臉書廣告幫助行銷人員做精準定位，在這之前我們幾乎沒有看過任何一個廣告系統，可以針對特定的年齡、性別、區域和興趣、學經歷、工作地點做廣告，當這些條件加起來要找到精準受眾時，會更彰顯這個工具有多麼好用。

　　買臉書廣告可以找到目標粉絲！在一開始的時候投資廣告，可以幫助粉絲團快速成長，所以臉書廣告應被定位為一種投資而不是花費。

　　臉書廣告幫助廣告主找到目標對象，加上臉書廣告的設計依照「被點擊」或「有曝光」才收費，結合粉絲專頁的內容及應用程式，廣告主能夠透過精準和互動的廣告模式，與消費者進一步接觸，在提高品牌知名度的同時，又可以了解目標對象的輪廓。

　　臉書和 Google 的廣告模式很像，任何人都可以做廣告、瞄準目標對象並讓你抓緊每天的廣告預算，衡量成果。

　　廣告的購買方式有「點擊計費」（CPC）和「曝光量計費」（CPM），即：「每當有人點擊才收費」和「每當有人看見才收費」，改變了一網打盡、老少通吃的廣告刊登和付費方式。

　　如果某個粉絲專頁的目標是希望把臉書的流量導入特定的活動頁面，

「點擊計費」會是好方式；若是想針對讓更多人看到和知道某個品牌或廣告活動頁面，「曝光量計費」是有效的工具。

臉書的廣告具有互動能力，互動式廣告有能力送出實質的禮物、發出活動的邀請、讓粉絲發表影片評論、加入變成粉絲或進行投票等。因此，臉書廣告給人的第一印象非常關鍵，廣告的著陸頁（Landing Page）是使用者按下廣告連結之後會看到的第一個東西，著陸頁可以是臉書上的頁面，例如：應用程式頁面、粉絲專頁、地標或活動頁面；著陸頁也可以是臉書以外的網頁連結，例如：企業官網、電子商務平臺。

臉書廣告除了精準定位，還有一個更關鍵且明顯的社群影響力。臉書和尼爾森媒體研究（Nielsen Media Research）針對幾百萬受眾的大規模市場進行調查，有一項重大發現：如果一則廣告下方顯示你的朋友也推薦這個廣告，那麼和一則單純只有標題、圖片、文案的廣告相比，有朋友推薦的廣告，比沒有朋友推薦的廣告，在最後的採購意願上效果相差四倍。

臉書廣告的標題限定在 25 字以內，內文不超過 135 個字，可附上一張照片（110×80pixels），在這樣有限空間內製作廣告，不容許絲毫的文字浪費，簡潔有力的標題、內文，再附上主題鮮明的照片，是常見的廣告樣板。

二十七、臉書廣告常見失敗原因

(一) 沒有投入足夠時間去研究及學習

許多面臨失敗的廣告主往往不願意先靜下心來了解與學習臉書廣告，臉書廣告本身有著許多功能與規則，這些說不上困難複雜，但是不去學習就不會知道，自然就無法加以應用與避免違規。因此，投入時間去學習是我認為新手的第一要務，先別急著亂投廣告。

除了投入學習時間之外，也需要給廣告足夠的運用時間，尤其是需要比較長的時間進行評估或考慮後才會購買的產品，你可能會發現第一次看到廣告就購買的人非常少。

(二) 忽略廣告內容的重要性

但是廣告素材卻是自己需要額外下工夫的事情，並且會大幅影響廣告效益與成本，內容本身如果不好，受眾精準也沒有用。

(三) 沒有策略、計畫、追蹤分析

如果要說最大的錯誤是什麼？那麼我一定會說沒有擬定任何策略與計畫。這聽起來很蠢，偏偏是很多人持續在犯的錯誤，以為準備好預算投放廣告就可以了。

所以，在擬定任何策略、目標之前，你需要深入了解市場、目標受眾、競爭對手，這將有助於創建更有效的廣告活動。請記住，對於不同受眾來說，需要以不同方式進行推廣，而不是試圖只用一則廣告活動打動所有的人，所以臉書廣告分成 3 種不同的活動主軸：品牌認知、觸動考量、轉換行動。

(四) 沒有分配合理的預算

很多企業、老闆是不想花錢買廣告的，但是在聽說、試試看或逼不得已的情況下，還是會選擇投放臉書廣告，不過往往只是提撥小預算。而且當他們發現沒有任何效果時，就馬上停住了，不願意再做任何投資與學習。

二十八、臉書線上行銷案例：JNICE（久奈司）

臺灣本土羽球用品品牌久奈司（JNICE）於 2011 年成立，在產品研發上，JNICE 同樣善用社群力量，除了在臉書上經營粉絲專頁外，還有另外建立臉書社團，裡面聚集一群潛在或忠實顧客，除了相互交流產品使用後的實際心得發文外，也讓此品牌能從中聆聽消費者的心聲。

例如：品牌在設計新品前，首先會在社團裡進行初步調查，包括詢問大家想要什麼功能、規格、顏色的球拍？價位約多少大家最能接受？消費者的回應會大大左右品牌的新商品規劃，在收集社團討論的意見後，新球拍的雛形就會慢慢浮現，再交由內部設計部門接手進行。

到了樣品測試階段，品牌同樣會在社團發問，尋找有意願的受測者，再從中挑選合適的人選、地點或球隊，帶著新品去讓受測者試用。

02 臉書發文設計策略、操作粉絲互動及提高銷售轉換率

一、臉書的設計發文策略

(一)先弄清楚正確的發文觀念

發文不是想到就發，也不是時事走什麼就跟著發，最重要的觀念是，平時就要累積好對於相關主題、議題的關注，並且持續不斷的閱讀與吸收。

(二)設計發文策略及轉換素材 —— 發文架構

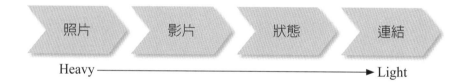

創意的文案　＋　吸睛的圖像　＋　動人的影片　＝　精彩的內容

(三)設計發文策略及轉換素材 —— 粉絲們喜愛資訊的比重

照片　影片　狀態　連結

Heavy ——————————————→ Light

重要！你不得不知：

1. 人們分享影片足足是連結的 10 倍。
2. 照片受歡迎的程度比連結多 5 倍。

(四)設計發文策略及轉換素材 —— 短文的力量

140 字內效果最佳，閱讀極限不超過 250 個字。

因為網路資訊繁雜眾多，人們對於深度閱讀的能力相對變得簡化不少，所以每一則資訊宜盡量擷取重點，能在簡短扼要的 140 字內發揮最理想，超過就會開始產生遞減效應。

(五) 設計發文策略及轉換素材 —— 內容設計策略

內容是給人看的，所以最好掌握下列要點：

1. Interesting：有趣生動的

   人們對於有趣生動的內容會比較容易注意到，太過陌生或生硬的資訊反而容易被忽略。

2. Amazing：驚喜新奇的

   吸引人的內容大多可以在第一時間給人一種「哇」的感受，人們會因為初次的反應，對其內容產生相當印象。

3. Question：多點提問的

   在內文中加入一些問號，引導人們思考，如果有些問題能夠引起他們共鳴，反而容易增加與人們之間的互動。

4. Life：貼近生活的

   內容資訊盡量貼近人們的生活、不要令資訊看起來太遙不可及，跟人們的生活有關，人們會比較有參與感、認同感。

5. Interactive：具有互動的

   當人們能對一項資訊產生了認同感之後，內容進而要引導他們願意參與互動，不論是較激烈的議題，還是能引起人們討論的題目。

6. Education：教育意義的

   閱讀內容的時候，能在不經意之間讓人們同時學習到一些知識，並且具有明確教育意義的資訊，可以增加內容的真實性與象徵性。

7. Survey：詢問調查的

   大多數的人對於數據以及一些現況指標分析比較容易產生印象，而透過問卷調查方式不僅能夠跟使用者互動，同時還可以誘導人們反覆觀看內容，查看資訊變動狀況。

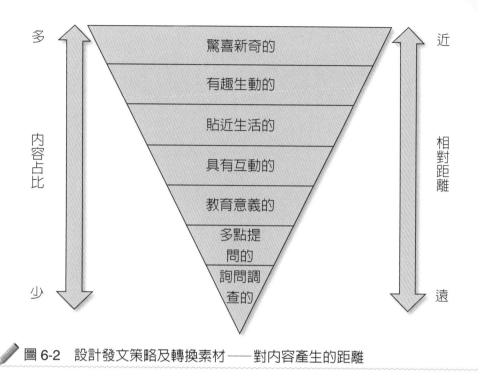

圖 6-2　設計發文策略及轉換素材 —— 對內容產生的距離

二、操作與粉絲之間的互動

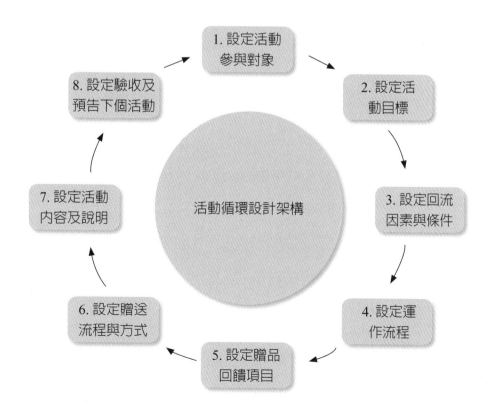

三、臉書提高銷售轉換率

(一) 提高銷售轉換率 —— 基礎要件

1. 直接點。
2. 聰明點。
3. 用心點。
4. 創意點。
5. 逗趣點。
6. 特別點。
7. 技巧點。

不刻意廣告，只無意間銷售。

(二) 提高銷售轉換率 —— 基礎要件說明

1. 直接點（Directly）

與網友之間的互動不需要太客氣，有時候要他們點讚、分享、留言可以直接寫出來，引導人們做相對反應。

2. 聰明點（Be Smart）

不論經營粉絲專頁或是部落格，甚至是引導轉換成為消費。經營者一定要懂得觀察網友動向、狀況，找出適合與他們互動的模式。

3. 用心點（Try Harder）

多花心思與網友互動、觀察動向、了解網友的心態，並且持續進行各種不同行為，產生相應的資訊，轉為知識成為應對進退的行為。

4. 創意點（Creative）

當用足心思，了解網友對於資訊的意向時，令自己與網友之間的互動多些創意，不論是在文案還是圖像的呈現上，盡量多元、多向。

5. 逗趣點（Funny）

用另類思考去逗逗網友，營造出一種能夠讓人會心一笑的氛圍，人們在歡愉的情緒下，比較會放鬆防禦心態，此時互動、轉換上會較為容易。

6. 特別點（Special）

人們平時於生活中接觸到大量貧乏普通的資訊，所以要引起人們的注意最好是特別點，但太多的特別反而會顯得不特別。

7. 技巧點（**Technical**）

即便要直接，也不要給人過度生硬的感受；即便要轉換，也不要給人過度刻意在做的感覺，化行為於無形之中、將人們適當引導至所設定的區域裡，妥善運用技巧轉化目標。

(三) 提高銷售轉換率 ── 社群導購比較

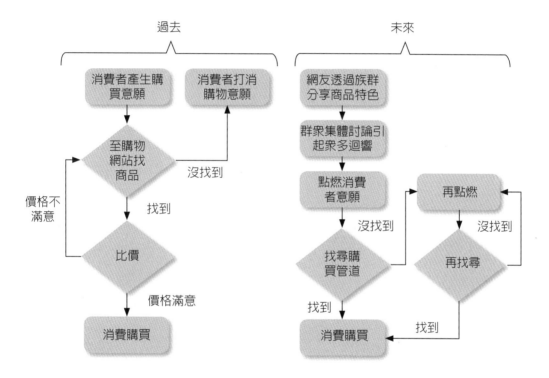

(四) 提高銷售轉換率──轉換引導架構

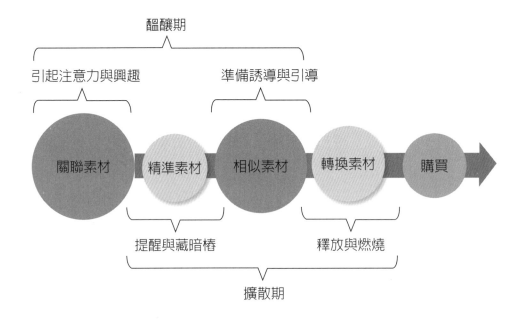

(五) 提高銷售轉換率──發文週期與發文頻率

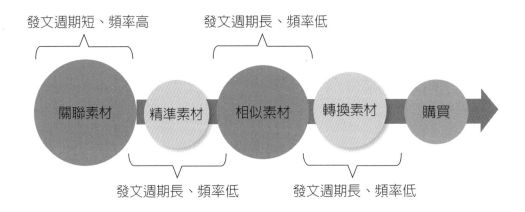

(六) 提高銷售轉換率──素材介紹

(七) 提高銷售轉換率 —— 社群銷售轉輪

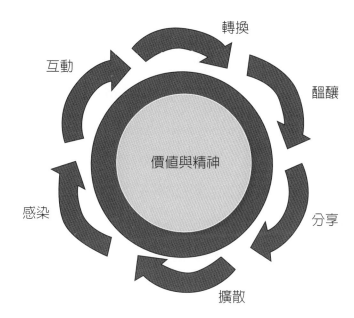

(八) 提高銷售轉換率 —— 研究粉絲意向

請記錄與統計：

1.哪些類型內容會引起注意？

2.哪個時段比較多人會觀看？

3.哪種文字可以吸引人互動？

4.哪張圖片被分享的最多次？

5.哪類排版比較能引起共鳴？

(九) 提高銷售轉換率 —— 意向分析目的

反覆持續不間斷的操作，找出最有效之內容轉換。

內容經營或行銷操作不是一次兩次、一天兩天的行為，必須持之以恆的去觀察社群變化以及目標對象對於資訊意向的觀感，這是一場馬拉松賽跑，有時候可以快跑衝刺，有時則須儲存體力，怎麼做得看每一位跑者的策劃。

(十) 提高銷售轉換率 —— 設計改善方案

針對已經研究出的目標對象，提出更為精準的銷售轉換策略。

(十一) 提高銷售轉換率——銷售的本質

社群經營到銷售轉換，其目的都是為了提供真正好東西給網友。

不論是提供好的內容、好的圖像、好的影片，不管是什麼出發點，那種要讓網友或粉絲感受到的好是無庸置疑的，而正是因為如此，不純以銷售為出發點，只以想要讓他們感受到更好，那種銷售效益才會增強。

03 成功經營臉書粉絲專頁經營術案例

一、iFit 愛瘦身（按讚人數超過 72 萬人）

1. iFit 粉絲團經營術：

   (1) 漫畫式貼文（可愛有趣圖案）。

   (2) 可愛吉祥物操作。

   (3) 每次貼文、回文的可看性及吸引力。

   (4) 女負責人親自即時回應。

   (5) 滿足粉絲的需求，解決她們的問題。

   (6) 能為她們創造價值。

   (7) 要即時回應粉絲，不要讓她們等太久。

2. iFit 對小編的要求：

   (1) 能夠提供減肥、瘦身、健康的專業資訊。

   (2) 要讓讀者認為小編和她們站在同一陣線，了解她們的需求與問題。

3. iFit 網友要的貼文：

   (1) 簡短。

   (2) 有趣。

   (3) 容易讀。

   (4) 圖片化、影片化、插畫、漫畫。

   (5) 能將心比心。

   (6) 有收穫。

4. iFit 一天只發文 5 次：

   (1) 重質不重量。

(2) 用心經營貼文。

(3) 寫出你自己都想分享給別人的好貼文。

5. iFit 轉寄分享出去的數據，列入小編部門的工作績效。

6. iFit 發文品質管控：

(1) 女負責人親自審核。

(2) 嚴格發文品管。

(3) 重視小編與網友之間的互動品質。

7. iFit 小編的角色：企業的公關及發言人。

8. iFit 商品上架前，先親自試用，好產品才會推薦給粉絲。

二、提提研（前身為：TT 面膜，按讚人數超過 26 萬人）

提提研經營粉絲成功之道。

1. 真誠與交心。

2. 營造話題。

3. 話題促銷活動。

4. 貼近互動。

5. 產生價值。

6. 情感連結。

三、遠東巨城購物中心（按讚人數超過 58 萬人）

1. 目前有 20 多人團隊，成員負責粉絲團經營、數位行銷及活動舉辦。

2. 成功經營粉絲專業要點：

(1) 一年舉辦 300 場活動，現場打卡數累計超過 220 萬人次。

(2) 客人留言，一分鐘內小編必須即時回覆粉絲。

(3) 每位小編發文一篇，必須要有 3,000 個按讚數才行。

(4) 每月公布小編們的英雄榜，看看哪位小編得到最多按讚數，並加以
分析理由，激盪創意及靈感。

3. 要將按讚粉絲人數轉換為實際營收數據效益。

四、星巴克粉絲經營（按讚人數達 219 萬人）

星巴克粉絲經營術：

1. 要有互動性，強化歸屬感！
2. 易有更多參與、更多深入、更多情感連結。
3. 要辦更多實體活動。
4. 發文要有趣、簡單、活潑、分享及有互動感。
5. 組成咖啡同好會，凝聚同好向心力。
6. 適時提供夠分量的好康。

五、統一 7-11（按讚人數超過 262 萬人次）

7-11 粉絲經營術：

1. 定期推出有感的促銷優惠活動。
2. 隨時有好康可得，吸引 FB 粉絲。
3. FB 經營要注入感情，不是只有商業促銷。
4. 專人小編即時發文及回覆。
5. 進一步分析哪些 FB 促銷活動較有效，作為未來參考。

04 臉書經營概述

一、10 種增加臉書貼文觸及率的方法

根據國內知名的「哈利熊部落格」專文（2020），提出 10 種認為可增加臉書貼文觸及率、閱讀率的方法，茲摘述如下。

(一) 分析你的十大貼文

負責臉書的社群小組成員們，可以先了解在過去各種貼文中，那些貼文類型及貼文標題、內文是較受粉絲們歡迎的，往後就盡量朝此類型貼文或貼圖轉向。

(二) 發布高品質且對受眾有價值、可利用的好內容

社群小組成員們（小編們）必須每天思考貼文的內容，是否真的是高品

質的、對受眾（粉絲們）是有價值且在生活上可利用到的好內容，才能 PO
文上去。

(三) 發布長青內容

有些貼文內容是比較屬於短期看完就沒有用的，有些內容則是比較屬於
長期可參考使用的貼文內容，社群小組必須盡可能平衡，並進的提供一些是
短期性質的貼文，一些則是長期性質的貼文，這樣是比較理想的結構。

(四) 考慮最佳貼文時間

粉絲們通常是上班族居多，他們白天也都要上班，不可能每個小時都上
網瀏覽各種粉絲團；一般來說，經過長期觀察經驗顯示，每天晚上九點後，
或是中午上班族休息時間，以及週末不上班的時間等，是比較有空滑手機或
自由自在上網瀏覽的時間點，也較適宜貼文。

(五) 多使用臉書直播功能

臉書有強大的直播（Live）功能，此種方式可使粉絲們的觸及率大大提
升，因此，適當時候、適當頻道提供官方粉絲團的直播功能，應能使粉絲團
流量大幅增加，達到企業的目標效益。

(六) 多使用圖片及影片

臉書社群小組應考慮貼文盡量少用文字，而是多使用圖片及影片，或漫
畫、插畫等比較受到一般受眾觀看及瀏覽的發文模式，這已是被很多粉絲團
所肯定的方向。

(七) 多舉辦票選、大抽獎、折價券贈送、折扣促銷活動

根據零售業及服務業的實驗顯示，在實體及粉絲團舉辦各類型促銷優惠
活動，都能吸引眾多粉絲們心動及行動，因此，只要配合各種節慶（如：週
年慶、母親節、情人節、春節、中秋節、勞工節、雙 11 等），推出令粉絲
們有感的促銷檔期活動，自然就會提高臉書的觸及率及閱讀率。

(八) 讓自己的粉絲團與眾不同、有特色

企業社群小組從一開始設置粉絲專頁，在視覺設計、圖文呈現及發布內
容上，應盡量有自己的特色及差異化，讓粉絲們覺得此粉絲團是與眾不同

的、是有特色的,是定期想上來看的,這就成功了。

(九) 每天定期更新貼文

社群小組也必須堅持每天應該定期推出新的貼文,而不是放一些陳舊貼文,讓粉絲們覺得此粉絲團每天是很認真、用心在經營的;這種肯定感及每天的新鮮感是很重要的。

(十) 更專注於提高價值,而非單單觸及率

FB 粉絲團的經營,長期來看應關注是否持續提高對粉絲們的價值感及價值用處,這是很大的原則方向,而非單單看觸及率或按讚數。

1. 盡量貼出粉絲們喜歡看的貼文類型

2. 發布高品質、且對受眾有價值、可利用的好內容

3. 發布長青內容

4. 考慮最佳貼文時間

5. 多使用臉書直播功能

6. 多使用圖片及影片

7. 多舉辦抽獎、票選、折價券贈送等促銷活動

8. 讓自己的粉絲團與眾不同、有特色

9. 每天定期更新貼文

10. 更專注於提高價值,而非單單關心觸及率

圖 6-3　10 種增加 FB 貼文觸及率的方法

二、臉書廣告的 4 種格式

常見的臉書廣告，主要有 4 種呈現格式，茲說明如下。

(一) 單一圖片

透過一張圖片展示品牌，可用來吸引前來網站、下載 App 或吸引他人來看。

(二) 單一影片或輕影片

以影音及動作展示產品或品牌特色，以吸引用戶目光，輕影片長度則短一些。

(三) 精選集

針對個別用戶顯示產品目錄中的商品，亦可自選精選集的圖片或影片，此廣告格式只有在行動裝置才能看到。

(四) 輪播圖片或影片

可展示至多達 10 張圖片。

✏️ 圖 6-4　臉書廣告的 4 種格式

三、如何建立臉書廣告

一般來說，投放臉書廣告大概有七大步驟，如下圖所示：

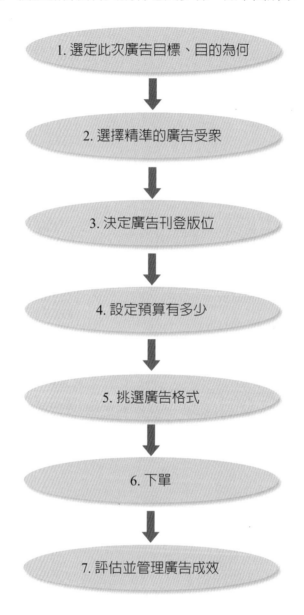

1. 選定此次廣告目標、目的為何

2. 選擇精準的廣告受眾

3. 決定廣告刊登版位

4. 設定預算有多少

5. 挑選廣告格式

6. 下單

7. 評估並管理廣告成效

✏ 圖6-5　建立臉書廣告的7步驟

四、臉書廣告的 3 種版位

臉書廣告版位的呈現，主要有以下 3 種。

(一) 側欄廣告

稱為「Right Hand Side Ads.」（簡稱 RHS）。

1. 優點：

(1) CPM 費用較低。

(2) 有利品牌曝光。

2. 缺點：

(1) CTR 點擊率較低，大約 0.5～2%。

(2) CPC 費用較高。

(3) 文案數字有限。

(二) 桌面動態消息廣告

稱為「Desktop Newsfeed Ads.」（DNF）。

1. 優點：

(1) CTR 平均較高（2～10%）。

(2) CPC 費用較低。

(3) 圖片讓吸引力增加。

(4) 易被分享而獲得更多曝光。

2. 缺點：

CPM 費用較高。

(三) 手機版動態消息廣告

稱為「Mobile News Feed Ads.」（簡稱 MNF）。

特色為：

(1) CTR 點擊率較高。

(2) CPM 費用較低。

(3) 視覺排版清楚。

(4) 容易快速獲得曝光。

圖 6-6　臉書廣告 3 種版位

五、臉書經營案例

● 案例1　曼都老闆當起網紅，鎖定30萬死忠 ●
顧客，頂住8成營收

一、「哈囉！各位曼都的粉絲朋友好！謝謝你們的支持！我們今天要抽出韓國氣炸烤箱，非常適合愛料理的你！」曼都集團董事長賴淑芬坐在直播鏡頭前，情緒高亢的主持老顧客抽獎活動。

二、2020年3月新冠疫情後，賴淑芬展開了她的網紅之旅，成果逐步在這波疫情驗收。2020年3月疫情，大家都嚇到，來客數直接少掉1/3，2021年5月第二波疫情來襲，來客數更少掉2/3。幸好，曼都資金已足夠撐到2021年8月。

三、當所有餐飲及服務業業績多數50%以上腰斬時，曼都靠著與老客人的信任，穩住基本盤，營收額還能撐住8成。

四、2020年4月，賴淑芬董事長在內部宣布，臉書線上直播，是公司重要政策。她要求全臺近400家分店，都必須透過臉書粉絲團，定期直播影片，除了分享設計師上課內容外，還開設各種贈送髮品的直播，讓美髮師能盡量與老顧客互動。賴淑芬為了帶動氣氛，自己還跳下來親自開播，並抽獎送贈品。

五、雖然這些直播無法100%直接轉換成實際來客數，但卻讓近400家美髮店，能透過各店經營的粉絲團，與老顧客建立起直接互動，這是一份重要的顧客信任資產！

案例2　貳樓餐飲集團臉書推出外帶五折活動，以因應疫情

一、在2021年5月15日臺灣新冠疫情升高後，貳樓餐飲集團率先在實體及臉書上發布外帶一律五折優惠活動後，每天一早六點開放線上預訂，主要用餐時段的餐點立刻賣光。

二、貳樓憑著自身強大的數位社群推播力，為此活動帶來無限的加乘作用。

三、貳樓董事長黃寶世經營社群長達15年，從貳樓第一個門市誕生，甚至在臉書尚未普及之前，他就開始在部落格寫文章，跟粉絲們良好互動。

四、貳樓目前在FB粉絲團擁有21萬名粉絲，比它營收大10倍的瓦城餐飲，FB粉絲也只有貳樓的一半。

五、黃董事長在粉絲團上，親自宣布他們外帶全面打五折的優惠方案，他的起心動念是維持現金流，這個活動一定會虧損，但至少有現金流入，不會欠員工薪水，也不會付不出房租。（註：2021年5月20日起，全臺餐廳一律禁止內用，只能外帶，這是新冠疫情的三級警戒規定。）

六、宣布外帶五折的那則貼文，在沒有付費的情況下，其觸及率達到56萬次，是粉絲數的2.5倍之多。

七、當餐廳的內用營收歸零，外帶外送成為比拚的主戰場，誰的商品愈容易在網路上被消費者看見，就愈有機會活下去。

六、如何使用臉書廣告的受眾洞察報告（Audience Insight）

就操作實務細節而言，要如何使用FB廣告的受眾洞察報告，說明如下。

首先要進入 FB 廣告後臺，並點擊上方選單中的工具，再選取洞察報告，即可以開始進行分析。

有四步驟，如下：

1.設定廣告受眾類別

包括所有 FB 用戶、自訂廣告受眾或連結到你的粉絲專頁之受眾等。

2.選擇欲比較的參數

參數包括：地點、年齡、性別、興趣、行為等。

3. 研究不同數據類別

包括：

(1) 人口統計變數：像是使用者背景，包括年齡、性別、教育程度等基本資料。

(2) 粉絲專頁按讚數。

(3) 地點（熱門城市、國家）。

4. 儲存廣告受眾

針對分析結果，可進一步將這些廣告儲存並命名，以便之後直接取回。

例如：臺灣 25～39 歲年輕女性，我們猜測她們有看韓劇或綜藝節目的興趣。根據以上結果分析，發現受這個群體歡迎的品類，包括美妝保養、流行服飾等。

結論是 FB 廣告受眾洞察報告係屬於大範圍，可提供一個大方向趨勢，但你想了解某些貼文為何熱門或不熱門時，就難以精確分析了。

七、臉書廣告投放失敗的六大原因

實務上來說，臉書廣告投放失敗也是經常看到的，而會致使投放失敗，歸納起來有六大原因。

(一) 你的目標對象（TA）設定不夠精準

臉書設定 TA，如能愈精準，成效就愈有效，包括：年齡、性別、興趣、居住地等，目標對象的輪廓要抓得愈精準愈好，如此才能讓該看到廣告的 TA 都能接觸到。

(二) 你的廣告圖片、影片或方案太不吸引人

臉書廣告的圖片若不吸引人，那麼底下文字也就不會看了，因此，圖片一定要抓住粉絲的目光才行。

此外，方案寫得太無聊、太冗長、太制式化、沒抓到重點或太注重強迫銷售等，均使這個臉書廣告沒人想看，也是一個失敗的廣告。

(三) 考慮產品競爭力本質

如果產品的優點多、競爭力強、質感高、功能強、有獨特性，又比別的品牌好，那麼 FB 廣告就必能提高業績效益及取得新會員、新顧客。

如果廣告本身的各項競爭力都比其他品牌差，社群媒體上的口碑也不好，那麼，再多的臉書廣告投放也沒用，因此，必須先把產品力的本質做好才行。

(四) 你不會分析 FB 提供的數據結果

FB 通常會提供非常完整的數據報告；包括 CTR 點擊率多少、CPM 多少、成果、價格、頻率等數據，以如何判斷廣告效果。在 FB 粉絲專頁「洞察報告」中，可了解各項貼文的瀏覽數、按讚數、留言數、分享數，以及哪些貼文受到歡迎、哪些不受歡迎。

(五) 不能只重視廣告投放技巧，而是要搭配正確的行銷規劃方案

臉書廣告的投放，不僅是重視它的技巧而已，而是要宏觀地搭配一個完整的行銷計畫方案，臉書廣告只是這個方案裡的一環而已，不是全部，這樣才有完整的行銷攻擊力及行銷綜效（Synergy）產生。

(六) 你的 FB 廣告價格太高

FB 廣告是以拍賣競價形式進行的，你有可能買到的價格偏高，故產生效益收不回來的狀況發生。因此，必須注意 FB 廣告價格是否不合理且偏高。

總之，投放臉書廣告要用心學習，不斷累積經驗、不斷測試及不斷優化改善，如此才能成功投放 FB 廣告！

1. 你的目標對象設定不夠精準

2. 你的廣告圖片、影片及方案太不吸引人，沒人看

3. 你的產品競爭力本質不夠

4. 你不會分析 FB 提供的數據結果

5. 要有完整的行銷計畫方案做搭配，才比較夠力

6. 你的 FB 廣告價格太高了

圖 6-7　臉書廣告投放失敗的六大原因

八、臉書廣告無效的 5 個原因

臉書廣告雖然已經很普遍的被應用，有些企業覺得有效果，有些企業則覺得沒有效果。實務上來說，臉書廣告無效可歸納 5 個原因，茲說明如下。

(一) 沒有重視廣告內容品質

臉書廣告的方案、圖片、影片素材品質若不佳，就沒人想看；只要有好素材、好內容、內容有價值、吸引人注目，就會有很多人看廣告。

(二) 沒有策略、沒計畫、沒有追蹤分析

不是亂投放廣告就有效果，一定要深入了解市場、了解目標受眾、了解競爭者，並訂定自己的目標／目的以及對的策略和計畫。另外，每做一次臉書廣告，就要追蹤分析，不斷改善、求精進。

(三) 沒有投入足夠時間

如果投入人員缺乏經驗歷練及專業知識，也會使臉書廣告沒有好的效果，所以企業裡的社群小組人員或找外面的數位代理商，一定要多充實這方面的知識及具有足夠時間的實戰經驗。

(四) 沒有分配合理預算

　　一般中小企業因爲財力資源不夠，經常只撥個小預算，一試沒成功，就收手不做了；做臉書廣告一定要分配合理且有足夠的預算，長期做下去，效果就會逐漸呈現出來。

(五) 沒有測試任何廣告

　　透過測試，可以了解有用的資訊，然後再優化投放；經過不斷測試，從中學習經驗，就會愈來愈好。

圖 6-8　臉書廣告無效的 5 個原因

九、造成 FB 廣告成效不佳的九大原因

　　另外，知名網路達人 Sharon（2020 年）曾在一篇網路專文中，提出其經驗中 FB 廣告成效不佳的九大原因，茲說明如下。

1. 廣告目標／目的設定錯誤。
2. 廣告受眾設定錯誤。
3. 廣告最佳化設定錯誤。
4. 預算投入太低或太高浪費。
5. 廣告素材不佳。
6. 廣告追蹤沒做好。
7. 網站結帳流程出問題。
8. 產品品質不佳。
9. 心態操之過急，想很快看到成果。

05 臉書成功行銷案例

案例1　臺北晶華大飯店 —— 招募1萬名消費者參與耶誕節點燈活動

率先投入微網誌行銷，晶華飯店目前臉書粉絲眾多，今年藉此招募1萬多名消費者參與耶誕節點燈活動。

微網誌興起，看準愈來愈多網路管道可更有效接觸到消費者，飯店業者也紛紛開始使用這類管道作為行銷工具，達到更有效的效果。

2、3年前就率先使用MSN與YouTube進行行銷，之後更成立電子行銷部門的晶華酒店，行銷公關部經理蔡惠茹指出，晶華很早就注意到微網誌的發展。

經評估後，認為微網誌中，臉書對晶華來說效益最大，能夠雙向溝通，又不需要太多額外人力一整天在線上即時回覆，尤其容易吸引年輕客層。

她說，晶華是所有臺灣飯店中，臉書「粉絲」最多的一家。

挾著網路的力量，今年晶華在一年一度的耶誕節，也透過MSN發燒友、臉書粉絲團等網路平臺，展開一場前所未有的「耶誕樹線上點燈」活動。預計招募1萬6,800名網友，一起點亮位於晶華酒店中庭、臺北市室內最高的耶誕樹。

蔡惠茹指出，網友可以透過位於晶華官網的點燈頁面點亮實體耶誕樹上的一顆燈，點燈者可以得到用餐、住房、SPA加值券或紅酒兌換券等禮物，共計送出1萬6,800張優惠券，參與點燈者人人有獎。

晶華11月26日晚間在耶誕樹前，抽出一位參與線上點燈活動的消費者，贈送晶華酒店總統套房住宿一晚的超級大獎。

（資料來源：聯合新聞網，2009年11月29日）

案例2　按「讚」集人氣，銷售破紀錄

2011年8月底臺灣樂天市場曾推出臺北南門市場「快車肉乾」臉書按讚集氣活動，不到2小時即有2,000名粉絲參與，更創下賣出4,000包的佳績，平日一天約銷售200包。而7-11也在臉書成立粉絲團，目前已有83餘萬人，每週三會提供一項按讚的商品促銷，先前更創下單日賣

7,000箱爽健美茶的紀錄，與7-11全臺實體商店加總一天最多約1,300箱相比，超過約5倍銷量，大約是一週的量。

不只企業，國外政府機關也看中臉書魅力，像澳洲昆士蘭旅遊局繼2009年推出「世界最棒的工作」行銷活動，現在更透過臉書玩新梗，即日起至11/22只要在活動頁面按「讚」，完成頁面活動，並填寫基本資料與朋友分享，就有機會抽中澳幣10萬元、超過新臺幣300萬元的昆士蘭夢幻假期，最多還可以帶9個朋友免費同遊。

● 案例3　統一超商7-11，臺灣臉書第一名 ●

使用臉書不到一年，7-11臉書粉絲頁打入全球臉書零售品牌的第十名，及全球企業品牌前150大，目前粉絲數已破百萬人，是臺灣企業少見傑出的臉書行銷個案。

其次，7-11團隊也充分借用臉書的即時擴散力，做到三方行銷：包括虛實整合行銷、社群深度經營以及品牌形象塑造。

首先，前述的爽健美茶案例，就是一個成功虛實整合行銷案例。這原是配合促銷7net購物網站業績所做的活動，統一超商行銷團隊在臉書訊息上嘗試性地貼出「當日滿1,000人按讚，爽健美茶打七折；2,000人按讚，就打六折」的訊息，沒想到，短短幾小時就已集滿2,000個讚，兩天之內就賣出一萬瓶，立刻讓統一超商看到臉書粉絲的超強動員能力。

在臉書上按讚，並不能硬性規定你必須購買，網友卻化成實際行動，證明了臉書的行銷轉換效益很高。同時，這2,000人按讚，也會讓他們朋友看到，可以傳播得更廣，小小一個折扣的優惠，換回這麼多收穫，對廠商來說太值得了。

其次，在社群深度經營與品牌形象上，統一超商團隊更大膽投入成本玩遊戲行銷，去年7月已和遊戲橘子公司合作推出「OPEN! CITY」社群遊戲，採免費經營方式，目的是做長期品牌塑造，並把OPEN小將的相關商品置入遊戲中，目前已有高達30萬會員使用。

「OPEN小將在臺灣10～19歲的學童、青少年族群間非常受歡迎，之前辦網聚的時候，有瘋狂小粉絲一直想找OPEN小將的祕書問問題，因為她是對外代替OPEN小將發言的人，可見他們有多愛OPEN將！」

（資料來源：《遠見雜誌》，2011年2月號）

● 案例4　國內觀光飯店 ●

　　以國內觀光飯店為例，由於市場競爭激烈，不少業者早就將行銷管道深入網路，並強化網路行銷策略。墾丁凱撒飯店就表示，3年前墾丁凱撒就注意網路行銷潮流，於是致力網路社群經營，從MSN即時互動、官方部落格一直到臉書，網路行銷內容就是透過精準快速的提供諮詢與雙向服務，在網路上拉近與網友間的距離，成為網友信賴的虛擬旅遊服務中心，成功與實體消費行為結合。

　　高雄的金典酒店、漢來飯店，最近也在臉書上成立粉絲俱樂部，金典酒店表示，透過社群網站的行銷管道，消費族群能更精準地被鎖定，口碑建立的速度與效果，已遠遠超過在網站上單純刊登廣告或促銷模式。而這些飯店業者也紛紛推出「加入社群贈送住房優惠」等措施，吸客效果明顯也容易被量化，再加上社群討論與分享內容，都讓業者確定社群網站的廣告宣傳價值。

● 案例5　美國DG麵包連鎖店 ●

　　美國休士頓Rice大學教授Utpal Dholakia，在哈佛商業評論上也針對這樣的現象提出研究。他認為，臉書上的粉絲專頁，的確是有效的行銷工具，經過適當的操作，可為品牌帶來良好的行銷回饋，也證實社群網站已成為網路行銷必備工具。

　　Utpal Dholakia找了一家位在休士頓的連鎖咖啡麵包店DG，幫該店建立臉書粉絲專頁，在3個月中觀察對顧客行為產生的影響。後來發現，DG每週不斷更新粉絲專頁內容，如上傳照片與促銷消息、轉貼網友評論連結、介紹DG員工等，他並將已加入粉絲的網友，與未加入粉絲的顧客做比對發現，加入紛絲的顧客每月消費次數多36%、消費總金額多33%、對DG品牌情感認同度多14%、對DG品牌心理忠誠度也高於一般顧客41%。

　　這樣的量化結論證明，加入共同社群的消費者會因為社群互動影響而改變消費行為，這個結論比過去社群網站只強調「廣告接收族群鎖定」的單一效果更明確，也更有說服力。

（資料來源：《經濟日報》，2010年4月19日）

案例6　臺灣3M運用臉書，掌握消費脈動

早在5年前，3M已架設專屬購物網站，取名「3M創意生活專賣店」，成功吸引8萬名會員。對3M而言，網路不只是行銷通路，更是了解顧客消費行為的工具，「收集市場意見、直接與消費者接觸、取得第一手訊息。」

「成立網站後，顧客對我們來說不再是面目模糊的一群人，知道他們住在哪裡、家裡成員、喜好等。」他分析，會員能夠提供許多意見，包括產品開發初期尋求觀念；產品生產後提供試用，並進行深入訪談；產品賣出後，進行使用者意見調查等，這些資訊透過網路會員，可以在很快速的時間內收集。

行銷部經理羅慶麟表示，最近3M推出一項新商品——3M淨顏吸油紙膜，該產品上市前，商品企劃與他們合作，在網站進行問卷調查，從問卷設計、問卷寄送到回收，只花了一週的時間，成功取得1,000多位會員的問卷，「取得的產品資訊，包括消費者習慣去哪裡購買該商品、使用行為、包裝、售價等，讓產品的定位更貼近消費者。」

2010年底，臉書爆紅，臺灣使用人口已突破500萬人，成為第二大入口網站，使用者80%以上為18～44歲的族群，包括學生及上班族。由於臉書使用族群與3M主顧客相仿，再受到Web 2.0時代網友互動緊密，「口碑行銷」當紅，3M於6月15日成立臉書臺灣粉絲團，短短半個月，已吸引近萬名粉絲加入。

「臉書與傳統網站最大的不同是塗鴉牆的留言功能。」羅慶麟舉例，若我有200位朋友，只要張貼訊息，就會自動出現在200位朋友臉書的最新動態上，朋友們看到後，有興趣的人也會加入。「它的自動擴散功能很強，就像石頭丟到水裡，連漪會擴散。臉書的自動傳遞功能是它最吸引人的地方。」

「行銷就是要往人多的地方走。」他強調，臉書提供粉絲意見平臺，每天固定張貼三則訊息，包括新品資訊、產品使用心得等，讓粉絲們表達意見，「現在品牌的定義由『討論』來決定，『參與』是主流。」

「我們創造一個平臺，與粉絲溝通價值、互動，再讓會員與會員互動，產生歸屬感。」

網站與臉書為互補關係，羅慶麟指出，經營臉書主要是希望藉由它帶來的人潮，將粉絲帶回「創意生活專賣店」，當粉絲成為專賣店的會

員後，也可在網站的討論區分享使用心得，為專賣店帶來更多商機。

（資料來源：臺灣3M公司策略規劃暨電子行銷部經理羅慶麟，2011年10月；《經濟日報》，2010年7月12日）

案例7　臉書粉絲頁經營——統一超商

一、會定期更新FB粉絲頁上的塗鴉牆資訊，讓粉絲們都可以知道新訊息。

二、利用一些圖片或是影片加以註解，讓有FB的人更明白產品的內容。

三、在粉絲頁上，我們也可以看到電視的廣告，所以不會漏掉任何7-11的資訊。

四、當有人回應FB粉絲頁上的PO文或點讚，他的好友也可以透過首頁看到7-11的消息。

五、有時候7-11會辦活動，在粉絲頁上可以看到詳細的資訊，像是點讚就可以獲獎。

六、會找最近很夯的藝人來代言產品，像開運水鑽吊飾找了AKB48。

七、利用粉絲專頁給人們一種貼近生活需求的感受，達到產品的促銷。

八、若是看到7-11粉絲頁上有很棒的訊息，人們會分享轉貼到自己或是朋友的塗鴉牆上，增加曝光率。

九、左上方有一系列7-11的相關資訊，可以逐一了解最近有什麼促銷活動，像是CITY CAFE集點換憤怒鳥。

十、左下方則有7-11和統一相關企業的專頁，方便我們點選觀看。

十一、打卡活動：2011年CITY CAFE的「打卡我的咖啡角落」活動，是利用FB和打卡功能上傳照片到活動網站，便獲得抽獎資格，可贏得hTC手機和一年份的CITY CAFE。這樣分享就可以讓更多人知道CITY CAFE的咖啡，還可以增加銷售量。朋友們看到自己悠閒的喝咖啡，就可能忍不住地想要買一杯休息一下，順便可以參加抽獎。這造成「一傳十、十傳百」的效果。

十二、專案活動：因為春天的季節盛產水果，7-11就推出了「水果節」，推廣時更把皮膚在春天因氣候變化狀況不穩定，而用水果做保養品，成為主打水果賣點之一。不只有新鮮的水果賣，所有關於水果的產品也可以賣，例如：零嘴、護膚品等。在水

果護膚方面，就跟雜誌《MY LOHAS》和人氣部落客「九咪」合作如何用新鮮的水果作爲護膚品；另外在水果的來源就跟《7-Watch》雜誌合作，報導在哪裡出產、整個運輸過程以及衛生程度，以表明7-11的水果是新鮮又健康。這就利用了公關媒體報導（雜誌）和口碑行銷（水果貨源都是出名的產地），這樣消費者對他們的水果更有信心和安心，因爲對於水果的了解和認識更深入。

十三、促銷訊息和活動：在7-11的FB粉絲專頁中，促銷訊息是占最多的比例，他們會不定期的在FB上介紹促銷活動來增加銷售，並且可以讓粉絲們注意和產生好感。

● 案例8　Canon臺灣佳能──臉書粉絲頁經營 ●

一、新款發表資訊與介紹：預告照片、新品價錢、相機介紹。

二、新品預購和優惠。

三、各式攝影比賽。

四、利用Canon相機實際拍攝的影片與照片，吸引消費者與粉絲購買。

五、最新活動資訊與海報：想要了解詳情的閱覽者可以點擊連結，點下去會直接連結到Canon的官網，增加官網瀏覽與曝光的機會。

六、利用許多小活動吸引粉絲注意Canon在網路之外的行銷廣告，並與粉絲互動。

七、其他相關資訊與活動：

　　1.將Canon的廣告以影片方式呈現於粉絲頁上，增加消費者對廣告內容的印象、消費者對商品的興趣與購買機會。

　　2.Canon獲獎，讓粉絲們對於這個品牌有更深的信任與支持，增加粉絲對Canon的忠誠度。

● 案例9　統一星巴克FB粉絲頁經營 ●

　　「這裡，是我們與您交心的第四個好地方，不論你在家、在辦公室、在門市，我們隨時隨地與你一起進行咖啡體驗的交流、最新消息的分享……。」

（資料來源：統一星巴克咖啡同好會）

一、每則動態的發布都有圖有文字：用文字與圖片的結合，更能讓消

費者感受到星巴克與生活的密不可分，當停下腳步時就該買杯星巴克，享受悠閒的時刻。

二、逢年過節的貼心祝福：當遇到節日時，星巴克都會獻上一小段話或是小短片，讓粉絲感到貼心又愉快，星巴克靠著親民牌，首先與粉絲建立信任的關係。

三、一傳十，十傳百，促銷活動增買氣：星巴克靠著粉絲的轉貼分享，不但減少行銷費用，更使購買率提升，還會搭配特別的介紹，吸引粉絲觀看。

例如：買一送一搭配特別的節慶或日子，讓粉絲像是多了一個喝咖啡的理由，讓宣傳不只是宣傳，更增添趣味性。

四、推銷新產品，邀請粉絲互動：星巴克也將自家的咖啡豆放上粉絲頁做宣傳，將烘焙過程拍攝下來，讓民眾理解每顆咖啡豆是經由這些過程所製造出來的。

此外還舉行活動，邀請粉絲一同試喝，還能拿分享券，讓粉絲有賺到的感覺，進而建立新產品的口碑。

臉書粉絲頁經營成功原因──統一星巴克咖啡同好會

一、在初期「衝粉絲」階段，以整合性的媒體與事件操作有助於快速拉抬聲勢，吸引粉絲；「投完票請你喝咖啡」行銷活動就是一個很好的例子。

二、以平易近人但專業的口吻與粉絲互動：初期負責Twitter帳號經營的人，同時也是內部的咖啡專家，因此與粉絲聊起咖啡時，會讓對方有「內行」的感覺。

三、不一定要自己發言，讓粉絲替品牌發聲：像是星巴克粉絲團預設顯示的不是星巴克自己的發言，而是所有人的動態，社群經營者只需要適度的導引話題或引用粉絲的發言，就可以讓粉絲替自己的品牌說話。

四、別只是貼促銷訊息，發言的內涵與主題性、趣味度也很重要：不論是星巴克的品牌故事、有關咖啡的知識、門市發生各種具有人情味的故事、企業的動態等，都是吸引粉絲回應或轉貼的好素材。

五、讓粉絲多參與：徵求意見、投票、共同達成某項任務等，都是讓粉絲參與的好方式，而其參與的動態又會更新在塗鴉牆上，進而吸引他的朋友注意。

六、號召粉絲一起貢獻內容：照片或影片都是粉絲們參與門檻不高但又吸引人瀏覽的好內容。

七、與粉絲聯手做公益可以促進參與：網友總是樂於對公益相關的議題廣為散布或參與，這也是吸引新粉絲加入的好方法之一。

八、別忘了適時提供「夠分量」的好康：與其一直拿折價券疲勞轟炸，不如隔一段時間提供真正「夠分量」的優惠回饋給粉絲，轉換率會高出許多。

● 案例10　偶像劇臉書行銷，粉絲熱情捧場 ●

臺視、三立偶像劇《偷心大聖PS男》應劇情需要，讓主角隋棠與藍正龍以「小王子」與「鋼牙妹」暱稱大玩臉書，眼尖觀眾立刻加入，讓這兩個帳號的粉絲超過1,000人次。

華視八點檔《帶子英雄》也跟上這波臉書風潮，每一集都會在《帶子英雄》臉書頁面上固定放上劇情、幕後花絮和粉絲做交流，以及心得分享。

三立偶像劇《倪亞達》近日針對iPhone手機，量身訂做一種新的應用程式，手機版《倪亞達》第一階段重點是獨家影音畫面，如演員NG片段、漏網鏡頭等，部落格、最新活動訊息未來也可以透過手機直接更新。

土豆網與三立合作的偶像劇《歡迎愛光臨》更走多媒體路線，中國移動確定合作下載，還將同步出版iPad電子影音寫真集。

● 案例11　百貨公司號召粉絲，你按讚了沒？ ●
　　　　有抽獎活動

社群網站臉書截至2011年6月底，會員人數已超過6億9,000萬，臺灣也逼近1,000萬人，龐大使用族群成為行銷利器。百貨業為了增加會員互動、黏著率、吸引潛在顧客，紛紛成立粉絲團培感情。

京站時尚廣場表示，目前粉絲超過2萬人，發布訊息在臉書，最快1、2秒內即有回應。現在每日平均瀏覽量6,000人次，單日加入新粉絲最多有1,000人，單日貼文按讚最多有550筆，預計今年粉絲將達3萬人。

新光三越目前13店皆成立臉書粉絲團，超過18萬粉絲，每家店都

有虛擬小編固定與粉絲交流、互動。SOGO百貨粉絲集中於25～34歲女性OL上班族群，臉書上成立SOGO YOUNG情報，並創造一位留著俏麗短髮的臉書人物，提供消費訊息、新品上市與促銷活動等第一手訊息。另有現場活動照片、影片立即上傳，讓粉絲體驗現場感。

遠東百貨板橋、臺南、花蓮、寶慶店陸續成立粉絲團，行銷企劃李秀鈺指出，臉書以網誌形式發表夏日穿搭、美食、流行、旅遊等話題，就會獲得很大迴響。透過按「讚」的抽獎活動，瞬間粉絲翻倍成長，除了會員外，也拉進不少新客群。統一阪急臺北店和品牌合作，不定期推出臉書美人禮，只要加入粉絲團即可列印優惠券。

（資料來源：《中國時報》，2011年7月5日）

● 案例12 博客來粉絲團商機無限 ●

社群龍頭臉書匯聚大量網友人氣，網購業者看好社群龐大分享力，紛紛成立團隊專營粉絲團。

過去網路行銷得靠大量網頁廣告曝光，反觀臉書出現後，資訊透過網友主動按讚、留言，馬上分享給親朋好友，「一個拉一個」的效應驚人。網購業者紛紛靠臉書行銷，主要是設粉絲團，定期在專頁上推出販促訊息；若網友加入粉絲團後，粉絲團更新訊息也會自動出現在網友的動態時報中，曝光率大增。

博客來提到粉絲團內容大多有3種方式，一是最常見的販促消息，二是話題活動，如母親節時「留言給媽媽」就獲折扣，最後是博客來自行設計的小遊戲。業者表示，若是當日推出「集滿699人按讚打66折」，通常不到24小時就能集滿699個讚。

樂天粉絲團日前才獲數位時代肯定，評選為第二大的中文粉絲團；樂天除每日不斷更新促銷訊息外，更結合部落格與粉絲團，廣邀部落客寫文推薦，再置於臉書中。業者觀察凡是受推薦店家，單日業績與瀏覽量均翻倍成長，效應驚人。

案例13　藥妝店屈臣氏進軍臉書組新品試用隊

屈臣氏2011年完成151家門市升級與改裝，2012年展店數上看50家，這50家新店都將是120～150坪的大型店面，預計投資5億元，2013年希望達到600家門市。

至於寵i會員總數達280萬，臺灣20～40歲女性之中，平均每3人就有1人是寵i會員，屈臣氏透過臉書等社群網站，組成新品試用團隊；屈臣氏更看好男性消費者潛力，除了擴增男性用品專區外，也將會員權益從原本的面膜天天9折，改爲洗面乳天天9折。

案例14　汽車廠商三菱、福特、裕隆等，藉部落格或臉書打江山

部落格行銷，以及臉書社群的「人帶人」威力，被許多車商作爲行銷重點，中華三菱就找來2位網路美女代言，還結合臉書，砸重金促銷COLT PLUS小車，福特也爲上市的新車Ranger研擬一套網路行銷。

中華三菱新一波網路行銷，爲COLT PLUS和COLT PLUS iO雙車系請來型男喜愛的《大學生了沒》節目中正妹寶咖咖和人氣正妹部落客薇薇，代言COLT PLUS iO「女神之場所就在COLT PLUS iO」網路活動，爲已上市的車款再點燃戰力，吸引潛在買家。

中華三菱更大手筆提供高價贈品吸引人氣，網友在網頁跟著寶咖咖或薇薇的提示，體驗COLT PLUS iO，並一對一玩線上拍照，完成後留下資訊，可參加COLT PLUS iO女神獎抽獎，最大獎是21.5吋內嵌光學式多點觸控螢幕。轉寄活動給親友也有機會週週抽COLT PLUS iO酷炫獎，獎品是PHILIPS 500G行動硬碟。

網路部落客或臉書的行銷，爲車商打下不少江山，福特曾爲進口小車Fiesta推動一波部落格行銷，號召網友參加Fiesta體驗營活動，讓第一批車短時間內被訂走，之後再辦一場體驗營，利用臉書帶來網友，讓活動人氣超高，有了前次的成功經驗，福特正在研擬Ranger休旅貨卡車網路行銷計畫。

社群使用者多爲年輕人，因此一些個性化的車子或小型車，都有臉書社群的機制，如裕隆日產的NISSAN TIIDA，除了原有的車主俱樂部網頁，也有專屬的臉書頁面。此外，TOYOTA也有臉書的社群網頁。透過Applications趣味遊戲，能「黏」進許多網友，其中就可能有潛在買家。

06 Instagram（IG）行銷

一、Instagram 是什麼？

即時（Instant）加電報（Telegram），就是 Instagram 名稱的由來，現在人們用相片分享故事，就像以前用電報傳達訊息一樣。

時下年輕人想看的是簡短的文字，加上吸引人的視覺化圖像。相較於臉書，IG 它擁有較多的隱私設定，加上一開始推出的限時動態功能，IG 吸引了大量的年輕用戶。

除了上述重點，它還有一個其他社群平臺沒有的特色，就是你可以在 Instagram 上傳照片，同時並分享至臉書、Twitter 上，只要一次貼文動作，就能同時在 3 個社群平臺曝光，提高你的貼文能見度。

二、何謂 IG？

Instagram（或簡稱 IG）是一種以分享照片及影片為主的社群網站，原則上，使用者不能只發文章，一定得上傳照片或影片才行。不過，最近幾年 IG 也推出了如「限時動態」這類模式，能夠發表純文字內容的功能。

據說每月至少開啟一次 IG 的用戶，即月活躍用戶，MAU = Mouthly Active User，全世界總計 10 億人以上；而每天開啟 IG 用戶（DAU），則超過 5 億人。

另外，日本也有調查指出，有八成的日本用戶會因為 IG 上的貼文而展開某項行動；有四成用戶在看完貼文後，會實際到電商網站之類的地方查看或購買商品。

除此之外，日本人在 IG 上搜尋主題標籤的次數，為全球平均的 3 倍之多。

「IG 美照」更成為 2019 年日本流行語大獎，由此可見，IG 已成為網友或粉絲收集資訊及分享生活點滴的好地方，深植在你我的生活中。

三、有關 IG 的統計數據

1. IG 的 App 在 2010 年正式開放下載，成為熱門的社群平臺。

2. 據 2020 年統計，IG 一個月的活躍使用者是 10 億人，僅次於臉書。

3. 2020 年度全世界最受歡迎的 IG 品牌帳號排名是：

　(1) 國家地理（NGC）：1.4 億人追蹤。

　(2) Nike：1.1 億人追蹤。

　(3) NBA：4,900 萬人追蹤。

　(4) 香奈兒（CHANEL）：4,000 萬人追蹤。

　(5) LV：3,800 萬人追蹤。

　(6) adidas：2,700 萬人追蹤。

　(7) 星巴克（Starbucks）：1,800 萬人追蹤。

4. IG 目前市值超過 1,000 億美元，在 2012 年，臉書只花 10 億美元就收購了 IG。

5. 最多人使用的 Hashtag（主題標籤關鍵字）是 #love、#cute、#instagood 等。

6. 2020 年 IG 使用國家：

　(1) 美國：1.1 億人。

　(2) 巴西：6,600 萬人。

　(3) 印度：6,400 萬人。

　(4) 印尼：5,600 萬人。

　(5) 俄羅斯：3,500 萬人。

　(6) 日本：2,400 萬人。

　(7) 英國：2,200 萬人。

　(8) 德國：1,800 萬人。

　(9) 臺灣：700 萬人。

　(10) 其他國家。

7. IG 使用者的年齡統計：

　(1) 18～29 歲：59%。

　(2) 30～49 歲：33%。

(3) 50～64 歲：18%。

(4) 65 歲以上：8%。

8. 在所有上傳到 IG 的照片分類中，最多的就是「自拍照」，在 IG 上，有接近 3 億張自拍照。

9. 根據統計，在 IG 上發文，含有一個以上的 Hashtag 就能增加 12.6% 的互動率。

四、Instagram 的魅力

「人類是視覺動物，會被外表所吸引」，Instagram 就是抓住這一特點，以照片與影片為主，只要拍出好看的照片或影片，即可吸引人來追蹤你的帳號。Instagram 是一款結合拍照、修圖及社群服務的軟體，它所提供的照片編輯與濾鏡效果，則是其他社群平臺沒有的服務，使用者可以藉由內建的功能拍照、修圖美化照片。

Instagram 在 2010 年 10 月上架後，短短 8 個月內就突破 500 萬使用者，不到一年就達到 1,000 萬人，上傳的照片數量更逾一億張；到目前為止，全球已有 10 億 Instagram 使用者，臺灣也有 700 多萬人使用。而 IG 的使用者以年輕人居多，年齡以 18～30 歲居多。

五、Instagram 在商業市場的應用

國外知名雜誌的調查報告指出，13～24 歲的 Instagram 用戶中，有 68% 的人表明會去追蹤並定期觀看企業品牌的照片，或是為文章按讚，再使用貼文中的連結去瀏覽品牌網站。

不管是個人或是店家、企業品牌，都要先確認自己的定位為何？有明確的定位或形象時，才能吸引目標族群，這時就可以更專心朝著目標發展下去，最後透過數據分析了解粉絲面向，依不同屬性，做出合適的行銷方式，提高自我競爭的優勢，精準的找到更多目標客戶。

六、IG 的 3 種發布方式

IG 的發布方式，可分成三大類，茲說明如下。

(一) 一般貼文

直列在動態消息上的貼文，就是指一般貼文。一般貼文一次最多可上傳 10 張照片與影片。其貼文內容通常以「圖片或影片 + 文章 + 主題標籤」這種組合為主。如果是以一般貼文形式發布，一般影片的長度以 3～60 秒為限。

(二) 限時動態

限時動態是僅公開 24 小時的貼文，通常限時動態是採全螢幕顯示，因此具有投入感與臨場感。此外，限時動態也可以發表純文字內容的模式，呈現方式五花八門。本來限時動態的貼文過了 24 小時就會消失，但若是使用「精選動態功能」，就能將自己的限時動態分門別類，保留在個人檔案或商業檔案頁面上。

(三) IGTV

在 IG 的發布方式中，IGTV 是最新的功能，可發布 15 秒～10 分鐘的較長影片。跟限時動態一樣，IGTV 發布的是迎合智慧型手機螢幕的直式影片，只要手指往旁邊一滑，就能快速跳到下一段影片。

七、應該將 IG 運用在商業上的四大原因

(一) 使用戶數成長

IG 全球使用人數呈現爆發性成長，使用戶每日或每月活躍率也很高。

(二) 資訊量更多

基本上，在 IG 發布貼文時，一定要附上照片或影片，由於貼文的結構為「照片或影片 + 文字或主題標籤」，和可以只發文章的其他社群網站相比，IG 能夠一次傳遞更多的資訊。

(三)完整呈現

其他的社群網站是將過往的貼文排成一直列，如果要回顧之前的貼文得花點時間，反觀 IG 則是採取網格檢視，在個人檔案或商業檔案頁面上，將過往的貼文排成三列，顯示所有的照片。

(四)擴散效率佳

IG 運用主題標籤，一樣能向興趣或喜好相似的人發送資訊。

八、Hashtag（#）：可使社群行銷觸及率加倍

1. Hashtag（#）是因應時下潮流、議題與時事狀況而竄起的標籤類型，Instagram 貼文中加註適合的主題標籤，能讓大家方便快速的瀏覽有標記相同主題標籤的貼文。

2. 該如何讓更多人看見你的貼文呢？使用過臉書、YouTube、Twitter 等社群網路工具，想必對 Hashtag 不陌生。起初是貼文的關鍵字，後來逐漸轉變成告訴粉絲自己正在做的事、內心的想法或心情。

3. 什麼是 Hashtag？

   # 加上一個詞、單字或是句子，就成為一個 Hashtag，又稱為「主題標籤」。通常，Hashtag 可能具有主題性（# 櫻花季），品牌的 Slogan（Nike 的 #just do it）等性質，透過 Hashtag，粉絲可以搜尋到你的貼文，並連結到所有標記這個詞的公開貼文。

4. 常用的 Hashtag：

   (1) 美食：#food，食物照片。

   (2) 運動：#sport，運動照片。

   (3) 旅行：#travel，旅遊照片。

   (4) 時尚：#fashion，時尚、流行照片。

九、Instagram 的「限時動態」

限時動態是目前最熱門的曝光管道，更是企業廣告與宣傳的行銷利器，利用充滿趣味與主動性的內容，玩出創意新商機。

(一) 什麼是「限時動態」？

限時動態具有時效性，上傳的照片或影片內容會以幻燈片形式呈現，並在 24 小時後自動消失，用戶可以隨心所欲分享，更不用擔心留下任何紀錄。限時動態不同於一般貼文，無法公開留言或按讚，粉絲只能透過私訊或表情符號發送給該限時動態的上傳者。

(二) 限時動態的內容

限時動態呈現多元，包括：濾鏡網格、趣味貼圖、各種筆刷、純文字、直播等，比起一般貼文，限時動態的趣味與互動更多，也可以藉此增加朋友或追蹤者對自己或品牌的關注。

(三) 限時動態的優勢

限時動態自推出以來，每日的活躍用戶一直爆炸性成長，對於想要經營品牌的企業來說，限時動態是一定要掌握的行銷方式。

企業可以經由限時動態建立品牌故事、分享產品內容；更可以透過限時特性，讓顧客在特價期間不買可惜的心態下，產生衝動性購買，為產品炒熱話題。對企業而言，如何在短短幾秒間抓住顧客目光，降低轉出率，引導查看更多，進入產品連結網站，才是品牌推廣與行銷的最終目的。

十、統一超商的 IG

統一超商 7-11 的 IG，迄 2020 年 11 月 11 日，計有 1,467 張貼文。

該 IG 以「掌握第一手小七新鮮貨吃喝玩樂時報」為訴求，引導大眾「快來追蹤我們吧！」

實際觀察該 IG，大致均以圖片為主力，內容則以「產品訊息」及「促銷訊息」二大主力居多。另外，還有 IGTV 觀看部分，有看影片留言，可抽限量好禮等誘因。

十一、攻年輕人：IG 成保險業務新藍海

「中老年人才用臉書？」臉書從 2008 年開始在臺灣爆紅，十多年之後，卻傳出已經不再流行了，年輕人都用 IG 等熱門議題。

年輕人近來成為保險業必爭族群，繼 LINE、臉書之後，IG 也成為保險業經營社群平臺的「新藍海」。

迄 2020 年 10 月最新統計，使用 IG 第一名的壽險公司是公股旗下的合庫人壽，擁有 4.7 萬名粉絲。第二名是南山人壽，目前追蹤人數也達 1.1 萬人；外商的安聯人壽也有 1 萬名，追蹤人數排第三；國泰人壽及富邦人壽則排第四、第五名。

合庫人壽在 IG 上擁有高達 4.7 萬人追蹤，高居第一。仔細觀察其 IG 內容，會發現擁有極為豐富的「長輩圖」、心靈語錄、心理測試互動題、四季節氣、提供生活與金融壽險的各種知識及常識，可能是其勝出的原因。

富邦人壽表示，大眾使用社群平臺的習慣已開始轉變，在 2020 年 IG 全球用戶已超過 10 億人，光是在臺灣每月使用人數就達 700 萬人，18～34 歲的 IG 使用者超過 6 成。

不過，臉書目前仍是各年齡層大眾最廣泛使用的社群平臺，適合傳遞完整文字資訊內容，而 IG 則是著重在與「網路原生世代」互動，溝通以影音圖文為主。

十二、在 IG 舉辦活動，提升客群回流率

「互動」是社群行銷的重點，舉辦有獎活動聯絡店家與用戶間的感情，也能養成用戶習慣性的關注店家貼文。

當新產品上市、特別節日前等，都是店家舉辦活動的好時機，只要用戶看到貼文時追蹤店家、幫貼文按讚，就可以進行活動抽獎。對店家來說，成本低又可以開發潛在用戶，以獲得更多顧客；對用戶來說，可以獲得店家用心準備的獎品，這樣雙贏的策略可以多多舉辦。

十三、IGTV 的影片規格

IGTV 是 Instagram 透過影片與用戶互動的平臺，以直式全螢幕影片呈現方式，享受更完整的視覺效果，也是店家品牌行銷最佳工具。

IGTV 上傳影片長度不可短於 1 分鐘，透過行動裝置上傳的長度上限為 15 分鐘，透過網頁上傳的長度上限為 60 分鐘。

十四、Instagram 洞察報告

從個人帳號轉爲商業帳號後，即可擁有「洞察報告」這項免費服務。它可針對貼文與限時動態，依其互動次數、分享次數、按讚次數、留言次數等數據排序並查看，了解哪些貼文表現得特別好，之後設計貼文內容或線上活動時，透過分析數據了解粉絲喜好與屬性，調整店家定位方向，才能針對廣告受眾投入精準行銷。

此外，「洞察報告」可提供粉絲性別、年齡、地點、熱門瀏覽時段等資訊，對後續行銷來說特別有幫助，也可以推測哪些時段發文有比較好的參與率。

十五、IG 快速增粉的二大心法

從實戰觀點來看，運用個人式 IG 想要快速增粉，必須兼採下列二大心法才能達到目的。

(一) 內容才是重點，行銷只是輔助

這裡指的是，即便你有再好的企劃，砸再多的行銷預算，如果你的產品本身沒有價值，這些粉絲或用戶終將流失。

所謂「價值」，就要回歸產品本質，即「內容」。不管你今天是做一個產品或是提供一個服務，能爲他人產生價值的，才能眞正證明你自己的價值（這裡產生的價值，可能是知識、可能是專業服務、可能是單純娛樂粉絲，所以你也務必清楚知道自己 IG 帳號的定位）。

所以，IG 內容（文字＋照片＋影片）一定要有吸引力、要有水準、要有專業內涵、要有趣、要有價值，才能持續的吸引粉絲追蹤。

(二) 做好粉絲互動，培養專屬鐵粉

1. 鐵粉的培養

相信很多人都聽過 80/20（八二）法則，而在社群經營的生態亦如是。你不可能討好每一個粉絲，你也會發現，許多追蹤你的粉絲到最後根本也沒在看你的內容，但如果你能服務好 Top 20% 的這些粉絲，將其培養成鐵粉，不只會有更好的口碑行銷效果，同時他們也會更願意給你許

多有建設性的回饋意見。

2. 意見的採納

每一個粉絲的回饋意見（Feedback），都有機會幫助你更貼近市場需求一些，而當你更能解決市場需求，也就意味著擁有更多潛在的粉絲了。

十六、打造 IG 廣告祕技

Instagram 已不再是年輕人的專利，根據統計，IG 用戶平均年齡有逐漸增長趨勢，除了消費能力提升與受眾分布漸廣，平臺介面設計與網格，也非常有利於品牌培養忠實粉絲；2018 年開放限時動態廣告後，IG 更成為品牌必備社群平臺。

在製作 IG 廣告之前，須先掌握 3 個重點：

1. 帳號經營：商業帳號與廣告相輔相成，平時經營可不能忽略。

2. 素材：IG 是一個以圖像或影音為主的平臺，素材非常重要，將影響廣告成敗。

3. 行動裝置：直式畫面更有利於行動裝置的瀏覽，展現不同的創意，將品牌形象烙印在粉絲心中。

IG 廣告計有 5 種格式：

1. 限時動態廣告。

2. 照片廣告。

3. 影片廣告。

4. 輪播廣告。

5. 精選集廣告。

這些 IG 廣告內容，可以是品牌最新動態、產品簡介、優惠資訊、廣告影片、EDM、形象圖片、票選活動、提問專區或直播影片等。

IG 廣告的製作，可分為以下 5 項：

Step1：構圖。

Step2：小功能。

Step3：創意工具。

Step4：直成影片。

Step5：Call to Action 按鈕。

十七、臉書宣布：整併 IG 與 Messenger 為同一訊息平臺

2020 年 10 月，臉書宣布整合旗下二大通訊平臺 Messenger 與 Instagram 的訊息功能，讓用戶可跨平臺通訊。透過服務更新，用戶可透過 IG 的訊息服務，與原本 Messenger 上傳送訊息的對象展開對話。

以用戶個人為核心，臉書整合 Messenger 與 IG 的訊息，讓用戶透過任一平臺輕鬆聯繫親友，並享受相同的順暢體驗。

十八、如何經營 IG

下面我們將從四大面向，研究 IG 的經營之道，以期透過 IG 衝高粉絲數及曝光度，茲說明如下。

(一) 事前準備
1. 洞悉使用者並了解受眾。
2. 清楚區分 IG 與其他平臺的用途。
3. 確定品牌特色。

(二) 圖片
1. 思考產品圖片角度與畫面。
2. 使用單一產品圖片。
3. 產品使用情境。
4. 透過創意的方式呈現。
5. 色彩就是品牌網格。
6. 避免圖像充斥太多細節影像的圖片。
7. 減少構圖複雜性。
8. 刪除多餘圖片。
9. 圖片、影片、文字等內容呈現前後要一致。

(三) 貼文

1. 運用更多 #Hashtag 標籤，增加貼文曝光度。
2. 有效利用表情符號。

(四) 其他

1. 舉辦 IG 貼文活動，將品牌延伸到其他潛在追蹤者。
2. 經常更新動態。
3. 與粉絲交流。
4. 保有真實、真誠感。

十九、IG 的社群特性

IG 的社群特性有 3 個，說明如下。

(一) 高封閉性

IG 是個比較特殊的社群平臺，從一開始推出至今，不同於其他平臺，如 FB、YouTube 等，是封閉度較高的社群網站。IG 是以行動裝置 App 使用優先為邏輯，極少人是用電腦版觀看及互動，貼文內容向外連結度也較低。

(二) 新型態互動版位的普及

近年，IG 推出了「限時動態」功能，躍升為全球社群網站限時動態使用率最高的平臺，甚至超越了自家產品 FB，每天約有 1 億則左右的限時動態在全球上傳使用。這個 24 小時就會不見、即時性高、稍縱即逝的功能，在上面可以用照片或 15 秒影片的方式傳遞資訊，很適合作為商業品牌的行銷素材。

(三) 限時動態增加雙向互動親密度

現在我們打開 IG，多數人第一件事不是滑動態消息，而是先選自己想看的友人、公眾人物的限時動態；也就是說，當我們想了解公眾人物私生活，或想看朋友們現在在做什麼，通常第一個念頭就是打開他的限時動態。

二十、Instagramable 的意涵

從 2017 年起，歐美地區開始盛行一個全新的行銷指標，稱爲 Instagramable 及 Instagramability，這是什麼意思呢？在 Instagram，最主要的就是視覺圖像優先的運作模式。什麼樣的內容可以吸引用戶拍照上傳，或是讓消費者能主動提供素材，並造成口碑傳播的效應，這就是 Instagramable 的含義，即：可以被拍照、打卡、上傳到社群網站的特性。在商業經營中，這樣的拍照、打卡，是具有相當大的經濟轉換潛力，也有愈來愈多人會以社群中看到的推薦或商品開箱文，作爲消費的參考。

二十一、Hashtag 關鍵字內容收集器

Hashtag 除了可以標出內容的關鍵字外，也可以當作是關鍵字內容的收集器使用。以 IG 來說，每一個 Hashtag 都有專屬的頁面，列出所有使用這些標籤關鍵字的貼文，這些貼文中也分爲「人氣關鍵字貼文」及「最近上傳的關鍵字貼文」，透過這個方便的功能，可以快速找到可能與我們產業相近的貼文內容。

二十二、發布 IG 貼文時，不能做的 6 件事

在發布商業性 IG 貼文時，應注意避免做下列事情：
1.誹謗中傷他人或其他企業。
2.貼文內容消極悲觀，給人負面印象。
3.發表政治立場言論或宗教話題。
4.發布感受不到人情味的制式文章。
5.文字不要太過擁擠或太過冗長。
6.不要發布劣質圖片或影片。

二十三、IG 舉辦促銷活動的通知貼文

IG 在舉辦促銷活動時的通知貼文，內容包括：
1.標題。

2. 參加活動的內容。

3. 獎勵的詳細資訊。

4. 參加辦法。

5. 活動期限。

6. 得獎公布辦法。

7. 其他注意事項。

二十四、IG線上行銷案例

● 案例1　JNICE羽球產品 ●

在IG上，JNICE提供KOL羽球領域的產品，邀請他們試用，並在他們的IG上協助露出，包括貼文及圖片，讓他們的粉絲可以看到。

● 案例2　國際希爾頓大飯店 ●

國際連鎖大飯店希爾頓，在2019年成立100週年之際，於IG上運用網紅的影響力，推出「七大城市奇觀」活動。該公司基於文化、建築、美食等觀光客偏好，選出阿布達比羅浮宮、雪梨歌劇院、東京築地市場、倫敦肯頓市場、上海外灘、香港廟街夜市、維也納博物館等七大城市奇觀。

希爾頓大飯店邀請活躍於IG上的7位旅遊攝影師以各自的作品推廣這七大景點，總計發布了15篇IG貼文，在網路上掀起了一波話題。

● 案例3　英國電器公司戴森（Dyson）●

英國知名電器公司戴森為宣傳V11吸塵器，把腦筋動到寵物網紅的毛髮上。由於清理毛小孩的毛髮是其吸塵器的一大核心訴求；因此該公司在IG上找來知名貓狗網紅與其主人一同入鏡及拍片，以寵物的視角來呈現這款吸塵器的效果，並搭配反映寵物心聲的幽默圖片及文字。

例如：穿著白上衣的可愛狗狗，手拿戴森吸塵器的萌照就快速累積了近萬人按讚，喜愛寵物的追隨者們也自然會對該品牌及產品產生好感。

二十五、個人如何經營 IG 的 3 步驟

　　國內知名的 IG 行銷專家 Ina Wang（2020）曾提出一篇精關好文章，她以個人經營 IG 為例，提出她的 IG 成長 3 步驟及其細節，摘述如下。

(一)步驟 1：定位

　　1.首先要設定主要內容有哪些，以及目標受眾是哪些人。

　　2.其次，要優化簡介及版面，開始建立個人化品牌，包括：

　　　(1) 簡介撰寫。

　　　(2) 排版。

　　　(3) 限時動態精選。

　　3.思考多樣化主題，以能帶入流量為首要目標。

(二)步驟 2：曝光

　　定位完成後，接下來就是為你的帳號引進大量曝光。IG 除了本身追蹤你的人之外，還可以從以下幾個地方灌進流量，包括：

　　1.精準設定 Hashtag，加強你的內容，在小眾 Hashtag 受到關注，吸引粉絲互動，成為人氣貼文；再往中型 Hashtag 人氣貼文邁進。

　　2.貼文裡 Tag 一些相關的知名帳號。

　　3.鼓勵大家在限時動態裡 Tag 你的帳號。

　　4.轉發到其他網路平臺導流。

(三)步驟 3：轉換

　　曝光導流後，接著就是將引導過來的人轉化為追蹤。

　　1.互動率高的貼文，IG 會幫你灌更多流量。

　　2.創造鐵粉，IG 會幫你推播給鐵粉的好友。

　　3.在每篇貼文前加上 CTA（Call to Action）提升互動。

　　4.限時動態培養鐵粉。

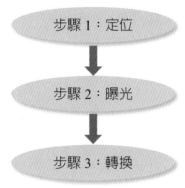

步驟 1：定位

步驟 2：曝光

步驟 3：轉換

✏ 圖 6-9 個人如何經營 IG 的 3 步驟

二十六、IG 行銷五大要點

綜合多位實務 IG 行銷專家意見，IG 行銷有五大要點，說明如下。

(一) 圖片風格保持一致

IG 是一個視覺平臺，必定要做好高品質圖片，且風格必須一致，具有備獨家特色，讓人有記憶點。

(二) 善用 Hashtag

欲做好 IG 行銷，Hashtag 是不可少的，一定要精準挑選 Hashtag。

例如：在 IG 上，＃美食有 300 萬則貼文量，＃臺北美食有 100 萬則貼文量，＃臺北車站美食則僅有 1 萬則貼文量；上述可抓到大、中、小眾的 Hashtag 曝光量。有策略性的 Hashtag，可以有效增加帳號能見度。

(三) 經營限時動態

限時動態對品牌來說，最重要的是互動性高，同時也是了解粉絲輪廓的好渠道。

限時動態的玩法非常多，可以在上面問答、投票、轉發、引導網站連結，這些都有助於你進一步認識你的粉絲型態、他們喜歡什麼，也是作為未來行銷策略、貼文、甚至決定產品走向的珍貴資料。故經營品牌帳號時，絕對不可以忽略限時動態。

(四) 引導互動

要想辦法引導粉絲留言、私訊，才是最重要的。可以不時問粉絲問題，鼓勵他們留言，並分享自己的想法。

(五) 創造值得被收藏的優質、有價值貼文

IG 的收藏功能，便是 IG 判斷是否為優質貼文的重要指標。

1. 圖片風格應保持一致性
2. 要多善用 Hashtag
3. 要多經營限時動態
4. 要引導粉絲互動
5. 要創造值得被收藏的貼文

✏️ 圖 6-10　IG 行銷五大要點

二十七、IG 經營企劃代理商的三大功能

企業品牌 IG 經營，可以委託外面專業的 IG 經營代理商來做，付一些費用，可以讓企業品牌透過 IG 行銷，有效提升品牌的能見度及好感度，然後，間接地，或許也有助於這些粉絲們去購買我們的產品及品牌，這也是企業數位行銷操作的重要一環。

就 IG 專業來說，IG 代理商通常會表示，它們可以為企業 IG 達成下列三大功能：

1. 可以讓粉絲追蹤人數增加。
2. 可以使 IG 觸及曝光數提升。

3.可以提升粉絲們的參與互動率。

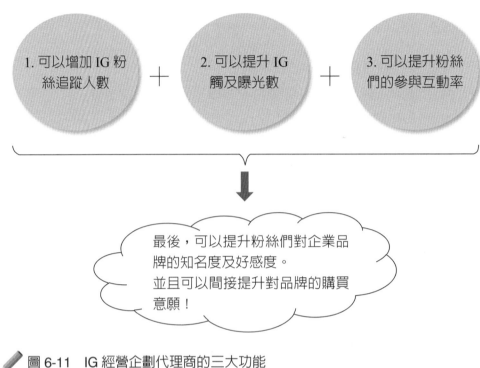

　1. 可以增加 IG 粉絲追蹤人數　＋　2. 可以提升 IG 觸及曝光數　＋　3. 可以提升粉絲們的參與互動率

最後，可以提升粉絲們對企業品牌的知名度及好感度。
並且可以間接提升對品牌的購買意願！

✏ 圖 6-11　IG 經營企劃代理商的三大功能

二十八、關於 IG 的幾個數字

1.55% 的用戶，在 IG 尋找流行的時尚穿搭靈感。

2.60% 的用戶，會透過 IG 了解品牌產品與服務。

3.75% 的用戶，會因為貼文啟發而採取行動。

二十九、素材影響廣告效果

IG 是一個以照片（或影音）為主的平臺，因此素材非常重要，將影響廣告成敗。

另外，影片與圖片搭配使用，也能帶來較好的效果，讓用戶更深入了解你的產品，並誘發對產品的需要。

另外，在手機上呈現直式廣告畫面的展示方式，效果也不錯。

三十、FB 和 IG 版位哪一個更有效？

Facebook 和 Instagram 哪一個是更好的版位選擇？老實說，並沒有絕對的答案，不過可以從以下特質來進行考慮和選擇。

Instagram 每天有近 10 億人使用，而 Facebook 已經存在十多年了，它既是 Instagram 的母公司，每日還擁有約 22 億的活躍用戶。在受眾曝光量上沒有什麼好爭論的，Facebook 版位是取得大勝的。

Instagram 用戶大多數是女性，年齡在 15～29 歲之間，主要是使用行動裝置進行瀏覽，平均時間爲 15 分鐘。雖然 Facebook 也擁有大批女性用戶，而且平均瀏覽時間更長，不過年輕族群的使用率是比較低的。因此，如果你的目標是鎖定年輕女性，那麼，實際上 Instagram 是更好的選擇。

整體來說，Instagram 用戶中，有 95% 也在 Facebook 上，這兩個平臺版位並非一定要二選一，這兩個平臺確實也都有各自的優缺點，在合適的情況下同時投放廣告，可以產生更令人印象深刻的結果，擁有更廣泛的影響力和增加更多銷售機會。因爲消費者與品牌互動的地方和機會愈多，他們購買產品的可能性往往就愈大。

對於年輕族群來說，Instagram 的廣告成效是優於 Facebook 版位的。不過最主要的癥結點還是在於如何有效吸引用戶和給予良好的購買體驗，千萬不要以爲廣告投放只要花錢就會有效，細節怎麼做到位才是重點。

知 識 練 功 房

1. 請簡述何謂臉書？
2. 請說明臉書按讚功能爲何能夠成爲行銷利器？
3. 請列示臉書粉絲專頁的使用工具爲何？
4. 請簡述臉書粉絲專頁經營的 3 個 C 爲何？
5. 請圖示製作粉絲專頁的七大步驟爲何？
6. 請列示如何免費增加粉絲的做法？
7. 臉書行銷有哪些功能？
8. 試列舉任一個臉書成功行銷的案例。

第 7 章

部落格經營與行銷概述

01 部落客行銷的意義、合作效益及行銷成功五大重點

一、部落客行銷是什麼？

　　部落格在 2000～2010 年是主流社群媒體，但在 FB、IG 問世之後，部落格文字型媒體即失去主導地位。但至今，仍有一些企業與部落客合作，以加強其品牌形象。

　　部落客行銷屬於內容行銷的一種，是指企業向擁有廣大粉絲數的部落客邀稿，為企業撰寫文章，以提升企業形象或產品／品牌的曝光度的一種行銷方式。

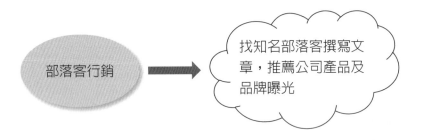

部落客行銷　→　找知名部落客撰寫文章，推薦公司產品及品牌曝光

二、找部落客合作的效益

　　主要效益有二個方向：

1. 透過部落客具備的粉絲高流量，以提升企業及品牌曝光度；由部落客分享產品使用文章，被粉絲接受，進一步加以分享、轉傳，以擴大文章觸及人數。
2. 可營造正面形象，以提升消費者購買意願。

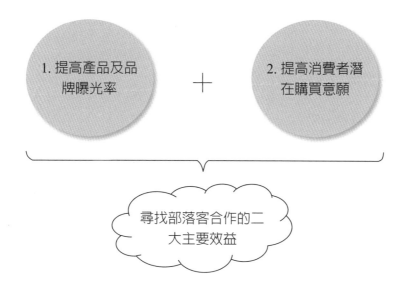

三、部落客行銷成功，注意 5 重點

部落客行銷要成功，必須注意 5 項重點，說明如下。

(一) 撰寫前，應先溝通文章的方向、策略及內容重心所在

項目包括：

1. 明確而直接的標題。
2. 應搭配合適、好看、吸引人的圖片。
3. 應設定 Call to Action。
4. 是否須結合 SEO，適度置入關鍵字。
5. 避免讓網友感到推銷產品太沉重。
6. 最好寫出自己真正使用過的真實感受。

(二) 應妥善安排時程進度

時程勿太過緊湊，以免寫出品質不佳、沒人點閱的文章。

(三) 應提供足夠產品資訊

企業行銷部人員應該幫助部落客快速掌握產品重點，以及能帶給消費者的好處及利益點；真正讓網友或粉絲感到不是推銷文。

(四) 尊重創作者

　　廠商行銷部人員對部落客寫出來的標準及文章內容勿修改太多，以免傷到部落客，影響後續長期合作感受。

(五) 建立互信溝通基礎

　　廠商端與部落客應建立雙方信任且愉快的互動與溝通、協調，以讓部落客更認眞、更用心、更具創意的寫出好文章，以達成廠商目標／目的。

　圖 7-1　部落客與廠商合作行銷的成功 5 重點

四、經營部落格的四大重點

　　如何經營部落格，才能把它經營好呢？依實務來講，主要須做好四大重點。

(一) 清楚的標題

　　標題是接觸者的第一印象，好的標題會吸引網友進一步點擊及閱讀。

(二) 良好的排版及良好的閱讀體驗

　　舉凡字型、字的大小、顏色等均須注意；頁面編排勿雜亂無章、抓不到

重點、沒邏輯性，以及閱讀經驗是否良好等，均要注意。

(三) 有價值、高品質的內文

部落格文章最重要的就是內文，內文一定要記住：要有價值性、有趣、有深度、有獨特風格、有專業性、有生活使用性，及有意義的文章內容。

(四) 妥善運用 SEO，讓搜尋引擎找到你的部落格及文章

1. 清楚且吸引人的標題
2. 良好的排版及良好的閱讀體驗
3. 有價值、高品質的內文
4. 妥善運用 SEO，幫助搜尋引擎找到你的部落格及文章

圖 7-2　如何經營部落格的四大重點

五、企業及個人品牌為何需要部落格行銷？

在 FB 及 IG 尚未火紅之前，企業及個人常見設立部落格，其主要目的及功能，主要有以下幾點：

1. 有助於產品品牌提高知名度及曝光度。
2. 有助於帶來轉換率及其業績增加。
3. 有助於帶來口碑效益（有些網友會上網找到某項產品或某個品牌的評價）。
4. 有助於提高網站流量。

六、7 個高人氣免費部落格架站平臺

目前，比較高人氣且免費的部落格，主要有如表 7-1 的 7 個平臺：

表 7-1　高人氣的 7 個免費部落格架站平臺

	平臺名稱	主要市場	備註
1	痞客邦（PIXNET）	中文	臺灣最大部落格平臺
2	隨意窩（Xuite）	中文	中華電信經營
3	Medium	國際	
4	Wix	國際	
5	Weedly	國際	
6	Blogger	國際	Google經營
7	WordPress.com	國際	

痞客邦簡述：

痞客邦創立於 2003 年，是臺灣最大部落格平臺。目前文章累計 8 億篇，登記註冊會員人數 500 萬人。

1.平臺優點：

　(1) 可免費且申請簡易。

　(2) 操作介面友善。

　(3) 網站首頁流量大，有集客效應，可為旗下個人部落格帶來不少訪客。

2.平臺缺點：

　(1) 廣告多，須付費才能移除廣告。

　(2) 被中國防火牆封鎖。

3.平臺主要收入：廣告。

臺灣最大部落格平臺　➡　痞客邦

七、痞客邦部落格排行榜

根據痞客邦在 2021 年 5 月調查的最受歡迎部落格排行榜前十名，如表 7-2：

表 7-2　痞客邦部落格排行榜

名次	部落格名稱	分類
1	波比看世界	休閒旅遊
2	小妞的生活旅遊	婚姻育兒
3	1＋1＝3玩學樂生活	婚姻育兒
4	莊董的生活情報讚	生活綜合
5	歐飛先生	數位生活
6	捲捲和土豆拿鐵	美食情報
7	PEKO的簡單生活	婚姻育兒
8	水星人的怪咖時代	生活綜合
9	布咕布咕美食小天地	美食情報
10	兔兒毛毛姐妹花	婚姻育兒

上表是依據痞客邦的五大指標排名，五大指標，如圖 7-3 所示：

圖 7-3　痞客邦部落格排名的五大指標

八、成功部落客的關鍵點及成為人氣部落客的方法

(一) 成功部落客的 4 個關鍵點

成功部落客應具備 4 個關鍵點，說明如下。

1. 做自己感興趣且專長的事情，而且要有熱情維持下去。

2. 持續創作

成名的部落客，大部分仍維持一日一篇文章的產量，以保持穩定流量，也可加深對品牌印象。

3. 要有付出代價的決心

成功的部落客一定要付出很多心力，而且長時間經營才能成功，沒有耐力及堅毅力是不會成功的。

4. 認真專注做好一件事

成功部落客一定要找到自己擅長的領域及獲利方式，即可專注於此，有專注才能聚焦，也才會領先別人，獲得成功。

1. 做自己感興趣且專長的事

2. 持續創作的能量

3. 要有付出代價的決心

4. 認真專注做好一件事

✎ 圖 7-4　成功部落客的 4 個關鍵點

九、成為人氣部落客的 10 種方法

綜合各實務界多人看法，要成為一個受歡迎的人氣部落客，可集中於下列 10 種方法要點，說明如下。

1. 文章要有自己看法及風格，形成獨特風格。

2. 文章內應多放些照片及影音內容。

3. 文章應力求簡潔、有重點。

4. 文章主題及內容要吸引人，要對網友有價值、有運用性。

5. 文章要經營性、更新，勿偷懶。

6. 以問句為開始的標題，比較吸引讀者注意。

7. 多使用副標題。

8. 為內容增加連結，以增加文章的討論性。

9. 可增加文章的曝光度（可以把 Blog 連結到 FB 或知名論壇）。

10. 不要隨意批判別人、批評同學、同事、老闆或客戶。

十、部落客收入來源

部落客的收入來源，主要有以下幾種：

1. 廠商業配收入。

2. 聯盟分潤。

3. 團購。

4. Google 廣告流量收入。

5. 其他（演講、賣照片、雜誌稿）。

十一、提升部落客流量，成為人氣部落客四大要點

另外，根據多位知名部落客在網路上發表專文，經收集後，歸納若做到如下四大要點，方能成為人氣部落客。

(一) 訂定明確部落格目標

1. 每位部落客應了解你的讀者是誰？他們想看什麼文章？

2. 應清楚經營部落格的目標。

3. 應建立權威性及網站相關性。

(二) 與其他部落格做出區隔

1. 建立寫作風格。

　　2. 要設計好部落格。

　　3. 要有豐富的圖片及影音。

(三) 適當的內容推播

　　1. 與其他部落格及論壇留言交流。

　　2. 與其他社群平臺同步分享公告、更新。

(四) 導入 SEO，提升部落格流量

　　1. 提升自然搜尋流量。

　　2. 引導讀者成為忠實訂戶。

圖 7-5　提升部落格流量，成為人氣部落客 4 要點

十二、尋找部落客合作前的 8 項注意要點

(一) 先了解公司及產品的定位與屬性

　　在找部落客行銷之前，一定要先了解自己公司產品的定位與屬性，最重要的是客群定位，要先了解自己要的是哪些客群、是哪一群人，因為這會攸關找的部落客，所經營的族群是不是符合自己要的族群。如果族群不對，行銷效益就無法彰顯出來。

(二) 部落客的商業程度考量

部落客行銷是很吃重個人形象與信任感的行銷方式，所以部落客本身的公信力及經營方式都會影響到效益。

如果能夠既商業化又能取得粉絲認同，那就是專家級的部落客了。

(三) 部落客本身的風評

在合作之前，可以搜尋一下部落客的「名稱＋負評或爭議」，凡走過必留下痕跡，負評或爭議太多的部落客盡量不用。

(四) 部落客行銷不是萬靈丹

不要期望找部落客來行銷就要立即收到成效，要把他當作是提升自己的網路搜尋度與能見度的一種方式，以長線來經營比較不會患得患失。

部落客文章會留在網路上被搜尋到，對品牌奠定自然有一定的幫助。

(五) 不要迷信大牌部落客，認真的部落客可優先考慮

以現在的網路生態，未必大牌的部落客就會比較吃香，最主要是要看他的撰文方式是否能夠被粉絲接受，能夠打動粉絲的內容才是最重要的。

(六) 撰文前，跟部落客溝通好內容摘要

最好將品牌想要傳達的訊息與價值跟部落客說明，列出一個摘要與方向，以闡述品牌價值或理念，或產品訴求方向撰寫，另外，不要在推銷及價錢上著墨太多。

(七) 把公司及產品推向軌道後，再請部落客來推文

部落客行銷屬於口碑行銷，還是要有真實的好口碑才會長久，所以應該先做好公司的「產品力」根基，等產品力強大了，再找部落客來撰文，會比較有效果。

(八) 給部落客尊重及應有的報酬

在合理範圍內付出報酬，及給予部落客尊重與發揮空間，是非常必要的，也會有良好的合作關係。

1. 先了解公司及產品的定位與屬性

2. 部落客的商業程度考量

3. 部落客本身的風評

4. 部落客行銷不是萬靈丹

5. 不要迷信大牌部落客，認真的部落客可優先考慮

6. 撰文前，跟部落客溝通好內容摘要

7. 把公司及產品推向軌道後，再請部落客來推文

8. 給部落客尊重及應有的報酬

圖 7-6　尋找部落客合作前的 8 項注意要點

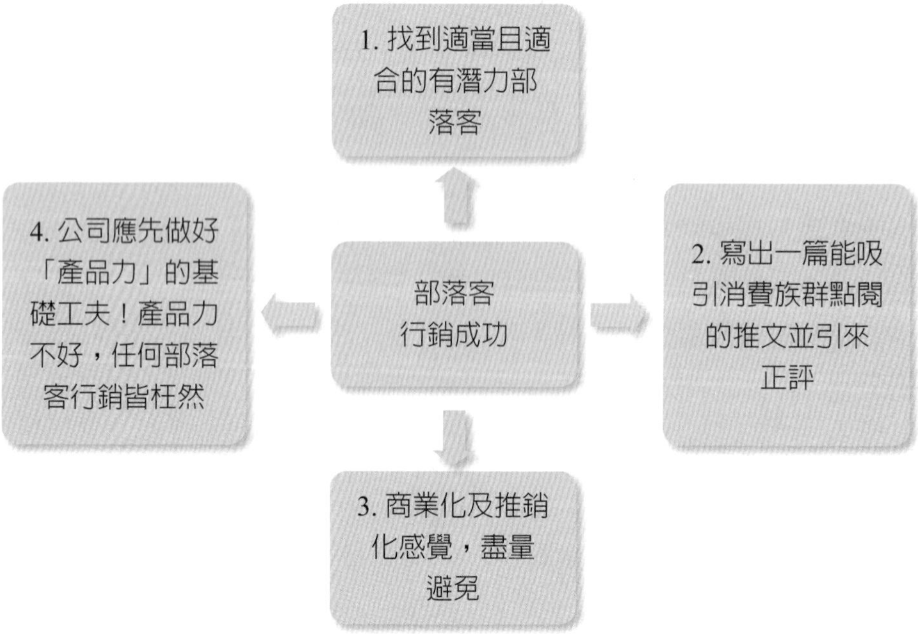

1. 找到適當且適合的有潛力部落客

4. 公司應先做好「產品力」的基礎工夫！產品力不好，任何部落客行銷皆枉然

部落客行銷成功

2. 寫出一篇能吸引消費族群點閱的推文並引來正評

3. 商業化及推銷化感覺，盡量避免

圖 7-7　部落客行銷成功的關鍵要點

十三、部落格行銷的戰略性 7 步驟

企業要推展部落格行銷，其 7 個戰略性的步驟，如圖 7-8 所示。

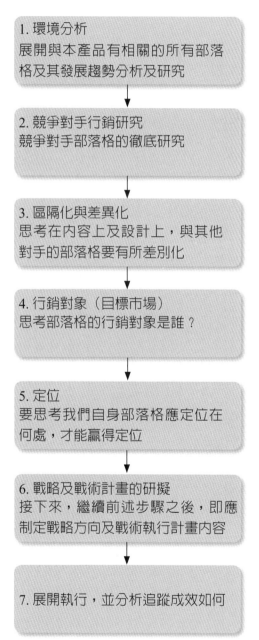

1. 環境分析
展開與本產品有相關的所有部落格及其發展趨勢分析及研究

2. 競爭對手行銷研究
競爭對手部落格的徹底研究

3. 區隔化與差異化
思考在內容上及設計上，與其他對手的部落格要有所差別化

4. 行銷對象（目標市場）
思考部落格的行銷對象是誰？

5. 定位
要思考我們自身部落格應定位在何處，才能贏得定位

6. 戰略及戰術計畫的研擬
接下來，繼續前述步驟之後，即應制定戰略方向及戰術執行計畫內容

7. 展開執行，並分析追蹤成效如何

圖 7-8　部落格行銷戰略 7 步驟

十四、如何寫好部落格文章的八大祕訣

國內部落格行銷專家蘇東偉（2013）認為，「有料的內容才是王道」，因此，提出如何做出有料部落格文章之八大要訣如下。

(一) 具有原創性

很多人往往爲了省事，文章大多是轉貼別人的，或者貪圖方便，沒寫幾句話，就說此處可以參考某某人的，然後弄個超連結，連結到別人的網頁就交差了事。他說，原創性的東西雖然寫起來比較累人，但往往產生的價值就會比較高。

(二) 主題明確

網友找資料都希望能快點找到，因此在瀏覽很多搜尋結果時，文章的標題是否讓人一目了然，且讓人願意點選，就是很重要的關鍵。但他也指出，不要爲了吸引人點選而譁眾取寵，取了一個很聳動、很夯的流行用語標題，結果文不對題的「標題黨」，反而造成反效果。

(三) 正確通順

雖然大部分人的文筆不可能像小說家那樣精練有靈性，但至少要維持文章的流暢通順與易懂；他還建議，文章寫完後，不妨自己念幾次，將一些不通順的地方改成比較口語化的方式，再加以修飾。

(四) 注意細節

文章的撰寫要留意一些小細節，尤其是教學類的文章，有時忽略細節，會讓瀏覽這篇文章的網友即使按照你的步驟做，還是會面臨問題，或是寫推薦美食的文章，卻忘了寫上餐廳名稱與怎樣前往，這些都是未注意細節可能發生的問題。

特殊的主題或另類的觀點內容，都是一種特色，總之，寫部落格文章不一定要跟著最近大家都在流行什麼而去一窩蜂趕熱潮，擁有自己的特色最重要。

(五) 結合專業或興趣

文章的內容要發揮特色效益，最好就是能結合自身的專業或興趣。例

如：一位物品收藏家可以拍攝收藏品上傳，並加上一些說明文字，整理一下就是篇圖文並茂的好文章。

(六) 數據資料

如果撰寫的文章屬於比較專業嚴謹的，最好可引用知名有公信力的研究機構之研究報告與統計數據做輔助，讓客觀數據去說話。

(七) 收集資料

平常看到有用的東西就抄下來，養成做筆記或分類記錄的好習慣，一旦要寫某篇文章時，就可省下許多查證與收集資料的時間。

(八) 時常更新

你可以想像一下，自己應該不會喜歡造訪一個最後更新日期或最新消息是 2、3 年前的部落格，這會讓人懷疑這網站是否還活著。所以，他說，要讓部落格保持一定的更新速率，且多寫多練習就會得心應手。

十五、企業經營部落格的十大訣竅——Robert Scoble 和 Shel Israel 的看法

部落格先驅羅伯特·史科博（Robert Scoble）和薛爾·易瑟瑞（Shel Israel）指出，企業要經營部落格應該注意以下 10 個要項。

(一) 要有一個容易搜尋的名稱

部落格的名稱應該讓有興趣的人容易找到，因此名稱應該要有意義，和你想談的主題、行業、產品或服務有關。

(二) 先閱讀別人的部落格

閱讀別人的部落格，讓你了解別人在說什麼，而你自己應該說些什麼。

(三) 保持簡潔

每一次發表的文章只談一個概念，簡單就好，讓他人容易瀏覽和傳閱。

(四) 具有熱情和權威

有熱情可以讓你不斷的發表文章，同時你發表的文章必須是你內行的，

才有權威性。

(五) 允許評論

你要有接受別人評論的雅量,如此才能促成雙向的溝通,但也要避免惡意的批評。

(六) 容易親近

可以在部落格中公布電話號碼、E-mail 地址等,讓人容易親近,並藉此擴大人脈。

(七) 說故事

擅長說故事可以讓人更感興趣,更會引起注意和討論。

(八) 多多連結

讓你的部落格能夠和別的部落格連結,成為大家都想看的資訊中心。

(九) 走入人群

除了在自己的部落格發表文章以外,盡可能參與各種聚會,接觸人群,讓你更受歡迎。

(十) 注意相關訊息

利用索引追蹤技術,了解誰到過你的部落格、在討論你什麼事,然後你可以在自己的部落格發表文章回應別人的意見。

由於部落格具有人人都可以發行、傳播迅速、易於連結、易於搜尋,也具有容易把志同道合的人結合成社群等多項特點,部落格已成為威力強大的傳播工具。

十六、成功經營企業部落格的 8 項要點

1. 要切合實際,了解自己及消費者、顧客。
2. 要熱情投入,發揮感染力。
3. 要時常更新。
4. 要大量連結。

5. 要充滿樂趣，樂在其中。

6. 要盡情發揮，不斷創新。

7. 要有創意性標題。

8. 要使用訂閱機制。

十七、企業處理部落客負面評價與意見之因應準則

1. 秉持心態的接受及觀念的正確性。

2. 尊重為上。

3. 迅速回應。

4. 有效回應。

5. 個人回應。

6. 提出解決方案。

7. 良性溝通。

8. 若錯在本公司，要展現歉意；若錯在對方，要委婉表達及堅定立場。

9. 後續追蹤。

10. 重視每一個顧客的意見。

11. 持續精進本公司的各項營運流程、營運組織、營運人員及營運政策。

02 部落格行銷案例

案例1　廠商品牌尋找部落客達人行銷合作 ──P & G好自在生理用品案例

一、尋找達人寫手的2項指標

(一)理性的量化觀察：當時好自在要選擇與部落客合作時，設定 4～5個較具人氣的部落格，觀察每天平均的瀏覽人次是否穩 定；更重要的是，留言板的互動與號召力，例如：網友留言、 部落客回應速度及回應率要快、要高，以及網誌文章引起迴響 的力量要強，再來就是部落客是否會固定更新文章內容，給讀 者新鮮感並增加黏著度。

(二)感性的質化研究：不只如此，好自在也會詢問周遭的親朋好友，進行部落客大調查，從部落客的讀者群中，用深度訪談的方式，了解他們的需求。他們發現，部落客與網友之間的「信任」相當重要，藉著部落格的平臺，建立相當深厚的信任感，因此不難發現，為什麼往往部落格丟下一個話題引起的效應，能同時串聯大量的網友加入。

二、達人寫手應注意事項

用部落客行銷就有一種真真又假假的感覺，以這次好自在和女王合作的例子來說，最初好自在不要求女王的文章要寫衛生棉多好用、或是吸收力有多強，因為這樣的包裝方式太粗糙也太懶惰，精明的網友更是一眼就會看出，「又是一個置入性行銷！」這樣蓄意的欺騙行為，只會引起網友更大的反彈。

好自在和部落客溝通時，給他們發揮的空間相當大，不太審稿、不限制內容、主題可以自訂，所以女王一聽到立刻點頭同意這樣的合作模式。好自在提供大致的概念，要讓女生愛自己，經期來臨不再是痛苦，而是要快樂、要幸福。和部落客合作，實在有太多的「Surprise」，這是他們始料未及的。

例如：女王就提議，要寫一篇「願意買衛生棉的男人」，道出許多兩性相處時，從男性願不願意幫女性買衛生棉，就可以看出男友愛不愛妳，或是男友如何對待經期中的女友，而寫了一篇專屬於女性的「真情告白」，引起了相當廣大的迴響，回覆的留言高達100篇，許多內容都是女性讀者認為深有同感，並且主動說出自己的經驗。

這樣的經驗，不是部落客因為衛生棉而寫出的虛假劇情，而是利用部落客的真實，和網友的親密連結，包裝好自在的整體概念。

● 案例2　SK-II經營部落格，創造網路行銷成功 ●

一、SK-II除打電視廣告外，也相中高人氣、高影響力的部落格，展開部落格達人行銷

主打熟女族群的SK-II，號稱是和代言人結合最成功的品牌，蕭薔、劉嘉玲和莫文蔚清一色都是數一數二的紅星，透過她們證言式的代言手法，的確為SK-II創造出明確的品牌定位。

SK-II代言人證言式廣告的確可以在短時間內迅速打開產品的知名度，和引起話題討論，具有傳播的廣度。

但是，現在SK-II除了大打電視廣告之外，也開始相中部落客的高人氣、高影響力，經營起部落格行銷，就像培養種子一樣，希望藉由部落客達人，這些第三單位印證產品的成效，強烈的公信力，更能說服讀者，獲得他們的認同，廣度加深度的溝通，兩者才能在行銷上創造出加乘的效果。

二、SK-II尋找合作部落格的管道

通常他們找部落客的管道，不外乎是媒體推薦、參考各大部落格入口網站的人氣排行榜，或是全球華文部落格大獎的得主。公關公司會協助搜尋出相關的部落格，SK-II再針對文章感染力，部落客本身是否為25～40歲的目標族群，還有是否為品牌愛好者，進行篩選。

三、提供試用品給部落客

除了青春露之類的經典產品會和部落客合作之外，SK-II也會在新產品上市的時候，提供試用品給部落客，針對網路上的年輕族群，盡量著重美白和保溼，不會出現抗老化之類的產品。

四、文章調性須與產品相符

此外，SK-II品牌走優雅路線，部落客的文章調性自然也不能相差太遠，SK-II也會關切這些被選中的美妝保養部落客達人，在意哪些肌膚的問題，為她們量身訂作，提供合適的商品，改善肌膚，並且定期追蹤照顧。

五、營造口碑行銷效果

希望透過這樣的細心呵護，讓她們擁有愉快的體驗心得，營造出口碑行銷的效果，吸引讀者靠櫃試用，再由美容師以專業的知識，或是精準儀器檢測肌膚，給予消費者如何改善肌膚，進而產生購買的行為，達到銷售目的。

六、「超活水漾保溼系列」的部落格行銷合作案例

(一)以「超活水漾保溼系列」為例，SK-II從全球華文部落格大獎得主中找出TOP 10的部落格，並依其人氣及屬性與SK-II品牌的連結程度，以美妝保養主題相關者為主，鎖定6、7個較適合的部落格，藉由提供產品試用，洽談合作。

(二)其中一位就是經營美妝保養部落格頗有心得的豬豬人——黃怡潔，每天有13,000～20,000人次瀏覽的人氣網路寫手。大學時期就使用過洗面乳、青春露和乳液的她，感受過SK-II的產品功效，也因為喜歡SK-II這個品牌，答應接下這項活動合作。除了黃怡潔之外，還有Mavis、Cherry等部落客參與這次的活動。

(三)事後他們統計產品試用心得分享，有78%的文章登出，而且
「超活水漾保溼系列」2007年12月1日上市，12月12日在新光
三越首賣，每10位消費者中，就有一位是因為看到部落格推薦
而來的。這樣的成效，令他們相當滿意。

(四)不是找這些美妝保養部落客達人寫完文章就沒事，讀者對於文
章的回應，SK-II也很在意，因為從回應中就能看出，這波公關
訊息到底有沒有被正確傳遞。

案例3　FashionGuide（時尚美容網）的專業部落格經營

一、挑選3,000名會員組成市調大隊

FashionGuide擁有上萬名的資深網友，所謂資深網友，就是依照網
友使用過各種美妝保養品的經驗，以及發言的貢獻度和可信度等標準，
將網友區分為1～5星級，擁有2顆星以上的網友，就是FashionGuide的
資深會員。從這些資深會員中，FashionGuide再挑選出3,000名會員組成
「市調大隊」。

可不要小看這群市調大隊的實力，他們不但成為FashionGuide的金
字招牌，更是許多美妝保養品業者爭相邀請的試用團隊，有他們的加
持，就等於替產品掛上品質保證的標章。除此之外，這群市調大隊的試
用報告書，更成為廣告主的行銷新利器。

二、市調大隊受到美妝保養品業者的重視

FashionGuide的千人「市調大隊」會受到各個美妝保養品牌業者的
注意以及肯定，是因為這3,000名資深網友的試用回覆率高達93%，這
份報告不會經過編輯修改，直接在網站上發表，驚人的是，每一篇剛登
出的使用心得或討論文章，平均每分鐘之內，就會有7篇文章回覆這個
主題。

因為試用報告的真實性，以及眾多消費者參與討論引起的口碑效
益，加上平均100種試用商品，只有15種商品能贏得「市調大隊」的
7～8成滿意度，換得FashionGuide特優或優等的推薦標章，這個標章，
也成為各個美妝保養品牌業者眼中的「招財標記」。

三、邀請美容彩妝知名達人駐站

FashionGuide邀請原本在其他部落格等就相當知名的美容彩妝達
人，同樣駐站到FashionGuide，希望帶來人氣。

　　這樣的做法如同魚幫水、水幫魚，可以同時提升網站流量。另外，有FashionGuide的名氣加持，達人發表文章可以同時刊登在Fashion Guide和原有的部落格，幫助達人的口碑更扎實。

　　除此之外，電視節目經常出現的知名彩妝師或美髮師等，也在FashionGuide擁有自己的部落格，用專業的知識教導網友各方面的美容保養技巧。還有將部落格結合影音，請網友當模特兒，由彩妝師示範彩妝教學，相當受到網友的青睞。

知識練功房

1. 請説明部落格是何意義？爲何崛起？部落格的特色爲何？
2. 試簡介國内有哪些知名的部落格？内容爲何？
3. 何謂 Blogger？Blog Post？Blogsphere？Bizblog？
4. 試説明部落格的五大特性爲何？
5. 對部落格的評估指標有哪些？請説明之。
6. 請説明部落格如何幫助企業？
7. 請列示部落格對企業内部的 8 種功能爲何？
8. 請列示企業爲何要設立部落格？
9. 請列示企業運用網路社群力量所欲達成的 4 項目標爲何？
10. 鎖定能夠達成銷售目的的部落格，有哪 3 項思考點？
11. 試列示企業部落格的未來趨勢爲何？
12. 何謂部落格行銷之意義？
13. 試説明部落格能成爲新的行銷工具之理由？
14. 試説明部落格行銷的優點何在？
15. 試圖示部落格行銷的戰略性步驟爲何？
16. 請説明企業運用部落格行銷成敗的二大因素爲何？
17. 請説明部落格行銷應注意要點爲何？
18. 請説明非常強的部落格四大要點爲何？
19. 請列示企業經營部落格的十大訣竅内容爲何？
20. 請列示企業處理部落客的負面評價與意見之因應準則爲何？

21. 請簡述 FashionGuide 的部落格經營案例與成效。
22. 請簡述 SK-Ⅱ部落格經營案例與成效。
23. 請簡述 P&G 好自在部落格經營案例與成效。

第四篇
網路廣告、數位廣告及關鍵字廣告

第 8 章

網路廣告市場分析

01 臺灣網路廣告市場概析

一、2022 年廣告量達 380 億新高峰——展示型廣告爲 150 億；關鍵字廣告爲 95 億

　　臺灣數位媒體應用暨行銷協會（DMA），正式對外發布由該協會研究統計的臺灣 2022 年網路廣告市場總量。

　　根據 IAMA 所提供的研究數據顯示，2022 年臺灣整體網路廣告營收市場規模達到 380 億新臺幣左右，較 2018 年成長 16%，廣告量統計共分爲五大類別，分別爲展示型廣告、影音廣告、關鍵字廣告、口碑內容廣告與其他類。從成長率來看，各類別廣告的成長幅度皆爲 20% 左右，其中以口碑內容類型成長率稍高，達 21%，影音廣告 20.16%，關鍵字成長率爲 20.09%。若以總量來看，展示型廣告仍爲量能最大的類別，投資額是 150.8 億，占全體市場量的 38.7%，關鍵字廣告居次，總額爲 95.11 億，占比爲 24.41%，影音廣告爲 81.10 億，占市場總量的 20.79%。

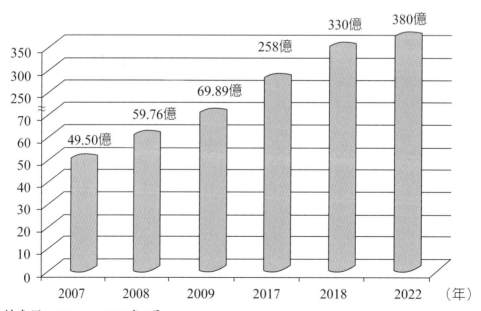

資料來源：DMA，2022年3月

✏ 圖 8-1　2007～2022 臺灣網路廣告量統計（單位：新臺幣億元）

網路廣告有以下 5 個方面：

1. 展示型廣告（Display Ads）：包含一般橫幅廣告（Banner）、文字型廣告（Text-Link）、多媒體廣告（Rich Media）、原生廣告（Native Ads）、贊助貼文等。
2. 影音廣告（Vides Ads）：泛指所有以影音形式呈現的廣告。
3. 關鍵字廣告（Search Ads）：包含付費搜尋（Paid Search）行銷廣告及內容對比廣告（Content March）等。
4. 口碑／內容行銷（Buzz／Content Marketing）：包含部落格行銷、廣編特輯、公共議題、贊助式廣告、貼圖等。
5. 其他（Other）：包含郵件廣告（EDM）、簡訊（SMS、MMS）。

但根據作者個人向實務界人士請教，他們表示上述 DMA 的數據有些膨脹；實際上，國內每年網路廣告量大約為 200 億元，與電視廣告的 200 億元大致相等；故電視及網路廣告為國內前二大媒體廣告量。

02 網路廣告的種類（類型）

一、網路廣告的種類

網路廣告的種類，大致上可區分如下。

(一) 橫幅廣告

這是大家所熟悉的，有一個長方形、正方形或圓形的畫面廣告，然後點進去之後，即會跳到所要看的廣告宣傳單位。通常在總首頁或各區塊的首頁是比較有效的。

(二) 關鍵字廣告

關鍵字廣告也稱為搜索或搜尋廣告，是近幾年異軍突起的創意廣告。只要在入口網站網頁上輸入廠商少數幾個中文或英文的關鍵字，即可查詢到想要找的文字畫面或產品的資訊情報。

(三)Mail 廣告

包括 E-mail 或 EDM 等傳寄的廠商訊息，都屬於 Mail 廣告。但由於近

幾年這種廣告太氾濫，因此部分被稱爲垃圾廣告。不過，對於消費者眞正想看的 E-mail 或 EDM 仍然是有效的。

(四) 部落格廣告（Blog）或內容廣告（Content）

這是近十多年新崛起的新廣告模式，也可以視爲內容廣告或置入式文字內容廣告。例如：找有人氣的寫手或代言人在企業部落格表達自己的心情、快樂分享、產品使用經驗、企業公益等。

(五) 影音網路廣告

現在比較新的網路廣告，即屬影音網路廣告，即在動畫、影片或影音檔案中，加入各種表達廠商廣告訊息在影音畫面的旁側中或前後，或置入劇情中等，各種方式均有。

(六)Mobile 廣告

此又稱爲手機廣告或平板電腦廣告等，係指利用手機或平板電腦等行動通訊工具作爲媒體，然後將公司的網站（Website）內容傳遞至消費者的手機中。

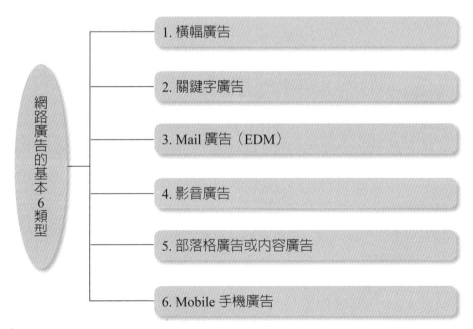

圖 8-2　網路廣告的基本 6 類型

03 傳統廣告與數位廣告花費之比例

根據《動腦雜誌》（2021 年）最新的年度媒體代理商配置在傳統廣告與數位廣告之花費比例，如下表：

表 8-1　2021 年媒體代理商在傳統廣告與數位廣告之花費比例

項次	大型媒體代理商 （公司名稱）	傳統媒體廣告量 （電視 + 報紙 + 雜誌 + 廣播）	數位廣告量 （網路 + 行動 + 戶外 三者）
1	凱絡媒體	32%	68%
2	見立德媒體	48%	52%
3	宏將傳媒	65.5%	34.5%
4	星傳媒體	22%	78%
5	浩騰媒體	48%	52%
6	奇宏媒體	25%	75%
7	媒體庫	53%	47%
8	實力媒體	27%	73%
9	彥星傳播	55%	45%
10	競立媒體	49%	51%
11	傳立媒體	41%	59%
12	偉視捷媒體	45%	55%
13	2008傳媒	60%	40%
14	博崍媒體	38%	62%
15	康瑞行銷	55%	45%

資料來源：作者戴國良整理

在上表中，光是電視廣告量，就占了傳統媒體廣告量的 90%，其他報紙 + 雜誌 + 廣播三者合計起來只占 10% 而已。

在上表中，數位廣告量看起來比傳統媒體廣告量還要多，計有 10 家媒體代理商配置的數位廣告量比例超過傳統媒體廣告量。

　　上述 15 家媒體代理商,是國內協助廣告主分配廣告預算如何花費及配置的主流媒體代理商。從上述比例來看,顯示數位廣告量近 5 年來有了快速成長,並且有可能超過傳統媒體廣告量。

　　傳統媒體的廣告量,包括報紙、雜誌、廣播等三者,近 5 年來廣告量都加速大幅滑落,使得這些業者都不賺錢了。尤其報紙方面,《聯合晚報》及《蘋果日報》均關門收掉,顯示傳媒業者遇到很大困境,此種趨勢已很難挽回了。

04 國內六大媒體年度廣告量及占比(2022 年)

　　根據實務界人士提供 2022 年度國內六大媒體廣告量及占比,如下表所示:

媒體	年度廣告量	占比	
電視	200億	40%	兩者合計,占 80% 之高。
網路+行動	200億	40%	
戶外(家外)	50億	10%	
報紙	20億	4%	
雜誌	20億	4%	
廣播	10億	2%	
合計	500億	100%	

05 國內 80% 網路廣告流向 5 個主力地方

　　根據實務界人士提供資料顯示,國內網路廣告 80% 占比都流到下列 5 個地方:

1. Facebook(臉書)。　　4. Google(Google 關鍵字 + Google 聯播網)。
2. IG。　　5. LINE。
3. YouTube。

第 9 章

數位廣告投放預算概述

01 傳統與數位廣告預算整體占比發展，現在是 5：5

　　這十多年來，品牌廠商在傳統廣告及數位廣告占比上，有了顯著改變發展；如圖 9-1 所示，早期傳統媒體廣告仍占多數，最高時，占到 9 成之多，但如今占比大約降到 3 成左右，與數位媒體廣告量不相上下；而數位媒體廣告量則從占比 1 成，大幅上升到 5 成之多，兩者相當接近。

	傳統廣告	VS.	數位廣告
（最早期）	90%	VS.	10%
	80%	VS.	20%
	70%	VS.	30%
	60%	VS.	40%
（現在）	50%	VS.	50%

✎ 圖 9-1　傳統媒體廣告量與數位媒體廣告量占比變化

　　這裡的傳統媒體廣告量，包括：電視、報紙、雜誌、廣播及戶外；數位媒體廣告量則指網路及行動。

02 中／老年人產品廣告，仍偏重在電視傳統媒體上投放

　　直到目前，中／老年人產品廣告投放預算，仍偏重在以電視為主力的傳統媒體上。包括：

1. 目標客群年齡層：45～75 歲左右。
2. 投放產業別：以汽車、機車、房屋仲介，金融銀行、預售屋、洋酒／啤酒、醫藥品、保健品、奶粉、家電品、衛生紙、按摩椅、百貨公司、超市、便利商店等為電視廣告投放的主力產業。
3. 占比：這些行業的投放媒體占比，8 成以電視廣告為主力，2 成則為數位廣告。

03 年輕人產品偏重在數位媒體上投放

1. 各群年齡層：以 20～39 歲年齡層為主力。
2. 投放產業別：以化妝品、保養品、3C 商品、電商、食品／飲料、洗髮精、沐浴乳、香氛品、寵物用品、咖啡、餐廳／美食、甜點／餅乾／零食、運動健身／旅遊等為主力。
3. 占比：數位廣告占比約 60%，傳統電視廣告則占 40%。

04 數位廣告預算投放在哪裡？

到底品牌廠商的數位廣告預算投放在哪裡？主要有 3 個方向，如下圖所示：

主力之一（占 70%）	+	主力之二（占 20%）	+	次要（占 10%）
1.FB 廣告 2.IG 廣告 3.YT 廣告 4.Google 關鍵字廣告 5.Google 聯播網廣告 6.LINE 手機廣告		KOL／KOC 網紅行銷操作		1.新聞網站（ET Today，聯合新聞網、中時新聞網、自由新聞網、Nownews、TVBS 新聞網、三立新聞網） 2.Dcard 網路論壇 3.雅虎奇摩入口網站 4.其他：遊戲、母嬰親子、美妝、財經商業內容網站

圖 9-2　數位廣告預算的流向（三大方向）

示例：品牌廠商 1,000 萬元年度數位廣告流向分配

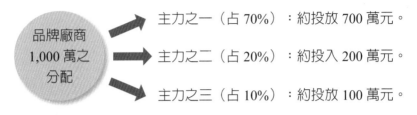

品牌廠商
1,000 萬之
分配

主力之一（占 70%）：約投放 700 萬元。

主力之二（占 20%）：約投入 200 萬元。

主力之三（占 10%）：約投放 100 萬元。

05 數位廣告投放效果指標評估

數位廣告投放的效果指標評估，主要有兩大面向：

1.過程效果指標：

　包括：

　(1) 曝光數。

　(2) 點擊數。

　(3) 觀看數。

　(4) 連結點閱數。

2.最終效果指標：

　包括：

　(1) 對品牌力是要提升效果。包括：

　　①品牌知名度。

　　②品牌印象度。

　　③品牌好感度。

　　④品牌指名度。

　　⑤品牌信賴度。

　　⑥品牌忠誠度。

　　⑦品牌黏著度。

　(2) 對業績力是否有提升效果。

　(3) 對市占率是否有鞏固效果。

　(4) 對顧客／會員的回流率、回購率是否有效果。

06 數位廣告搭配促銷活動，效果更好

很多實務界人士表示，數位廣告除了自身投放之外，在廣告內容上，最好能搭配促銷活動，則對業績提升更有效果。

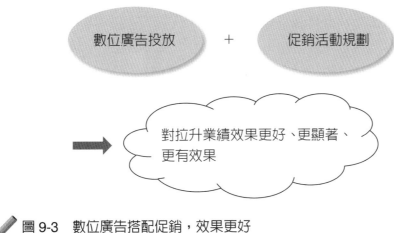

數位廣告投放　＋　促銷活動規劃

對拉升業績效果更好、更顯著、更有效果

✏️ 圖 9-3　數位廣告搭配促銷，效果更好

07 數位廣告搭配 KOL／KOC 網紅行銷操作，效果會更好

數位廣告投放如果能搭配 KOL／KOC 網紅行銷推薦操作，則對品牌印象／知名度提升會有不錯的效果。

08 數位廣告投放與電視廣告投放，兩者並進使用

傳統電視廣告具有廣度效應，亦即對品牌力提升有實際成效；再加上數位廣告的精準投放，兩者並進使用下，會收到廣度與深度的綜效。

所以，適當分配這兩者的媒體廣告投放，可說是較完美的全方位媒體組合策略（Midea Mix Strategy）。

09 注意數位廣告內容訊息的優質表現

數位廣告呈現要發揮好效果，除了適當的數位媒體選擇，以及促銷活動搭配外，另一個重點就是：它的廣告內容訊息及圖文訊息能優質且吸引人的呈現。

優質內容的意思，包括以下幾點：

1.圖片、文字、影像適當的組合。

2.文字及標題的精簡化，文字不要太多、太繁雜。

3.圖片及影音能夠吸引消費者的目光。

4.要讓消費者有共感及好感。

5.要引起消費者會想、有想要買的心理觸動感。

10 多運用 KOL / KOC 團購文及直播導購操作，以實質增加業績

現在品牌廠商的數位行銷預算運用，過去是 100% 都用在數位廣告投放上，但現在大約會撥出 20～30% 比例，使用在對公司業績更有助益的項目上，如：

1.網紅團購文操作。

2.網紅直播導購操作。

上述兩者操作，不只找中大型 KOL 網紅；更會顯著增加 KOC 微網紅（小網紅／素人網紅）的加入操作，其效果亦不輸大網紅。

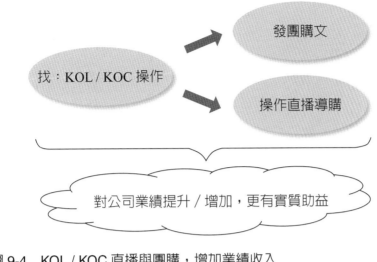

找：KOL / KOC 操作

發團購文

操作直播導購

對公司業績提升 / 增加，更有實質助益

圖 9-4　KOL / KOC 直播與團購，增加業績收入

11 數位廣告投放應不斷精進、有效運用，產生更大效益

　　如上所述，品牌廠商這十多年來，已對數位廣告投放不斷增加，一方面是因為傳統媒體的報紙、雜誌、廣播廣告投放效益太低了，二方面是因為消費者每日接觸及使用數位媒體的頻率大增；因而使品牌廠商的行銷預算大幅轉向數位廣告的投放。

　　但是，品牌及行銷經理必須認清，這些錢畢竟都是公司預算提撥出來的；我們必須珍惜加以運用，用心加以不斷精進，才能產出更好的各種廣告效益指標，對公司最終想望的品牌力 + 業績力 + 市占率，這三方面的提升帶來具體且明確的助益效果。

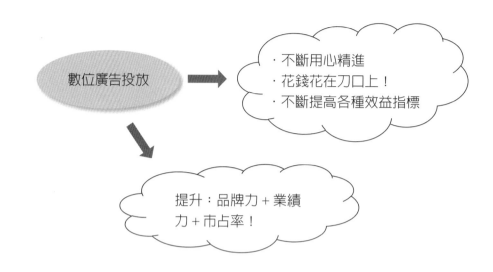

12 如何做好數位廣告投放之十二大要點

最後，總結來說，品牌廠商到底要如何才能做好數位廣告投放呢？歸納有十二大要點，以下說明之。

1. 做好數位廣告投放的合理金額及占比

做好數位廣告投放的第一項，就是要做好從年度行銷總預算中，提撥出適當且合理的數位廣告投放占比及金額。

數位廣告投放太多，其實也是一種浪費及不必要，因為，數位廣告的曝光數、點擊數、觀看數太多，對消費者也是一種負擔及重複性太高。但是，數位廣告投放太少也不行，因為太少會沒有觸及到足夠多的年輕消費者目光及影響他們的購買行為。

2. 做好數位廣告的精準組合、流向及占比

其次，品牌廠商也要做好數位廣告投放的精準組合、流向及占比。也就是說，數位廣告的投放，到底是投放在哪個數位媒體上，包括：FB、IG、YT、Google、LINE、新聞網站、Dcard、雅虎奇摩、財經網站、彩妝保養品網站等，各應占多少比例及金額才適當。希望達到能夠很精準的投放到正確的數位媒體上，才能產生更好的數位廣告效果。

3. 做好數位廣告呈現出優質且吸引人的內容訊息規劃

接著，就要思考如何把數位廣告優質內容訊息及吸引人目光有效地呈現。包括：圖片、標題、文字、短影音等有效組合呈現。

所謂「內容為王」（Content is King），意即內容才是最重要的，沒有吸引人、優質、讓人心動的內容訊息呈現，那麼，投放在哪一個數位媒體上，也都是枉然的。

4. 確認品牌廠商產品的銷售對象及其輪廓、樣貌

品牌廠商或數位廣告代理商也必須確認好，此廣告產品所面對的銷售對象及他們的輪廓（Profile）、樣貌。如此才能選擇對的數位媒體組合及占比。例如：品牌廠商產品的銷售對象為 35～50 歲的熟女族群，那麼偏年輕的 IG 廣告就不必投放太多。

5. 想清楚每次數位廣告投放的目標、目的、任務

品牌廠商及數位廣告代理商必須想清楚在每一波數位廣告投放的目標、目的及任務。

例如：這一波數位廣告投放的目標，是要打響此次新產品、新品牌上市的品牌知名度、印象度及曝光度，那麼就要在內容訊息呈現上，多突出此新產品的品牌名稱的記憶感及印象感。

再如下一波數位廣告投放目標，是要引起既有產品的銷售量提高，那麼就要推出促銷型的數位廣告訊息及活動，才會有效。

6. 做好數位廣告與促銷活動搭配呈現，效益會更好

近年來，由於全球經濟景氣不振，因此，數位廣告的呈現，大幅轉向促銷型數位廣告的策略。現在，電視方向策略也增加很多促銷型電視廣告模式，包括：汽車業、超市零售業、藥妝零售業、百貨公司業、家電業等。

促銷型數位廣告呈現，對品牌廠商業績的提升，也會帶來成長 10～30% 的助益效果。

7. 擴大增加 KOL / KOC 的團購文及直播導購操作，以增加業績

現在，愈來愈多廠商也將數位廣告預算不小的比例及金額，轉到增加 KOL / KOC 團購文及直播導購的方向操作。每一次都能帶來不少的成交業績，這比單純數位廣告的效果要好很多。這種操作的成效，主要是這一些 KOL / KOC 都能吸引到他們長久以來忠實的粉絲群，把這些粉絲群轉化為

產品銷售的最好對象，形成「粉絲行銷」或「粉絲經濟」，對品牌廠商的銷售業績增加，帶來很大助益。所以，數位廣告預算應該多朝這個方向的實戰操作執行，才是符合整個市場脈動及消費者趨勢。

8. 每季一次檢討數位廣告投放的效益如何，以及如何精進及調整

品牌廠商及數位廣告代理商應該共同檢討每季的數位廣告投放效益到底如何，以及應該如何加以精進、加強及調整，必須把錢花在刀口上才行。

檢討數位廣告投放的「最終效益」角度，仍是著重在以下 3 點：

(1) 對品牌力提升了多少？

(2) 對業績力提升了多少？

(3) 對市占率提升了多少？

至於「過程效益」角度的曝光數、點擊數、觀看數，則只是「參考效益」而已，最重要的仍是要從「最終效益」角度來看、來評估、來做抉擇才對。

9. 每年一次，檢討數位媒體的最新變化與發展趨勢，要跟上時代變化

品牌廠商與數位廣告代理商也應該每年一次檢討數位媒體及社群媒體，在國內及國外的最新變化與發展趨勢，必須跟上時代變化，才可以更精準與更有效的操作數位行銷及數位廣告的呈現策略和操作方法／方式。

10. 要長期、持續性的廣告投放，才能累積出品牌力與品牌資產價值

品牌廠商必須了解，要打造出優質與強大的品牌力效應，就必須長期的、十年、二十年、三十年、五十年、一百年，永不間斷的在電視媒體及數位媒體上投資，才可以有效累積出品牌力及品牌資產價值。

若只是短期或短線操作，那對打造堅強品牌力是沒有效果的。

11. 要找到好的、強的、有效果的數位廣告代理商合作

品牌廠商在數位廣告投放中，應該找到外界好的、強的、有效果的、數位廣告代理商或大型媒體代理商來合作，兩者組合成一個很好的長期合作夥伴。透過這種長期合作夥伴關係，可以讓品牌廠商的數位廣告投放效益不斷得到提升及創造出更好效益。

12. 要思考數位廣告是獨立操作或是整合行銷（IMC）操作的一環

數位廣告是獨立自身操作，或是應納入全方位整合行銷操作的一環，這是兩個不同的觀點及策略。

　　實務上，這兩個做法沒有對錯，都有人操作，也都各有成效。最重要的是，要由成效、成果來決定；這就要看每個公司的不同、每個行業的不同、每個品類的不同、每個操作內容的不同及每個預算的不同。

　　有些品牌廠商認為，應把數位廣告投放及 KOL / KOC 行銷納入全年度整合行銷操作的一環，並加以結合，才會發揮最好的 1 + 1 > 2 的綜效，而不要單一的去操作，這樣可能會失去廣告聲量，可能會有不一致的廣告訴求及廣告主張，也可能讓消費者得不到一致性的廣告呈現，這也是實務上的一種觀點。

　　但是，有些品牌廠商想要測試數位廣告到底效果如何，也會單獨拉出來，在某個期間內，單一操作數位廣告，觀察其效果好不好，這也是實務上可以看到的。

1. 做好數位廣告投放的合理金額及占比

2. 做好數位廣告的精準組合、流向及占比

3. 做好數位廣告呈現出優質且吸引人的內容訊息規劃

4. 確認品牌廠商產品銷售對象及其輪廓、樣貌

5. 想清楚每波數位廣告投放的目標、目的及任務

6. 做好數位廣告與促銷活動搭配呈現，效益會更好

7. 擴大增加 KOL / KOC 的團購文及其直播導購操作，以增加業績

8. 每季一次檢討數位廣告投放效益及如何精進、調整

9. 每年一次，檢討數位媒體的最新變化與發展趨勢，要跟上時代變化

10. 要長期、持續性的廣告投放，才能累積品牌資產價值

11. 要找到好的、強的、有效果的數位廣告代理商合作

12. 要思考數位廣告是獨立操作或是整合行銷操作的一環

數位廣告投放成功、有效果！

圖 9-5　如何做好數位廣告投放之十二大要點

13 數位廣告預算範圍大概多少？

最後，品牌廠商的數位廣告預算範圍大概多少呢？這要看品牌的大小而定，大品牌可以投放的金額較多，小品牌的金額就較少些。

一般來說，主要有二大指標：

1. 數位廣告的投放金額，大概是每年營收額的 0.5～3% 之間。例如：

　　(1) 林鳳營鮮奶：每年 30 億營收 ×0.5% = 1,500 萬數位廣告預算

　　(2) 麥當勞：每年 150 億營收 ×0.5% = 7,500 萬數位廣告預算

　　(3) 某某飲料：每年 10 億營收 ×2% = 2,000 萬數位廣告預算

2. 數位廣告投放預算金額，平均每年大概在 300～3,000 萬元之間。視大小品牌而定，大品牌每年約在 2,000～3,000 萬元，小品牌每年約 200～300 萬元之間。

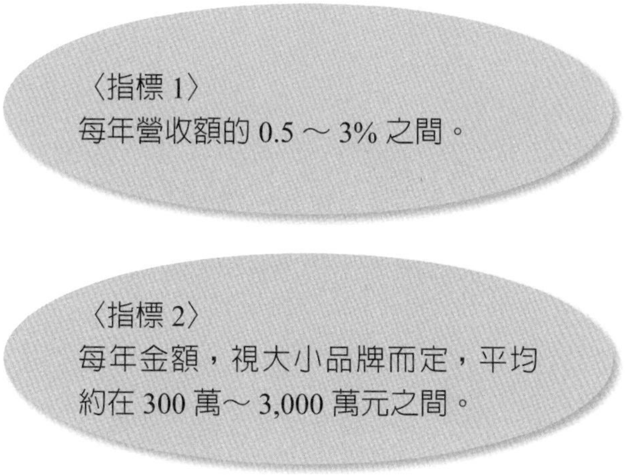

〈指標 1〉
每年營收額的 0.5 ～ 3% 之間。

〈指標 2〉
每年金額，視大小品牌而定，平均約在 300 萬～ 3,000 萬元之間。

圖 9-6　數位廣告預算大概範圍

第 10 章

網路廣告效果與網路行銷活動效果評估指標

01 數位（網路）廣告專有名詞與預算投入案例

一、數位（網路）廣告的公式

(一) 基本名詞

1. 造訪（Visit）

   是指一名訪客在某個網站上持續閱讀網頁的行為。造訪次數可作為衡量網站流量的指標之一。

2. 廣告曝光（AD Impression）

   當一則廣告成功地被傳送給合格的訪客（上網者）時，即完成一次「廣告曝光」（AD Impression）。其重點乃在於訪客（上網者）是否有看到該則廣告的機會。

3. 點選（Click）

   訪客（上網者）於網站上看到符合其需求的某種廣告訊息資訊時，藉由點選動作連結到網路上的另一網站。

4. 點選率（Click Rate）

   點選廣告的次數除以廣告曝光次數，通常以百分比表示。

(二) 基本公式

1. 廣告曝光次數（Impression）　×　廣告點選率（Click Rate）　＝　廣告點選數（Clicks）

   變數：
   (1) 廣告設計創意
   (2) 廣告類型
   (3) 與 TA 的關聯程度等

2. 廣告點選數（Clicks）　×　活動轉換率（Conversion Rate, CR）　＝　轉換數（Leads）

   變數：
   (1) 活動網頁創意
   (2) 網頁設計動線
   (3) 網路活動誘因等

二、下數位（網路）廣告前，先了解數位廣告評估的專有名詞

(一) CPA（Costper Action）：每個有效行動的成本

公式：廣告成本／訂單量

例如：投放了 1,000 元的廣告，獲得 10 張訂單，每張訂單的成本就是 1,000/100 = 100，CPA = 100。

適用：這個是電商公司較常使用的公式，但在實體店面較不易使用。

(二) 轉換率：點擊與成交的比例（Conversion Rate）

公式：轉換率＝成交單數／點擊率

例如：有 1,000 個人點擊某個網站連結，成交了 20 張訂單，轉換率即是 20/1,000 = 2%，轉換率 2%。

(三) ROI 或 ROAS（Return on Advertising Spending）：廣告投資報酬率

公式：廣告投放獲取營收／廣告成本

例如：投放 100 萬元的廣告獲得 500 萬元的營收，ROAS = 500 萬／100 萬 = 5 倍，這算是不錯的報酬率倍數。

(四) CPM（Cost per Mille）

CPM 指的是每千人曝光成本。

公式：每 1,000 人曝光成本＝廣告成本／曝光量 ×1,000

例如：某廣告有 20,000 人看過，花費是 300 元，故每 1,000 人曝光成本為 15 元。例如：臉書每個 CPM 報價為 100 元，要達到 100 萬個曝光人次，則必須支付 100 元 ×1,000 個 CPM = 10 萬元廣告費。

(五) CPC（Cost Per Click）

CPC 指的是每一個點擊成本。

公式：點擊成本＝廣告成本／點擊數

例如：某廣告有 100 個點擊，花費是 300 元，300/100 = 3，故 CPC = 3 元。例如：Google 聯播網的每個 CPC 報價為 8 元，要達到 10 萬次點擊，則須支付 8 元 ×10 萬次 = 80 萬元廣告費。

(六) CTR（Click Through Rate）

CTR 指的是點擊率。

公式：點擊率 / 曝光數

例如：某廣告曝光數 10,000 次，有 100 個人點擊此廣告，故 10,000/100 = 0.01，故 CTR 為 1%。

(七) CPV（Cost Per View）

即指每次觀看成本。例如：YT 每個 CPV 實務報價為 1 元，則 10 萬次觀看即要支付 10 萬元廣告費。

三、依付費與否的數位媒體類型（OPE）

1. 自有媒體（owned media）（O）
   數位廣告策略規劃之中，廣告主自主性經營的網站服務或者平臺，可形成具備媒體特性的定義。比如：遠傳的官方 IG 及臉書粉絲團，或者是 YouTube 的官方頻道、開發自家的品牌 App 等。

2. 付費媒體（Paid Media）（P）
   泛指一般付費購買的媒體廣告，即指付費買 FB、IG、Google、YT 及 LINE 廣告。

3. 免費媒體（Earned Media）（E）
   在社群行銷發展之下，由消費者在擁戴品牌的前提下，主動自發透過消費者本身的社群網路分享服務推廣形成的口碑宣傳，過程所累積的即稱為免費媒體。

1. 自有媒體（O）

2. 付費媒體（P）

3. 免費媒體（E）

- 官方網站（官網）
- YouTube 品牌頻道
- 官方粉絲團
- 官方部落格
- 品牌或產品手機 App
- 品牌手機網頁

- 展示型廣告 / 影音廣告
- 付費關鍵字
- 付費臉書廣告
- 付費 IG 廣告
- 付費 Google 廣告
- 付費 YT 廣告
- 付費 LINE 廣告

- 網路口碑聲量
- 討論區評價（Dcard、PTT、巴哈姆特等）
- 社群媒體互動
- 部落客傳播效益
- 網友自發或分享傳布內容

02 網路廣告效果的評估指標

一、網路廣告效果的 8 項指標——檢驗網路的行銷效果

　　國內知名的數位互動行銷公司總經理黎榮章（2006）曾在一篇專文中，依據其專業經驗提出對網路廣告效果及其指標的精闢看法如下。

(一) 網路廣告效果的 8 項指標

　　黎榮章（2006）認為，評量網路廣告效果可從下列 8 項指標得到結果。

1. 總造訪人次（Visitor）

　　廣告的目的是針對特定消費族群，進行特定訊息溝通，進而達到說服的目的，促使消費者採取購買的行為。網路廣告中的訊息溝通，很難只靠橫幅廣告或按鈕廣告就能完成；再加上網友進入廣告訊息網站的過程，

頻寬是否足夠、主機系統效能、網友端頻寬、網頁設計條件等形成網路環境問題，往往使得有心進入廣告訊息網站（Event Site）的網友功敗垂成，因此，點選數並不代表完成訊息溝通的成績，廣告訊息網站的總造訪人數則能了解，廣告究竟真正吸引了多少人次進入活動網站，進行完整的訊息溝通。

2. 不重複造訪人數（Unique Visitor, UV）

把造訪人次扣除重複到站造訪者，就可以得到不重複造訪人數。一則廣告由一個人看了 10 次的效益，和兩個人看了 5 次，或由 10 個人各看一次的效益是完全不同的；同樣地，活動網站的造訪者人次若是 30 萬，如果扣除重複造訪者，將能幫助了解究竟活動網站接觸到多少獨立網友，即使有可能忽略共用電腦的狀況，至少可以更精確地了解接觸消費者數量上的效益。

3. 網站停留時間

就像逛街購物一樣，一個只在專櫃旁走馬看花的顧客，和一個願意花時間拿起衣服在身上比對的顧客，後者的購買機會顯然較大。在廣告活動網站中也是一樣，網友造訪活動網站的平均停留時間，可以檢視你的網站是否吸引人、你的廣告是否有正確、有效的訴求點。有些網路廣告雖然創意十足，創造了很高的造訪人次（數），但網站內容與消費者的期待落差很大，網友短暫停留就離開，實在可惜。更重要的是，在消費者心中留下不愉快的點選經驗和品牌印象。

4. 閱讀路徑

就像賣場的動線規劃一樣，網頁的閱讀路徑影響網友讀取資訊的興致。觀察消費者的閱讀路徑，可以讓行銷人員更加了解消費者對訊息內容需求的輕重緩急，有時候，就觀察到的熱門閱讀路徑，調整網站上的按鍵位置，可以使溝通效益更為強化，吸引消費者接受更多訊息。

5. 閱讀頁面

哪個頁面最多人閱讀、讓消費者駐足最久？那可能是消費者需求最強的訊息，可能是訴求最成功的頁面。就像百貨公司的樓層一樣，也會出現熱門的樓層、冷清的樓層，消費者不知不覺地用他們的足跡透露了喜好，這麼重要的訊息，怎可輕易放過呢！

6. 點選群組

母親節或情人節前夕，百貨專櫃裡有哪些琳瑯滿目的商品種類？金飾、化妝品、保養用品等，回想一下，哪些是歷久不衰的熱門類別？同樣的，廣告活動網站上琳瑯滿目的按鍵族群，哪些最受網友青睞？是產品說明？或是免費下載的檔案？或是互動遊戲？甚至也可能是轉寄好友。點選按鍵族群的觀察，可以看出廣告活動設計布局是否達到預定的效果，也是下一波廣告活動的重要參考。

7. 每次取得名單成本（Cost Per Lead; CPL）

千辛萬苦地花費心力吸引網友進入廣告活動網站，當然要盡可能使網友留下資料，成為一份有價值的行銷名單。比起一般的直效行銷，運用網路廣告取得消費者名單，節省了大量的印刷和遞送上的金錢、時間成本；對消費者而言，更省去了投遞回函的不便；這些消費者名單可以成為廣告是否成功吸引所期待族群的比對，也是經營客戶關係、發展後續行銷活動的重要資料庫。

8. 每次獲得銷售成本 CPS（Cost Per Sales）

廣告的最終目的就是成功說服消費者採取購買行為。但是，在傳統廣告中，卻很難立即呈現廣告到底幫助了多少銷售（除非透過事後的市場調查）；然而網路上卻可以透過線上交易，立即滿足消費者採取行動的欲望。

二、網路廣告成效五大指標

網路廣告投放比例有有愈來愈增加的趨勢，那麼投放之後的效益如何評估呢？

主要有下列 5 項指標，茲說明之。

(一) CTR：點擊率、點閱率

CTR（Click Through Rate）：係指顧客看到你的網路廣告，然後感到有需要而加以點擊的比例。

例如：曝光 1,000 次，而點擊有 50 次，故點擊率為 50÷1,000 = 5%

重點是，根據過去比例，這 5% 的點擊率到底多不多、夠不夠，這就關

乎成效了。

若 5% 是夠的，就表示此網路廣告的成效還可以。

(二) CVR 或 CR：轉換率

CVR（Conversion Rate，或簡稱 CR）：係指從點擊後，轉換到成交業績的比例是多少。

例如：某廣告被點擊 1,000 次，但只有 5 個完成轉換訂單的動作，那麼此時此廣告的轉換率，即為 5÷1,000＝0.5%。

那麼，重點是 0.5% 轉換率，在一般業界來說，是高或低，若是偏低，就表示此網路廣告的成效不佳，就該回顧檢討廣告成效不佳的原因了。

例如：

1. 是否文案不能夠吸引用戶點擊或下訂單。

2. 在顧客進入網站後，沒有找到對應搜尋需要的產品或服務。

3. 網頁資訊及介面混亂，導致顧客體驗不好。

總之，產品力、網頁、文案、圖片、定價、用戶體驗、是否促銷、品牌印象、當下有無需求等，都是影響轉換率的因素。

(三) CPM：每千人曝光成本

通常，新產品初上市時，為增加曝光度、能見度，提高品牌知名度，大都採取 CPM 計價的廣告，使廣告大量曝光目的，只要曝光，就要付費。

例如：某網路廣告每個 CPM 為 300 元，若想達到 100 萬人次曝光目的，那麼就要支付 300 元 ×1,000 個 CPM＝30 萬元的網路廣告費了。

那麼，花費 30 萬元在某網路廣告曝光 100 萬人次，這樣的效益，廠商究竟覺得如何呢？這要由廠商自我評估對品牌知名度提升的效益到底好不好？夠不夠？

(四) CPC：每次點擊之成本

如果網路廣告的目標／目的不僅僅是品牌曝光度而已，而是希望顧客能進一步點擊進去看更有用的內容，才能誘發顧客去下訂單，此時，就要使用 CPC 廣告計價法了。

例如：某網路廣告每個 CPC 計價為 10 元，那麼，如果廣告被點擊 10

萬次的話，就要支付 10 元 ×10 萬次 = 100 萬元網路廣告費了。

那麼，廠商應該評估這 10 萬次的點擊數夠不夠？行不行？

(五) CPA：**每次採取有效行動之成本**

此即每次顧客點擊之後，又能具體採取有效行動，此時須支付的錢。

例如：每個 CPA 為 500 元，有 100,000 位顧客採取了有效行動，此時，廠商要支付 500 元 ×10,000 位 =500 萬元的網路廣告費。

那麼，廠商認為支付 500 萬元之廣告，為獲得 10,000 位採取行動的顧客，是否划得來呢？

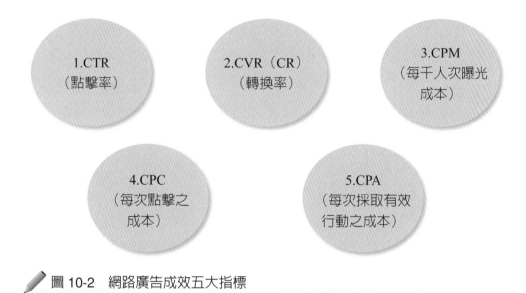

圖 10-2　網路廣告成效五大指標

03 網路廣告成效不理想的 9 個原因及解決方法

知名的網路行銷達人 Eric Kwok，曾在網路上發表一篇具有實務卓見的好文章（2020 年），此文章在探討有關網路廣告成效不理想的 9 個原因及其解決方案，此文相當精闢實用，值得吾人參考，茲將重點摘要如下。

當網路廣告投放後，沒有效果或沒有生意，大家都會對網路廣告的效用質疑。懷疑是否設定不夠清準、平臺是否有用、品牌是否沒有人認識等。其

實廣告沒有效果的主要成因離不開以下 9 項，如不認清眞正的成因，你就找不到解決這困局的方法。

一、認爲廣告沒有回報，就是廣告有問題

一般而言，大部分人投廣告的目的，總括有兩種：(1) 增加品牌知名度；(2) 增加業績生意；而相信後者的占比會相對多。

但事實上投放廣告後，生意業績就會隨之增長嗎？這往往是很多人看不清的盲點，認爲廣告增加後，代表生意業績會隨之增長。

> **● 案例1 ●**
>
> 　　如你的生意在臉書投放廣告做宣傳，客戶透過廣告私訊你做預約或購買。眞正影響成交的主要因素就是客服員工，客服與客戶的對答，每一句都影響著成交與否。

> **● 案例2 ●**
>
> 　　客戶透過廣告進入網店消費，進入網店瀏覽猶如實體店般，客人被櫥窗展示或招牌吸引到店鋪。如店鋪雜亂無章，而且沒有恰當地把產品展示出來、沒有店員的講解，即使擁有再厲害的廣告，你還願意購買嗎？所以最影響客戶購買欲的主要原因，源於店鋪自身。

就以上兩個例子，說明了廣告並不是最直接影響生意的一環。若看不清盲點，投放廣告後沒有生意，就會歸咎於廣告、設定或 Targeting。

二、當局者迷

每位內容創作者、行銷人、設計師或老闆本人，都會對自己的創作給予十分高的評價，甚至是沒有修改的空間，不論是 FB Post、圖片或 Landing Page 的文案都如出一轍。

曾經認爲花了一整天寫的文案、設計好的圖片，應該很完美，不會輕易再修改。但是誰認爲完美呢？問題源於此，創作內容時，很容易當局者迷。

把過多個人主觀的想法套進內容上，但這些想法並不是客戶想了解的內容。

內容創作應針對主要受眾來創作，如廣告是針對一些從沒有去過美容院的客戶，而文案上卻不斷提及美容院的專用字眼。我相信，即使再好的產品及優惠，也未能吸引到你的潛在客戶。

三、誤判客人內心需求

另一個成因就是，創作的內容並不是客人當下想要的資訊。

很多人在內容上加添很多產品資訊，不停嘗試說服客人購買產品。如果你賣相機，在廣告上，不停說相機有多強大的功能，硬體有多新、像素有多高等，這都是我們一般宣傳的手法。但請想一下，你的功能、硬體及像素對客人有什麼直接關係？

大部分客人想要的資訊並不是產品有多強及多新，而是想知道產品能為他帶來什麼好處及解決什麼問題。

如果你說的內容，根本不是客人想要的東西。當你有多好的優惠或產品，客人都不會看上眼。

四、不合適的廣告預算

這個是最多人問的問題：「我的廣告到底應該投放多少預算？」這點永遠沒有一個絕對的答案。

就因為沒有一個絕對的答案，很多行銷人及老闆就會使用小試牛刀的方式，來試試廣告的成效。這方法我十分認同，而我自己也是使用這個方法。但問題在於「後續的決定」。

當投放第一次廣告後，基本上只有 3 個情況：(1) 好好效果；(2) 只有少少效果；(3) 完全沒有效果。「好好效果」、「只有少少效果」本文就不解說了，先針對「完全沒有效果」來分享。

當廣告遇上「完全沒有效果」的情況時，多數人會認為是廣告有問題。但不要忘記，你的產品是什麼類型及價位是多少，這些都會影響投放多少廣告預算。例如：你的產品是賣 10,000 元以上，你應該不會認為，投放 500 元就會有 10,000 元成交是常態吧？

其實要影響成效，當中涉及很多因素。但如果沒有先調整心態，就會不停懷疑廣告是否有效。我可給你一個方式參考，快速及簡單地決定投放多少廣告預算才適合。

一般會先以產品本身的價值，來做首次投放廣告的預算，同時我亦期望這次廣告能為我帶來最少一單成交。但當你手上有的是低單價產品時，我便會以產品的 10 倍價值來做廣告預算，這樣便可快速訂下一個簡單而又不會過少的預算。

五、沉迷於 Targeting 設定

(一) 將廣告簡單分成 3 個部分：預算、設定及內容

預算就不用多說，而設定就是大家常說的年齡、性別、地區、興趣等。

在潛意識下，當廣告沒有效果時，大家一般便會先考慮是否設定上出了問題，還會懷疑現在設定的受眾是否精準／準確，但是否真的問題出在設定上呢？

(二) 過分神化 Targeting 設定

市場上有太多「只要 Targeting 設定得好，廣告就會有好效果」的內容，我並不是說 Targeting 沒有用，只是大家沒有考慮到原來市場比你想像中的還要細。

(三) 內容準確可減少浪費金錢

原則上是對的，廣告只要設定沒有錯誤，是可排除一些你不需要的受眾，讓廣告可集中火力向主要受眾投放。但不要忘記我剛剛說的，市場比你想像中細，所以當你排除了你不要的受眾後，廣告便會很快觸及所有人。當廣告觸及所有人後，你不更換廣告，不理會它，由它一直投放。結果只會讓受眾不停看見相同的廣告。你認為消費者看多幾次廣告就會購買嗎？我相信大家都不會吧！所以廣告不停重複出現，最終都是浪費金錢。

而最終廣告有沒有效果，很多時候取決於你的內容。假設我給你最準確的設定，但你的內容不是受眾想看的或不吸引受眾，你還會覺得是設定上的問題嗎？所以內容才是取決於廣告有沒有效果的一大要素。

六、缺乏產品自身競爭力

很多人投放廣告時，只會把焦點放在廣告上，但卻沒有考慮關鍵問題：自己的產品在市場上是否有足夠的競爭力？

例如：爲什麼 Apple 需要每年出新手機？除了新鮮度外，更要保持在市場上的競爭力。試想當上月出了 iPhone 12 時，如價錢沒有改變的情況下，你應該不會想買 iPhone 11 吧！所以，再引申至 Apple 的舊款電話需要減價，才能維持該產品的競爭力。

因此，你必須看看自己的產品是否有競爭力，如果產品是完全沒有競爭力，那麼投放再多廣告都很難有良好效果。

七、市場環境景氣不佳

其實再厲害的廣告都逃不出市場環境因素。吸引消費者及改變他們的心態，的確是廣告應該要做的事情。但往往人就是情感動物，很多消費就是需要即時衝動。

試想當經濟不景氣、很多人都失業時，在這樣的市場氣氛下，大家的消費意願必定會相對減少。所以廣告有沒有效果，其實是要看天時、地利、人和的。若湊齊以上利多、條件好的廣告，必定效果好得驚人，但這種機會眞是可遇不可求。

八、不了解怎麼看網路廣告指標、分析數據

廣告有沒有效果，其實在於你的成效指標是什麼。

就我第一點所說，如果沒有搞清楚自己的廣告目的，就會墮入迷失狀態，廣告指標也是。

這段我們先認清，廣告有什麼指標，然後再告訴你，什麼指標才是最需要看的。

廣告上的指標有數百種，現在分享最常用的指標讓大家明白。

(一) Reach（觸及人數）

廣告接觸到的受眾人數，這是獨立不重複的。每個數字都代表一個人。

(二) Impression（曝光次數）

曝光次數是指廣告在受眾面前出現了多少次。一個受眾可以看見你的廣告 2 次，那數字上就會顯示 Reach = 1、Impression = 2。

(三) Frequency（頻率）

你的廣告會否在同一受眾面前出現及出現了多少次，就要看這個數據。而這個數據的計算方式如下：

Impression / Reach = Frequency

(四) Engagement（互動數量）

如同在 FB 上互動的定義很多，當中包括：Like、Comment、Share、Any Click、Video View、Save 等。

(五) Cost Per Mille / CPM（每 1 千次曝光成本）

廣告每曝光 1,000 次的成本，會因不同市場、不同設定而有所改變。計算方式如下：

Ads Spent /（Impression / 1,000）= CPM

(六) Click（點擊數量）

即在你的廣告上的點擊數量，溫馨提示，臉書上會有分 Click（All）及 Click（Link）這兩個數據。前者是計算任何點擊，後者只計算點擊連結。

(七) Cost Per Click / CPC（每次點擊成本）

受眾每次點擊廣告的成本，一般都只會計算點擊進入網站。計算方式如下：

Ads Spent / Click = CPC

(八) Click Through Rate / CTR（點擊率）

你的廣告曝光後，有多少人點擊的百分比。計算方式如下：

（Click / Impression）×100% = CTR

(九) Video View（觀看影片量）

觀看你這支影片的數量，一般需要觀看 3 秒才會計算一個觀看。

Cost Per View / CPV（每個觀看影片成本）；你的影片每獲得 1,000 次觀看的成本。計算方式如下：

Ads Spent / Video View = CPV

(十) Conversion（轉換）

轉換這詞比較抽象，因為每個行業轉換的定義都會有所不同。

假如你是經營網店，一般會界定每一個轉換為購買。

假如你是經營高單價行業，像美容院、保險業等，一般都會以吸納一個潛在客戶，我們簡稱為 Leads，再做線下同事跟進及銷售。所以在這個情況下，轉換的定義就是獲得一個新的 Leads。

(十一) Conversion Rate（CR；轉換率）

轉換率是多少人會完成轉換的百分比。你訂定的轉換不同，計算出來的基數亦有影響。我以網店為例，你必須看以下兩個數字：(1) 進入網站數量；(2) 購買數量。計算方式如下：

〔購買數量（轉換）/ 進入網站數量〕×100% = Conversion Rate

如 100 個人進入網站後，獲得 1 單購買。即：

(1/100)×100% = 1%

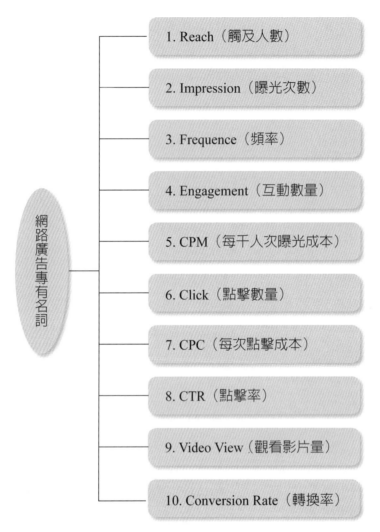

網路廣告專有名詞

1. Reach（觸及人數）

2. Impression（曝光次數）

3. Frequence（頻率）

4. Engagement（互動數量）

5. CPM（每千人次曝光成本）

6. Click（點擊數量）

7. CPC（每次點擊成本）

8. CTR（點擊率）

9. Video View（觀看影片量）

10. Conversion Rate（轉換率）

圖 10-4　認識網路廣告專有名詞

九、沒有漏斗思維

要解決廣告沒有成效的最重要一點，就是必須要有漏斗思維。

什麼是漏斗思維？我們先明白什麼是漏斗。漏斗的意思就是上而下，一層去一層，而且愈來愈少。形成上闊下窄的倒三角，這便是漏斗。

而漏斗思維便是：把不同指標放上每一層，就可以很清晰了解整個宣傳活動，由廣告至購買，哪一部分出現問題，可做出修改，從而真正了解沒有效果是否廣告有問題。

圖 10-5　網路廣告成效不理想的 9 個原因

04 有關數位（網路）廣告現況，訪問實務界人士

　　有關數位廣告現況知識，作者本人經訪問國內前十大媒體代理商的實際從業人員，獲得寶貴的實務經驗，下列 Q&A 請各位讀者參考。

一、請問現在數位（網路）廣告投放主要網路媒體，包括 FB、IG、YT、Google、LINE 五大媒體的廣告計價方式為何？計價的價格區間為何？

　　答　FB 及 IG 的廣告計價方式，主要有 3 種，分別是 CPM、CPC 及 CPV，都有在使用，究竟使用哪一種，則要看廣告主的廣告目標而

定。

如果廣告主是要求多曝光，那就使用 CPM 計價；如果是要求點擊次數及導流，那就多使用 CPC 計價；如果是要求觀看數次多一些，那就使用 CPV 計價。

至於各種計價方式的價格多少，大致是在某一個區間範圍，不是很固定，因為有各種條件的不同。價格區間範圍大致如下：

1. FB / IG
   (1) CPM：100～120 元之間。
   (2) CPC：8～10 元之間。
   (3) CPV：0.8～1 元之間。

2. YouTube
   (1) CPM：100～150 元之間。
   (2) CPV：0.8～1 元之間。

3. Google Network（Google 聯播網）
   (1) CPM：10～12 元之間。
   (2) CPC：8～10 元之間。

4. Google SEM（Google 關鍵字）
   CPC：8～20 元之間（成本會因關鍵字設定不同，因此價格變動幅度較大）。

5. LINE
   大部分是採 CPM 計價；大版位在 CPM 150～200 元之間。

二、有人說，FB、IG、YT、Google 四大網路媒體廣告量占了數位總廣告量 8 成之高，對嗎？這四大網路廣告量排名如何？

答　這四大網路媒體廣告量占數位總廣告量，應該有高達 8 成以上。

其中，以 FB、IG、YT 三者廣告量占較多；其次是 Google 關鍵字與 Google 聯播網。

但投放哪一種，可能要根據產業不同而定，例如：電商可能會投資更多關鍵字廣告，因為用戶行為使用 Google 搜尋想要買的產品。

三、請問電視廣告媒體代理商賺的是電視臺退佣 2～3 成；但數位廣告賺的是服務費嗎？聽說四大網路平臺是不退佣的？

答 對的，數位廣告媒體代理商賺的是服務費；其比例約在 5～8% 之間。例如：某公司委託投放數位廣告 1,000 萬元；媒體代理商可以賺到 50～80 萬元的專業服務費。

對的，四大網路平臺很強勢，他們是不退佣的，完全是實際賺到的，因為他們有數位媒體優勢。

四、請問你們對數位廣告的效益評估是如何做的？指標有哪些？效益評估只能從曝光數、導流數、觀看數 3 個指標說明嗎？

答 廣告主的效益評估，是需要根據當初設定的廣告目標來檢視的。

舉例來說，當初廣告目標是要求在 2 週內增加 ×× 次影片觀看次數，CPV 價格低於 1，那麼廣告結束後，就要檢視是否有達成此目標數。

效益指標是根據廣告目標而定的。例如：想要曝光效益，可看 CPM；想要點擊導流，可看 CPC。另外，也有看 CPL（名單取得數）、CPA 或 CPS 的。

五、請問貴公司為大型媒體代理商，你們公司去年在數位廣告量及傳統媒體廣告量的占比如何？數位廣告量占比已經超過傳統媒體了嗎？

答 我們公司去年在數位發稿量與傳統媒體發稿量，兩者間的占比，已來到 60% 對 40%，數位廣告已經超過傳統廣告量了。

未來幾年，有可能會朝向 70% 對 30%。

六、請問近一、二年數位廣告量整體仍在成長嗎？或是減緩了？是什麼原因？

答 跟過去比起來，數位廣告量的成長率有比較減緩，主要有二大原因：

1. 受到新冠疫情影響，許多公司都將廣告投放資金用在眼下的經營與數位轉型上。

2. 很多公司數位廣告投放占比已超越傳統廣告，可說投放目標已漸達成了。

七、請問四大網路媒體的廣告投放，確實會有效果嗎？

答 確實會有些效果，因為如果只是單純使用自媒體或依賴 Earned Media，其觸及範圍有限，必須使用四大網路廣告投放，才能觸及更多潛在的消費者（顧客）。

八、請問在網路廣告中，近幾年來成長較多的是哪一項？

答 以 YT 及 FB 的影音廣告量成長較多、較快。因為，現在大家比較喜歡看有影音的東西，因此，影音廣告成長速度，比一般的圖文廣告成長更快。其中，又以 YouTube 的影音廣告量占最多。所以，現在可以說是靠影音行銷的時代來臨。

05 案例：某大型網路購物公司──不同類型網路廣告投放操作分析與 KPI 說明

一、外廣兩大分類

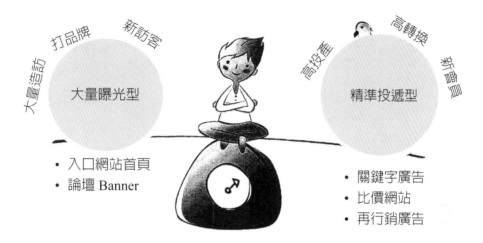

媒體分類

打品牌　新訪客

大量造訪

大量曝光型

高投產　高轉換

新會員

精準投遞型

- 入口網站首頁
- 論壇 Banner

- 關鍵字廣告
- 比價網站
- 再行銷廣告

二、投放風險的有效應用

　　CPM 的價格在 0.1～0.01 元之間（每次曝光成本），而點擊率在 3～0.03% 之間，因此，當我有 10 萬預算：

　　例如：首頁 CPM / CPM 0.1 元 = 100 萬次曝光 × 點擊率（CTR%）3～0.3% = 3 萬～300 點擊量（造訪），CPC = 33～0.33 元。

　　例如：全站輪播 CPM 0.01 元 = 1000 萬次曝光 × 點擊率（CTR%）0.3%～0.03% = 30 萬～3,000 點擊量（造訪），CPC = 33～0.33 元。

　　選擇最便宜的版位，能夠換來最大量的造訪數。

　　但若希望針對「最顯眼」或「最熱門」的版位購買，則會造成相同的預算換來較少的曝光。

《優缺點》

優點：可將外廣花在刀口上，獲得最高的 ROI

缺點：商品活動無法獲得最大量的品牌露出與曝光

低風險投放

CPC = 4.5 元

《優缺點》

優點：針對目標客群進行投放

缺點：由於造訪成本較高，因此整體營收與 ROI 會下滑

中、低風險投放

CPC = 5 ～ 8 元

《優缺點》

優點：針對目標客群進行投放，有機會獲得更大量的造訪

缺點：點擊率低的風險

中、高風險投放

CPC = 1 ～ 20 元

By CPA & 比價平臺　　By CPA 精準投放　　By CPM 品牌曝光

大量造訪

透過 CPM 的購買，若能有效提升點擊率，則可花相同的預算帶來更高的造訪。

指定不重複新會員導入

固定的造訪成本，針對不重複的目標客群進行曝光，以不斷帶入更多的新會員加入。

三、各類外廣操作指標

　　各類型外廣有不同的操作邏輯，最終目標皆為新會員導入或營收成長。

CPM：曝光計費／固定版位

因曝光數固定，操作重點在素材表現，透過數據分析針對不同族群和網站類型，投遞對的素材，以換取最大點擊跟營收

yahoo! 首頁
PChome 首頁

CPC：點擊計費

若 CPC = 3 元，3,000 元會有 1,000 點擊數，轉換率 1% 則會有 10 筆訂單，CPL 為 300 元

關鍵字廣告
比價網站

CPL／CPA：註冊／訂單計費

若 CPA 為 180 元，成交計費則較無須考慮轉換率與點擊率的風險

酷比聯播

統一媒體的度、量、衡為單一指標
CPM 須考量點擊率跟轉換率風險
CPC 須考量轉換率風險
CPA 僅需關心花費／業績成長進度

四、CPM、CPC、CPA 的操作與搭配

CPM	×	高點擊率	=	造訪
CPC	×	高轉換率	=	訂單數
CPA（訂單計費型）			=	訂單成本

不同的版位價格不同，而「追求最大造訪數」還是「追求最精準 TA 的投放」，則會造成整體外廣投放效益結構的改變。

計費方式	版位特色	計算邏輯
固定版位	通常是高競爭的熱門版位，短期內可以獲得大量曝光，適合於大檔期活動曝光，如同電視廣告採買的檔購方式，可能因為網路議題而流量暴衝，也可能流量下滑而曝光的成本提升	固定曝光×點擊率×轉換率 有利機會：搭配全站活動導致轉換率、點擊率大幅提升，整體訪次成長 有弊風險：點擊率、轉換率低會造成成本增加
曝光計費	相較於固定版位，能夠透過保證曝光，不用擔心該廣告商平臺因為系統不穩定或是網站的造訪減少而降低被觀看到的機會	保證曝光×點擊率×轉換率 有利機會：點擊率高可賺造訪 有弊風險：點擊率低造訪成本增加
點擊計費	確定客戶有點擊才需要付錢，優勢在於如果大量廣告都沒有人點擊，則能夠賺取免費的曝光，當然如果要有高成效的情況，必須要一定的點擊量	可針對核心的TA投放，有點擊才算錢： 有利機會：免費曝光沒點不用錢 有弊風險：點擊數（造訪）×轉換率
訂單計費	除非訂單成立，才需要提供廣告商費用，對於廣告主是最無風險的媒體操作策略，雖然策略性操作風險最低，但是最不可能不小心多賺到更多的效益	有利機會：避免無效點擊與曝光 有弊風險：點擊率、轉換率提升會造成造訪減少，無法因此擴大整體效益

五、結論

(一) 保守策略──穩固基本盤

　　網站營運初期，整體機制不完整的情況，仰賴最低風險的廣告操盤，商品、活動雖不需曝光，但至少 CPL 可控制在穩定的指標之下，但商品無法

獲得足夠的品牌宣傳。

(二) 衝刺策略──擴大品牌效益

　　在整體營運達到一定程度後，我們會針對各波「主題活動」、「商品特殺」安排足量的曝光，搭配 CPM 媒體的安排，擴大廣告 Banner 的高熱門點擊，以獲得更大量的造訪與營收，達到整體流量、新會員導入、品牌行銷三贏之目的。

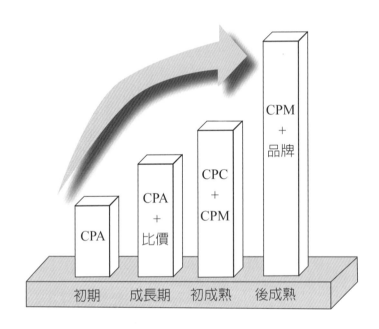

 圖 10-6　外廣投放的整體操作

知識練功房

1. 請列示評估網路廣告效果的 8 項指標為何？
2. 過去常用的網路廣告效益指標有哪些？
3. 請列示網路行銷活動的有形效益指標有哪些？

第 11 章

關鍵字廣告的意義、功能、特性及其行銷運用原則與案例

01　關鍵字廣告的意義、功能及特性

一、何謂關鍵字廣告（Key Word Advertising）

關鍵字廣告是一種結合搜尋引擎的關鍵字搜尋以及網路廣告的廣告模式，當網路使用者在搜尋引擎上輸入搜尋字串，此時搜尋引擎會將廣告主的關鍵字廣告帶出，並顯示在搜尋引擎結果的頁面上，通常是上方或右方。

關鍵字廣告的意涵如下：

1. 關鍵字廣告即是「Search Marketing」（搜尋行銷），亦是一種「Database of User Intents」（使用者意向的資料庫）。

2. 關鍵字廣告把有關聯性的廣告主，呈現在消費者面前。

3. 消費者可以輕鬆的找到他們所需要的資料。

4. 消費者主動到入口網站搜尋產品，網友舉手說「我要買」，廣告主還不趕快把廣告呈現出來嗎？

5. 每一個關鍵字背後都代表一個購買動機。

6. 網友的搜尋行為具備了高度的消費動機與消費意願；關鍵字廣告讓精準的目標客戶主動來找您，因此成交機率大為提高。

7. 網友輸入關鍵字 bar 搜尋→將關聯性較高的廣告呈現在消費者面前。

8. 可讓網站曝光在 Google 及 yahoo! 奇摩及其他各大網站搜尋結果最顯著的位置。

9. 因此，有上關鍵字廣告的搜尋，比「自然搜尋」會放在更顯著及更前面優先的位置。

10. 需求＋搜尋＝效果。

　　(1) 設定關鍵字、廣告標題及內容描述。

　　(2) 關鍵字廣告快速上線機制。

　　(3) 網友輸入關鍵字搜尋。

　　(4) 網友點選關鍵字廣告，進入廠商的網頁，點選才收費。

11. 關鍵字搜尋能夠取代專線網址。

二、最適合中小企業的網路行銷工具

關鍵字廣告是高精準行銷，把錢花在刀口上，非常適合「電子商務」及「中小企業」，而其精準性質即等於控制成本。

三、關鍵字廣告與傳統媒體廣告的比較

表 11-1　關鍵字與傳統媒體廣告比較表

	關鍵字廣告	傳統媒體（電視、雜誌）
1. 收費方式	點擊才收費	固定收費
2. 消費者特性	主動	被動
3. 目標族群	高精準	廣泛大眾
4. 目的	吸引有消費需求或想法的消費者	形象廣告或新資訊廣泛提供

四、關鍵字的行銷功能——搭橋、精準、搜尋、創意

(一) 搭橋：網路關鍵字取代 0800 專線及網址

網路關鍵字取代了 0800 專線與網址，成為消費者聯繫企業的橋梁。

短短的幾個字，比起一長串的數字和網址，簡單易記又令人印象深刻。當消費者被廣告訴求打動，主動上網搜尋相關資訊，企業便能透過網路行銷，立刻把消費者「網」進來。

隨著網路世代來臨，消費者習慣改變，購物前先上網搜尋商品相關資訊。

(二) 精準：能有效拉攏目標顧客群

主動搜尋資訊的消費者，就好像舉手呼喚能滿足其需求的業者：「我在這裡，快來提供能滿足我需求的商品。」在消費者搜尋資訊的過程中，與其需求關聯性高的企業關鍵字廣告，恰好出現眼前，就能讓他們多一個選擇的機會。

對企業而言，針對這些已清楚了解自我需求、並主動搜尋資訊的消費者行銷，比起砸大錢在實際效益有限的大眾媒體打廣告，成功率更高，且能更精準的打中目標客群。

網路關鍵字廣告「有人點閱才付費」的特色，也讓企業主可以更有效的掌控行銷支出；還可以隨時透過企業網站的到訪率，對照實際的業務成長量，獲知廣告效果。

也因此，儘管整體廣告市場景氣低迷，網路「關鍵字廣告」卻能異軍突起，成為企業最熱門的行銷工具。

(三) 緊密貼合消費者的需求

廠商透過大眾媒體廣告，不斷的提醒消費者「認識品牌」，但消費者從認識品牌到實際購買，會有一段空白期，關鍵字廣告正好填補這段空缺，讓企業的廣告傳播路線，更緊密的貼合消費者尋找品牌的路線。

例如：有心購屋的消費者，看到遠雄二代宅電視廣告後，主動上網搜尋「二代宅」關鍵字，連上企業網站後，圖文並茂的建案介紹，以及企業 360 度的全行銷策略，透過網路關鍵字廣告，得以一次「串」起來，傳統的媒體加入了一個新元素，讓企業行銷更加順利。新舊媒體間相輔相成，各司其職，缺一不可。

(四) 對中小企業：達到省力又有效的行銷效果

行銷預算有限的中小企業無法砸大錢在大眾媒體上打廣告，可改採累積「特定語言」的關鍵字知名度。中小企業該如何運用一般「關鍵字廣告」，達到省力又有效的行銷效果，是一門學問。

(五) 創意：字字要打中消費者需求

中小企業使用關鍵字廣告，還須注意關鍵字的標題與簡介要很有「創意」。短短的幾個字，是否點到消費者需求，有沒有提到公司與其他同業不同的地方等。他建議，中小企業不妨一次設計兩種模式，測試哪種關鍵字廣告較能吸引消費者目光。

(六) 關鍵字廣告媒體只是輔助功能，仍要看商品及服務力

然而，對所有企業而言，關鍵字廣告有如站在門口招呼客人的服務生，使出渾身解數吸引客人入店參觀後，能不能說服消費者掏荷包消費，還是要看後端的產品和服務夠不夠好。

五、關鍵字廣告的特性

國內網路行銷專家郭冠廷（2007）認為，關鍵字廣告具有下列三大特性。

(一) 有點擊才有收費

傳統的網路廣告是依照廣告被顯示的次數來收費。而關鍵字廣告的收費方式，則是在使用者點擊關鍵字廣告（Pay Per Click, PPC）時，廣告主才需要支付廣告費用。若無使用者點擊該廣告，則廣告主無須付費。這是關鍵字廣告受到廣告主歡迎的主要原因之一。例如：假設某家數位相機業者以每次點擊 10 元買下關鍵字「數位相機」，則當使用者搜尋「數位相機」，並由搜尋結果畫面點擊了該家數位相機業者的廣告，則該數位相機業者須向搜尋引擎業者支付 10 元廣告費用。

(二) 廣告費用由業者出價

傳統網路廣告以廣告橫幅為例，是由網站業者決定在哪個位置上出現尺寸多大的廣告橫幅，廣告主須支付多少費用。有別於傳統的網路廣告，在關鍵字廣告上，使用者單次點擊該關鍵字廣告須付多少廣告費用，由廣告主出價，出價的高低將會影響該關鍵字廣告在搜尋結果頁面的排序。

(三) 根據廣告費用高低排序

如同上一點所提到，廣告主出價單次點擊廣告費用的高低，將會影響該關鍵字廣告在搜尋結果頁面的排序。例如：如果「手機」這個關鍵字，每次點擊付出 10 元的廣告排序在第二順位，某手機業者的排序要第一位，則必須要出價高於 10 元。除了這樣的機制之外，廣告主還可以設定每天的預算，如果廣告主設定的金額是 105 元一天，廣告排序在第一位，以每次點擊需要花費 10.5 元為前提，關鍵字廣告被點 10 次的話，廣告排序在第一位就會自動被下架了。

再者，如果廣告主設定的是 1,050 元，則該廣告排序在第一位的時間就會一直持續到被點擊 100 次，才會被下架。

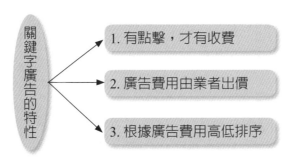

圖 11-1　關鍵字廣告的特性

六、關鍵字廣告可以強化品牌強度

近年來由消費者主動搜尋的關鍵字廣告，因為可以精準回應消費者需求，並作為其他類型廣告的收網工具，因此成為企業行銷的核心工具。然而，關鍵字廣告受限於純文字的呈現方式，真的能提升品牌認知嗎？

在限制嚴格的關鍵字廣告裡，雖然僅容 15 字標題和 38 字內容的純文字描述，但關鍵字廣告的確能夠將消費者搜尋時的高度涉入，轉化為對品牌的深度認同。根據美國 yahoo! 的研究，消費者對有關鍵字的企業，品牌認知度較沒有關鍵字廣告的企業高出 10% 以上；而根據我們的研究則顯示，就算沒有點選關鍵字廣告，仍有 7 成消費者記得廣告內容，證明關鍵字能有效提升品牌訊息的印象度。

2011 年 Colt Plus 新車上市的行銷活動，就是一個藉由關鍵字來提升品牌形象的成功實例。為了測試網路廣告效果，車商特別在電視廣告開跑前一週，先以關鍵字廣告結合網站首頁廣告進行宣傳，結果搜尋量不僅較廣告開跑前 2 個月成長了 7 倍，並增加了 2,000 多萬次的點閱曝光機會，和 3 萬多個精準搜尋客戶。在同期 4 款競品新車夾擊下，行銷效果顯著。

「品牌比對大橫幅」（Brand Match）為臺灣新引進的關鍵字廣告服務，可針對大型廣告主的品牌行銷需求，進一步擴大關鍵字行銷的效益。此新型服務突破一般關鍵字廣告的純文字限制，讓廣告主可以善用自身的品牌優勢，以更吸引人的多媒體圖文，來傳達品牌形象、行銷活動和產品特色。

Brand Match 除了在視覺上更吸引人，還具備高關聯度和即時等優勢。

雖然在搜尋引擎最佳化之下，輸入品牌關鍵字後，搜尋結果依然會出現品牌相關訊息，但排序最優的文字內容卻由搜尋引擎決定，而 Brand Match 出現的，卻是品牌強打的行銷訊息，還可隨時根據企業行銷需求做更換，不像搜尋引擎需要一段時間學習。同時，廣告主還可在產品包裝印上搜尋 Bar，利用搜尋行銷來延伸品牌影響力。

在不景氣的年代，企業更應採取經濟有效的行銷方式。整體品牌形象及精準搜尋行銷的 Brand Match，讓臺灣關鍵字廣告的發展向前邁進，也讓重視品牌行銷的廣告主們在刺激消費者購買需求之餘，同時滿足品牌價值提升的目的，掌握搜尋經濟的商機。

（資料來源：韓志傑，雅虎亞洲區行銷總監，2011年10月）

案例　匯豐銀行HSBC Direct Banking品牌整合傳統與數位媒體，創造新效益

一、電視＋關鍵字搜尋並進的行銷模式

選擇臺灣作為亞太地區第一個推出Direct Banking的市場，匯豐銀行（HSBC）主要著眼點和做法是什麼？

HSBC團隊做了相關研究發現，臺灣在亞太地區的儲蓄率名列前茅，以及HSBC臺灣公司內部網路設施普及，這2個元素讓HSBC認為在臺灣有這個機會，也是因應Direct Banking第一個基本產品是要推活期存款。

接著要把這個新的服務和品牌介紹給消費者，HSBC首先鎖定25～45歲消費者，不論以5個年齡層或是10歲當作年齡級距來看，他們接觸最多的媒體都是電視跟網路。電視可以創造高曝光率，引起消費者注意，接觸面廣，深度溝通就交給網路，藉由電視廣告把消費者引導到網路，這個跨媒體的連結，就是給消費者一個關鍵字，好讓他們能夠上網搜尋。

二、關鍵字就是想要傳達的訊息關鍵

像是2006年底HSBC Direct一支電視廣告，訊息便是上網搜尋關鍵字，訴求在家裡也可以上銀行，而且HSBC Direct提供比市場上高3倍的活存利率。比較特別的是，由於有些35歲以上族群可能需要有專人和他解釋，才能夠比較易懂，所以還剪出另個有0800電話的廣告版本。

　　到了2007年7、8月，發現在原來的服務裡有一個加開帳戶的功能，那時剛好社會上充滿希望調薪的氛圍，HSBC再訴求與其等老闆加薪，不如用HSBC Direct 3倍高的利率幫你加薪，在這樣一個品牌Idea出來後，配合加開帳戶跟加薪這2支電視廣告造勢。

　　接著推出新商品美金活存，就用了美金加開帳戶，用美金作為關鍵字。其實關鍵字就是想要傳達的訊息關鍵，要在3～10個字裡，讓消費者在不知不覺中記得你，當他有需求時就會上網搜尋你。

02 關鍵字廣告成長的原因及其行銷運用原則

一、關鍵字廣告已成為網路廣告市場新要角

　　關鍵字廣告近年來在網路廣告市場扮演著重要角色。對於網站以及搜尋引擎業者來說，關鍵字廣告是一個非常重要，而且會愈來愈重要的獲利模式。對於企業廣告主來說，關鍵字廣告是一種更能將廣告確實傳遞給有相關需求使用者的途徑。對網路使用者來說，更容易得到符合自己需求的廣告資訊。因此，關鍵字廣告可以說是一種製造網站／搜尋引擎業者、企業廣告主、網路使用者三贏的廣告模式，也難怪關鍵字廣告能夠很快達到今日的地位。

二、關鍵字廣告大幅成長的四大原因

(一) 關鍵字廣告，讓廣告費用花在刀口上

　　關鍵字廣告使用的情境是由使用者主動搜尋關鍵字，在搜尋結果的頁面再跑出相關廣告，這些廣告通常與使用者的意圖或需求有關聯，像這種使用者主動找需求（廣告），廣告主主動給需求（廣告）的模式，大幅提升了廣告的點擊率。

(二) 關鍵字廣告，讓廣告主更願意在網路上做廣告

　　關鍵字廣告的點擊率高達 5% 以上。比起傳統的橫幅廣告點擊率不到0.1%，其效果更能獲得廣告主的信任。加上關鍵字廣告的付費方式是網路

使用者有點擊，廣告主才需付費，會讓廣告主更願意投入。

(三) 中小企業及微型企業投入

　　傳統的電子或平面廣告費用昂貴，大部分的中小企業、微型企業無法負擔。而關鍵字廣告門檻很低，只要 900～2,000 元就可在網路上刊登廣告，很受到想要推銷自己卻無法負擔巨額經費的廣告主歡迎。因此，對網路廣告來說，關鍵字廣告的收費方式可說是另闢了一塊新的網路廣告市場。

(四) 網路上另開視窗的彈出式廣告（Pop-up 或 Pop-under）遭夾殺

　　2003 年，為了因應網路使用者不希望有彈出式廣告，微軟、Google、AOL 分別提供網路使用者阻絕彈出式廣告的機制或工具。廣告主因而由購買彈出式廣告被迫轉向購買關鍵字廣告。

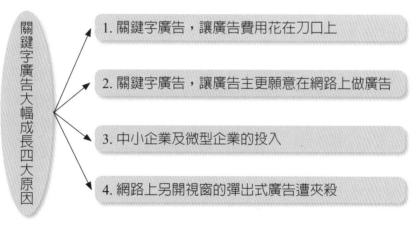

　圖 11-2　關鍵字廣告大幅成長四大原因

三、企業主運用「關鍵字行銷」的五大要訣

　　不論是先前匯豐銀行的「3 倍，加薪」、賣房子遠雄的「二代宅」，或是中華電信 MOD 的「超完美管家」；短短幾個關鍵字，2007 年創造出將近 16 億的廣告市場規模。

　　簡單說，關鍵字廣告是一種「守株待兔」的模式，當消費者透過關鍵字去尋找需要的資訊時，相關的廣告便會主動跳出來，而且是在消費者點擊廣

告時才要付費。

關鍵字廣告的出現，彌補了中小企業主經費少、卻需要更精準行銷的機會。究竟企業主該如何運用關鍵字行銷，才能創造新的行銷機會呢？

(一) 產品力（產品獨特性）

即便是關鍵字廣告幫助你找到客戶，但是你的服務和產品還是要很厲害，才能讓客人有意願持續找上門。

同時，產品的獨特性，也可以是利基點，比方說，「買一送三」就是一個很強的價格優勢。

(二) 化繁為簡，訊息簡單

正因消費者的記憶通常都很短暫，一旦在資訊量過多的情況下，只有使用簡單的關鍵字，才能讓消費者容易記得，而且可以快速了解。

「單純直接」（Simple and Direct）就是關鍵，關鍵字就是要精準地傳達訊息，而且要讓消費者只記得一個概念就好。

(三) 了解你的消費族群，選擇適合的關鍵字

比方說，你是一家賣鮮花的店家，因此在關鍵字的設定上，就應該排除假花、人造花、花園之類的關鍵字，避免吸引到一些不對的消費族群。

關鍵字行銷本身並不是像資訊展的「辣妹行銷」，吸引一大堆人來，花了不少行銷預算之後，最後還無法確認效果。

(四) 選擇關鍵字時，一定要搭配節慶、時節與流行話題

比方說，耶誕節快到了，相關搜尋的關鍵字就會增加，如果企業主的產品也能順勢推出耶誕相關產品的話，相對地，被消費者看中的機會也會增加。

(五) 懂得運用搜尋行銷分析與精準行銷

如果你是一家賣靴子的公司，以往因為不了解市場需求而生產錯誤的產品，進而造成損失；但是，現在可以透過關鍵字，從消費者搜尋的數量上，了解市場的需求所在，同時找出未來產品的定位。比方說，當你發現搜尋短靴的人多於長靴，就知道準備生產的款式該如何符合市場需求。

面對一個 360 度整合行銷的時代，相信採行「早做比晚做好」的態度，來面對推陳出新的行銷工具，會是行銷策略中重要的一環。

四、企業善用關鍵字廣告的四大原則

(一) 目標客群的定位

企業要投入關鍵字廣告，首先要先了解自己的產品客群在哪，才能更精確地做好關鍵字的選擇。以販售衝浪板的企業為例，可以選定客群為「喜歡衝浪的玩家」，如此便可選定「衝浪板」或是可以衝浪的景點，例如：「墾丁」或是衝浪的名人「杜克卡哈那莫庫」（Duke Kahanamoku）等，以目標客群有可能搜尋的關鍵字作為選擇的考量。

(二) 熱門關鍵字的善用

善加利用熱門關鍵字也是一個很好的關鍵字廣告策略。例如：臺灣旅美棒球明星「王建民」，每當在美國大聯盟球季進行中，「王建民」就會成為熱門搜尋的關鍵字。與棒球相關產業只要資金足夠，就可以去競標該關鍵字的廣告順位，藉由熱門關鍵字快速達到廣告效果。

(三) 尋找冷門關鍵字

企業也可以找一些冷門關鍵字，有時候也可以達到低廣告費用、高點擊率的效果。例如：選擇一些相關品牌或產品型號為關鍵字，因為當使用者輸入這些關鍵字，代表其對於該品牌或是該產品已有一定程度的好奇或需求，所以點擊率會更高。

(四) 考量企業自身所要達到的廣告效果

企業投入關鍵字廣告時，也必須注意到的是，企業本身所想要達到的廣告效果是什麼，依此再去決定使用關鍵字廣告的策略。一般來說，企業投入關鍵字廣告所想要達到的廣告效果有以下 3 種。

1. 品牌的宣傳

有的企業並不是真的需要使用者去點擊該廣告，而只是希望品牌的曝光率提高，讓人對這個品牌留下印象，以此為目的時，就必須注意所選擇關鍵字的瀏覽次數，也就是該關鍵字被搜尋的次數。

2. 廣告頁面的傳遞

　有些企業所需要的不只是品牌宣傳，而是希望網路使用者去點擊該廣告。以此為目的時，就必須注意所選擇之關鍵字的點擊率。像是舉辦活動的廣告就需要使用者進到活動頁面。

3. 產品的成交

　大部分企業投入廣告的最終目的是要產品成交，以此為目的時，就必須注意所選擇之關鍵字的成交轉換率。

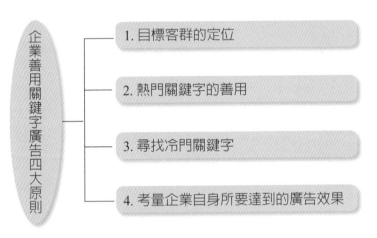

　圖 11-3　企業善用關鍵字廣告四大原則

案例　美國范范童裝批發商，因關鍵字廣告業績成長3成

一、關鍵字廣告商適合中小企業

　　專做網路服裝批發的美國范范童裝，由於總經理章維仁是系統工程背景出身，對網路行銷毫不陌生，除了建構完整的電子物流系統，有效的網路行銷可以讓電子商務發展得更加快速。而范范童裝，就是懂得運用關鍵字廣告，在前3個月業績每月平均成長30%。

　　章維仁表示，他不排斥任何網路行銷模式，范范童裝成立以來，從電子傳單、電子報到Banner等都用過，而關鍵字廣告相當適合中小企業，范范童裝當然也不會錯過，畢竟精準行銷才是電子商務脫穎而出的最佳方式！

　　當然，許多中小企業都會接受經銷商輔導，找出最適當的關鍵字。但是每個行業都有其專業，必須懂得如何分析消費者行為，找出自己的Know-how，並且考量投資報酬率，才能找到最有效的關鍵字。

二、精準的網路行銷策略

　　章維仁表示，關鍵字廣告雖然很有效，但是電子商務市場競爭激烈，如何凸顯自己的優勢，必須取決背後的實力。對於電子商務賣家而言，e化系統和IT能力將是最有力的基礎。章維仁並指出，他曾聽過一個從事ISP服務的業者表示，合作的電子商家中只有1%獲利，可見競爭激烈，電子商務雖然看來一片榮景，但不是每個人都能賺到錢。完善的e化系統輔以專業的IT技術，再加上對消費者行為分析，才能訂出精準的網路行銷策略，讓關鍵字廣告發揮最大的效用。

　　從事B2B批發銷售的范范童裝，刊登關鍵字廣告不僅吸引許多批發商的注意，也讓零售消費者得到在何處購買的資訊，關鍵字廣告的行銷費用，不僅是范范童裝獲得行銷利益，批發商也一樣雨露均霑，同樣受惠！章維仁更強調，從事B2B的電子商務賣家，要將自己當作HUB（集線器），讓網路行銷資源分享出去，才是雙贏的最佳做法！

五、關鍵字廣告的廉價，使中小企業可以上網路廣告

　　五大傳統媒體廣告量直直落，新興的網路廣告卻逆勢上揚，除了網路使用者愈來愈多、網路已成大眾媒體，更關鍵的是，網路廣告預算門檻低，中小企業主也能負擔得起。

　　在過去，想要在五大媒體上曝光，動輒花費數十、數百萬元，一般中小企業主很少特別規劃廣告與行銷活動。但網路廣告，尤其是關鍵字廣告的出現，只要每月幾千元、幾萬元，就能搖身一變成為廣告主。於是，舞龍舞獅的、清潔外包的、賣手工水餃的，各式各樣的小老闆，都開始透過網路行銷自己。

　　關鍵字廣告讓中小企業主開始了解什麼是行銷，也逐漸嘗到網路行銷的甜頭與好處，關鍵字廣告大戰熱烈開打，但以目前網路廣告占整體廣告市場不到1成來看，關鍵字廣告的時代，才剛剛開始。

知識練功房

1. 請說明何謂「關鍵字廣告」？其內涵為何？

2. 請列表比較關鍵字廣告與傳統媒體廣告？

3. 請說明關鍵字的行銷功能為何？

4. 請說明關鍵字廣告的三大特性為何？

5. 請說明電視＋關鍵字廣告並進的行銷模式為何？

6. 試列示關鍵字廣告大幅成長的四大原因為何？

7. 請列示企業主運用關鍵字行銷的五大要訣為何？

8. 請列示企業善用關鍵字廣告的四大原則為何？

9. 請說明雅虎奇摩關鍵字廣告的四大優勢為何？

10. 試列示雅虎奇摩關鍵字廣告系統的6項創新為何？

11. 試列示提高關鍵字廣告成交率的2項要訣為何？

12. 試列示如何讓關鍵字廣告成效更好之4項操作原則為何？

13. 請列示為何要使用強力關鍵字？其選用準則為何？

14. 試列示雅虎奇摩關鍵字廣告服務之特色為何？

15. 請簡述關鍵字廣告的意涵為何？

16. 試說明關鍵字廣告何以能夠強化品牌強度？

17. 請列示如何讓關鍵字廣告的成效更好？

第五篇
其他專題及結語

第 12 章

其他專題

01 App 概述

一、App 到底是什麼

App 是「Application」的縮寫，而「Application」就是「應用程式」、「應用軟體」的意思。

二、App 是最近才有的嗎？

近年來，App 這個字眼開始出現在我們的生活中，原因是智慧型手機的普及化。如同 10 年前電腦開始普及一般，但電腦中的各種軟體廣義來說也是 App。當你有了一臺電腦，無論等級高低、效能好壞，你都將追求使用好的軟體，讓電腦硬體的存在產生價值，智慧型手機也是如此。但目前世界上大家講 App 這三個英文字母簡稱，即泛指智慧型手機內的應用程式。

三、任何智慧型手機都可以使用 App 嗎？

廣義來說，是的。目前市場所定義的「智慧型手機」皆可使用 App。

四、現在智慧型手機「作業系統」有哪些？

目前最有潛力的三巨頭：
1. Apple：「iOS 作業系統」27%（iPhone 專屬）。
2. Google：「Android 作業系統」42%（多廠合占）。
3. Microsoft：「Windows Mobile 作業系統」5.7%（多廠合占）。

五、App 去哪找？

各作業系統均有屬於自己獨立的 App 平臺，第三方軟體業者將 App 完成後，就會把 App 放至其專屬平臺販售。
1. iOS（Apple）：銷售平臺為「App Store」。

2.Android（Google）：銷售平臺爲「Google Play 商店」。

3.Windows Moblie（Microsoft）：銷售平臺爲「Windows Store」。

六、App 製作該不該？

品牌應該先釐清行銷目的，接著思考如果不用 App 是否能達到行銷目的？並非每一個品牌都適合 App。

七、App 製作成本？

製作成本取決於 App 功能的複雜度。基本款的 App 成本約新臺幣數十萬，而功能複雜的 App 甚至開價上百萬～上千萬。

八、App 製作找誰？

代理商善於替客戶掌握行銷傳播策略，而眞正擁有 App 製作技術的是行動行銷服務公司。有些品牌製作 App 時，會自行找行動媒體服務公司。不過，最好還是透過廣告代理，整合行銷傳播策略製作出來的 App，比較能符合品牌精神與行銷目的。

九、App 製作流程

1.企劃專案：設定行銷目標、計算製作成本等。

2.規劃架構：發想 App 內容，設想品牌與消費者互動情境。

3.委外製作：找尋專業的合作團隊，才能事半功倍。

4.產品上架：注意每一個 App 作業系統的規定，才能讓品牌 App 順利上市。

5.程式維護：定期維護程式，並更新內容和功能。

十、App 效益評估

App 下載人次、每天使用者人數、更新次數，還有網友評鑑等資訊，都

可以評估一個 App 是否成功受到消費者喜愛。

十一、2020 年精選熱門免費 App 排行榜

根據 App Store 的數據資料，在 2020 年度中，全臺最熱門的免費 App 下載量排行榜如下：

1. 全民健保行動快易通：健康存摺
2. foodpanda（美食及生鮮雜貨快送）
3. LINE
4. YouTube
5. 藝 fun 券
6. OPEN POINT
7. 蝦皮購物
8. Facebook（FB）
9. Messenger
10. Google 地圖
11. Instagram（IG）
12. Uber Eats
13. Gmail
14. 全聯支付
15. YouTube Music
16. EZ WAY
17. Google
18. Telegram Messenger
19. MixerBox
20. TikTok

上述前 20 名免費 App 排行榜，均跟社群軟體及日常生活相關。

十二、行動 App 五種功能

行動 App 已非常普及與下載應用，目前企業端提供的行動 App，其主要功能如下：

1. 方便顧客查詢企業端相關產品及服務的線上資料。
2. 方便顧客對企業端所提供產品及服務的預訂及正式下訂單，以創造企業端業績。
3. 有助推廣提升企業端的品牌形象及鞏固忠誠度。
4. 可提供顧客額外加值服務（例如：紅利積點）。
5. 行動 App 提供顧客的各種方便性、快速性、24 小時無休、簡易性，增加顧客對企業端及品牌端的黏著度。

1. 方便顧客查詢

2. 方便顧客預訂及下訂

3. 提升企業好形象

4. 提供顧客加值服務

5. 提供顧客方便性、快速性、簡易性及 24 小時性

圖 12-1　行動 App 的 5 種功能

十三、行動 App 企業案例

● 案例1　麥當勞報報App ●

　　麥當勞報報的App功能，包括：
1. 可知道當天天氣。
2. 有專屬好康優惠券。
3. 點點卡點數可隨時查。
4. 麥當勞早起鈴聲。
5. 餐廳滿意度調查。

● 案例2　王品瘋美食App ●

1. 王品瘋美食App投入2億元，升級爲第二代App功能，並把流程簡化。
2. 9個月內狂吸100萬App會員，創下餐飲業App會員最快成長紀錄，也是全臺最大餐廳會員平臺。
3. 透過App消費，會員可享3%點數回饋，再加上8家銀行合作提供2～4%回饋點數，最高可獲得7%點數回饋。
4. 旗下21個品牌及275家餐廳都能使用。
5. 使用App點數消費紀錄已超過70萬筆。

十四、衡量 App 效益的 KPI 有哪些？

　　衡量每一支 App 的 KPI（關鍵績效指標），主要有下列 5 種。

(一)App 下載數

　　有多少人下載過你公司的 App。

(二)活躍用戶數

　　1. DAU：Daily Active User
　　即每天活躍用戶數有多少，亦即每天有多少開啟及使用你的 App 裡面的項目。

2. MAU：Monthly Active User

即每月累計活躍用戶數有多少。

(三) DAU 每天登入時數

即每天 App 被使用頻率、被使用時間高不高、多不多。

(四) 用戶留存率

係指多少用戶在下載 App 之後，很長一段時間沒有把此 App 刪除，而仍留著，以備使用。

(五) 用戶流失率

即指多少用戶在下載之後，在很快時間內，因不用故又把它終止刪除，此稱 App 的流失。顯示此 App 對他們而言是不需要的，或設計不好的、或功能不大的，才會把 App 從手機畫面上刪除。

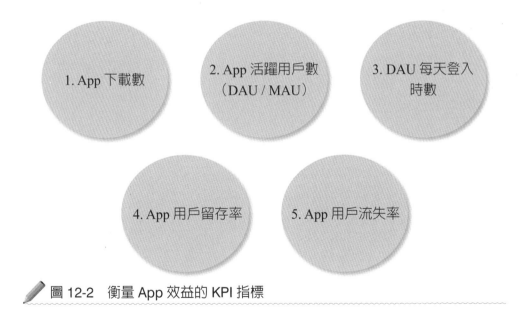

1. App 下載數

2. App 活躍用戶數（DAU／MAU）

3. DAU 每天登入時數

4. App 用戶留存率

5. App 用戶流失率

圖 12-2　衡量 App 效益的 KPI 指標

十五、App 優良設計須注意八大要點

App 設計格局及細節很重要，設計得好，會員才會經常使用，設計不好，就會被刪除。App 優良設計，應注意 8 項要點。

1.功能應從簡單到齊全完整性。

2.App 畫面架構要清晰、扼要、不複雜。

3.App 介面、頁面使用及瀏覽要很方便、容易、簡單、快速。

4.圖片及文字要適當搭配，要能吸引人看。

5.視覺及色系具有獨特性。

6.對消費者或會員要有留存、留用的價值感。

7.應定期提供一些優惠、好康、促銷措施，吸引用戶上 App 查看。

8.提供一些好玩的遊戲，吸引用戶上來玩。

1. 功能要齊全、
完整

2. 畫面架構要清
晰、扼要不複雜

3. 介面及頁面使
用方便、容易、
簡單

4. 圖片及文字要
搭配完美

5. 視覺及色系具
獨特性

6. 要有留存、留
用價值感

7. 定期提供優
惠、好康措施

8. 提供一些好玩
遊戲

 圖 12-3　App 優良設計須注意八大要點

02 「抖音」社群媒體概述

一、抖音簡介

「抖音」全名稱抖音短視頻，是一款可在智慧型手機上瀏覽的短影音社交應用程式，由中國北京字節跳動公司所營運。使用戶可錄製 15 秒～ 1 分鐘或者更長的片段，也能上傳影片、照片等；用戶亦可對其他用戶的影片進行留言。

自 2016 年 9 月上線以來，定位為適合中國年輕人的音樂短影音社群，應用為垂直音樂的 UGC 短影片；2017 年以來用戶規模快速增長。

此外，抖音短視頻還有一個姊妹版 TikTok 在海外發行，TikTok 曾在美國市場的 App 下載和安裝量躍居第一位，並在日本、泰國、印尼、德國、法國及俄羅斯等地，多次登上當地 App Store 及 Google Play 總榜的首位。另據 2020 年 5 月最新數據顯示，「抖音短視頻」及海外版「TikTok」的 App 總下載次數已突破 20 億次。

二、抖音歷史

1. 2016 年 9 月，抖音短視頻正式上線
2. 2017 年 9 月 2 日，據抖音產品負責人表示，85% 的抖音用戶多在 24 歲以下，主力達人及用戶基本上都是 1995 年後出生，甚至是 2000 年後。截至 2018 年 10 月，該應用程式已被 150 多個國家、超過 8 億全球用戶下載。
3. 2017 年 12 月 22 日，抖音透過新上線的「尬舞機」功能，成為中國 App Store 免費應用程式第一名。
4. 2018 年 1 月 25 日，抖音上線「看見音樂計畫」，挖掘並扶持中國的原創、獨立音樂人。
5. 2018 年 3 月 19 日，抖音確定新標語「記錄美好生活」。
6. 2018 年 5 月 8 日，字節跳動公司執行長稱 2018 年第一季，抖音在蘋果 App Store 下載量達 4,580 萬次，超越 Facebook、YouTube、

Instagram 等，成為全球下載量最高的蘋果手機應用程式。

三、用戶技巧

用戶登入之後，可以依據自己的喜好搜尋相關感興趣的影片，也可以在上面分享生活，但要注意隱私及服裝儀容。

四、網友迴響

也有許多網友將海底撈火鍋、奶茶等各種新鮮吃法上傳到抖音平臺，這些影片一經發布便開始在網上流傳。而平臺上推薦的一些有趣且實用的生活技巧、生活方式及生活用具都漸漸走紅。

由於抖音短視頻一開始是以音樂為核心的短影音社交軟體，所以很多歌曲在中國因而走紅。此外，抖音也成為了造星平臺，有許多抖音用戶在發布影片後成為網紅。

五、TikTok（海外版）

1. 2017 年 5 月，字節跳動公司推出抖音國際版品牌：TikTok，投資上億美金進入海外市場，TikTok 是指時鐘滴答的聲音。
2. 2017 年 11 月，該公司以 10 億美元併購此同類產品 musical. ly，建立一個更大的影片社群。另外，TikTok 也成為日本 App Store 免費榜第一名。
3. 2018 年 1 月 24 日，TikTok 成為泰國當地 App Store 排行榜第一名。
4. 2018 年 10 月，TikTok 成為美國月度下載量及安裝量最高的應用程式，在美國已下載 8,000 萬次，全球已下載 8 億次。

六、流行文化

許多在抖音發展不錯的用戶或團隊，也紛紛開設 TikTok 帳號，開拓面向境外使用者的傳播管道；如同 YouTube 上的 YouTuber 一樣，一些拍 TikTok 拍得很好的用戶，也衍生出 TikToker 這一類的人。

七、用戶數

2020 年 7 月 16 日，抖音全球每月活躍用戶數突破 5 億，在中國則每月活躍用戶達 1.5 億。它在 2018 年上半年成為蘋果 App Store 上，下載量最多的 App，超過 YouTube、WhatsApp 及 Instagram。

03 二大便利商店經營 LINE 群組，深耕熟客圈

一、統一超商

經營會員是精準行銷的不二法門，對超商而言，加入門市 LINE 群組的熟客，屬於黏著度高的精準會員，針對該社區、該商圈的需求投其所好，就會帶動業績。

自 2016 年起，門市開始經營 LINE 群組的 7-11，至今超過 9 成以上的門市均有專屬的熟客生態圈，目前成員已超過百萬人。門市 LINE 群組主要為預購與團購商品、新品、集點商品，及優惠活動等訊息發送；像是疫情爆發初期口罩、酒精等販售時間，門市都會於 LINE 群組宣布與提醒；另外，米及成串衛生紙、箱裝飲料、零食等推出優惠時，也會透過門市 LINE 群組宣傳。

7-11 門市 LINE 群組以全店集點商品、肖像聯名商品、門市預購或團購商品等最受青睞；在年菜、母親節、端午、中秋節等預購檔期，LINE 群組皆能帶動單店預購業績成長約 2 成。

二、全家便利商店

全家便利商店有超過 3,000 間門市店在經營門市 LINE 社群。全家更針對 LINE 社群推出「全 +1 行動購」平臺，將 LINE 帳號加入好友，再綁定全家便利商店會員，在加入鄰近門市 LINE 群組團購商品，就可以透過「全 +1 行動購」管理個人在不同門市的下單狀況，以 My FamiPay 線上支付，並將會員集點、發票存入一次搞定。

全家門市 LINE 群組熱銷商品因商圈而異，辦公商圈以冷凍甜點、零食

類的反應最熱烈；而住宅型商圈則以冷凍家菜或半成品最熱銷；此外像是與森永聯名推出的森永牛奶糖捲蛋糕及森永牛奶糖泡芙，也都是 LINE 群組限定，是一般實體門市不會陳列的熱銷品。

04 LINE 概述

一、LINE 主要內容及功能

LINE 手機上的主要內容操作，如下 9 項。

(一) LINE TODAY

隨點隨看，生活快充：最即時的新聞、錄音、運動賽事和娛樂內容直播，讓你話題永不斷線，LINE TODAY 陪伴你的每一天！

(二) LINE 貼文串

探索樂趣，分享生活：在貼文串追蹤你的最愛，有感內容不錯過。打造你的個人閱知頻道，探索生活大小事。分享所見所聞，串聯人際、啟發創意的無限可能！

(三) LINE Pay

付款、轉帳、生活繳費，輕鬆簡單又便利！

付款簡單又便利，還能輕鬆轉帳給 LINE 好友，動動手指輕鬆完成日常生活各種帳單繳費，免出門省時又省力。

(四) LINE 購物

先 LINE 購物再購物：涵蓋各大購物、拍賣、精品、通路、旅遊及票券商店，輕鬆貨比 500 家，一站比價 3,000 萬筆商品，再享 LINE POINT 回饋賺不停！

(五) LINE TV

共享追劇生活：和朋友一起追劇，不錯過最新、最熱門、最潮的話題大劇，即時分享娛樂影音，展開精彩生活故事，LINE TV 是你的追劇第一選擇！

(六) 聊天、語音通話和視訊通話

能夠和好友一對一或多人群組訊息聊天，或是進行語音、視訊通話。

(七) 貼圖、表情貼和主題

使用有趣的貼圖或表情貼豐富聊天，也能更換超讚的主題來表達自己。

(八) 主頁

可以快速連結 LINE 的各種服務，包含貼圖等多樣內容資訊。

(九) 社群

輕鬆分享共同興趣、開心聊出好麻吉。

二、LINE 廣告投放四大優勢

LINE 在臺灣除了用戶數量很多的優點之外，還有以下四大優勢，造就了 LINE 廣告優質的轉換成效。

(一) 使用者黏著度高

LINE 的每年活躍用戶數高達 2,100 萬人，且使用者的黏著度很高，除是多數用戶主要的社群媒體工具外，LINE 還有追劇、線上購物及閱讀新聞等生活功能，讓用戶養成高度依賴的使用習慣，也同時提高廣告曝光率。

(二) 年齡層分布平均

LINE 的使用者年齡分布很平均，廣告能夠觸及的年齡層很廣，品牌可以更靈活的規劃廣告策略，為每個商品或服務找到目標客群，達成精準行銷的目標。

(三) 多種廣告類型選擇

LINE 提供廣告客製化的服務，素材不僅限於圖片，也能以影片的方式呈現，讓廣告的互動性更高，與使用者建立緊密的連結。此外，根據廣告的訴求不同，也可以選擇投放不同類型的廣告，例如：貼文廣告、橫幅廣告及 LINE 加好友廣告等。

(四) LINE Ads Platform 後臺操作簡單

LINE Ads Platform 是企業投放及管理廣告的操作平臺，彙整 LINE TODAY、LINE 貼文及 LINE POINTS 任務牆等廣告流量，方便企業進行成效追蹤，還能針對消費者屬性預估廣告成效，讓企業輕鬆投放廣告。

1. 使用者黏著度高

2. 年齡層分布平均

3. 多種廣告類型選擇

4. LINE 廣告後臺操作簡單

圖 12-4　LINE 廣告投放四大優勢

三、LINE 四大廣告版位介紹

(一) Smart Channel 廣告

Smart Channel 廣告位於 LINE 聊天頁面的第一排，打開 LINE App 時，第一眼就會看到，是最吸睛的廣告位置，但版位相對來說比較小，只能顯示一句標題和小縮圖，標題的文案力度是吸引點擊的關鍵。

(二) LINE 貼文串廣告

LINE 貼文串是使用者分享近況的地方，在了解好友近況的同時，LINE 也會透過廣告分享你可能感興趣的內容，這個版位的廣告適合用影片呈現，除了可以新增點擊按鈕之外，點擊影片還能連結外部網站或是下載 App。

(三) LINE TODAY 廣告

　　LINE TODAY 是很多人關注新聞時事的主要平臺，焦點新聞頁面每天大約有 4,000 萬的流量，可以創造大量的廣告曝光，製作廣告時圖片、影片或是 GIE 等素材都可以使用。此外，LINE TODAY 也有很多運動賽事轉播服務，點擊轉播連結時，片頭播放的廣告影片也能創造可觀的瀏覽數。

(四) LINE POINTS 廣告

　　LINE POINS 是現在最受歡迎的獎勵型虛擬貨幣，1 點 LINE POINTS 的價值等於 1 元，且全臺有 10 萬家以上的線上及線下商家，都可以使用 LINE POINTS 消費，而企業可以透過 LINE POINTS 的獎勵制度，舉辦各式活動，鼓勵消費者下載 App、點擊廣告、加入 LINE 好友等，增加品牌的曝光量，進而達成轉換的目標。

圖 12-5　LINE 四大廣告版位

四、LINE 廣告的投放種類

(一) LINE 成效型廣告 LAP（Line Ads Platform）

適合中小型企業的 LINE 廣告購買，運用競價 LINE 廣告版位，投放 LINE 廣告給精準受眾，以達到最大成效。

1. LAP 的特色

(1) 自主操作

預算控制、廣告對象和廣告素材都可以隨時調整優化，而且沒有門檻金額。

(2) 精準投放

提供 LINE 用戶的性別、年齡、地區、興趣、購物行為和官方帳號好友等資訊。

(3) 原生廣告

廣告的圖片、影片格式無違和地融合 LINE 平臺，讓使用者擁有更佳的閱覽體驗。

(4) 成效優化

安裝成效追蹤工具，取得分析報表。

2. LAP 的 LINE 廣告版位

(1) LINE 貼文串廣告。

(2) LINE TODAY 新聞廣告。

(3) LINE POINTS 錢包頁廣告。

(4) Smart Channel 聊天頁上方廣告。

3. LINE 成效型廣告的收費標準

成效型廣告以點擊計費 CPC 為主，另有曝光計費 CPM 和加好友計費 CPF 3 種收費模式。

(二) LINE 好友廣告

LINE@ 生活圈 / 官方帳號就像粉絲團，讓客戶加入社群互動，官方帳號沒有限制好友的人數，可以廣播訊息，也可以一對一互動，甚至可以發送特定指令（預約、優惠等）。

LINE 好友廣告的收費標準

利用成效型廣告 LAP 投放廣告，以加好友次數付費（CPF）。

(三) LINE TV 片頭影音廣告

在免費的 LINE TV 片頭放送影音廣告，可針對特定頻道和特定收視族群選擇在各個播放裝置（PC、iOS 和 Android）放送 LINE 廣告。

LINE 影音廣告的收費標準

(1) 點擊影音廣告的「行動呼籲」進入廣告主指定的網頁。

(2) 60 秒以內的可略過廣告依 CPM 計價。

(3) 30 秒以內的不可略過廣告依 CPM 計價，LINE 用戶必須觀看完影音廣告後，才能收看 LINE TV。

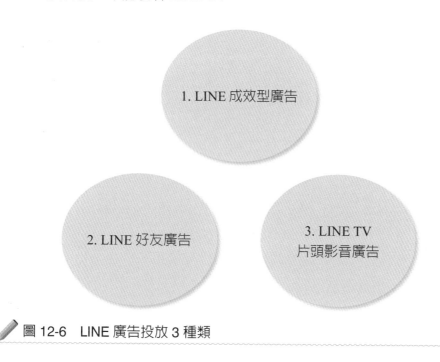

圖 12-6　LINE 廣告投放 3 種類

(四) 3 種主要 LINE 廣告收費模式

1. 每次點擊價格 CPC（Cost Per Click）

採實時競價 RTB（Real Time Bidding），廣告主只需要為每一個潛在客戶點擊流量而支付 LINE 廣告費用，用戶點擊後，有效地將用戶和流量

導入指定網站。

2. 每千次曝光價格 CPM（Cost Per 1,000 Impressions）

優點是可以快速大量的觸及新的潛在客戶。每千次曝光價格同樣採用實時競價，廣告主只需要為曝光觸及網友的宣傳次數而支付 LINE 廣告費用。曝光計價可確保只有在使用者看到廣告時，才需要付費。

3. 每次加好友價格 CPF（Cost Per Friend）

當用戶透過 LINE 廣告，將廣告主的 LINE 官方帳號加為好友，廣告主才需要支付 LINE 廣告費用。優點是成為其 LINE 官方帳號好友之後，可提升客戶忠誠度與互動的機會，並提供客戶服務的管道。

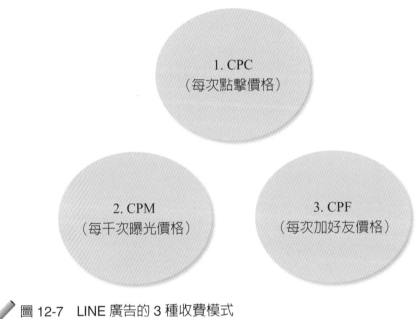

🖊 圖 12-7　LINE 廣告的 3 種收費模式

05 網路流量定義及 GA 分析工具

一、網路流量定義

即是指網站的每日、每月訪問量或瀏覽量，可以知道每天有多少使用者造訪。

二、常見網站流量指標

一般來說，網站流量的指標項目，主要有下列 3 項：

1.UU：Unique User，即每日不重複的使用者，愈多愈好。

2.UV：Unique Visitor，即每日不重複的拜訪者，愈多愈好。

3.PV：Page View，即每日不重複的網頁瀏覽總數。PV 總數愈高，即代表此網站或此網頁被上網瀏覽的次數愈高、愈熱門、愈受歡迎，網路廣告量也會愈多。

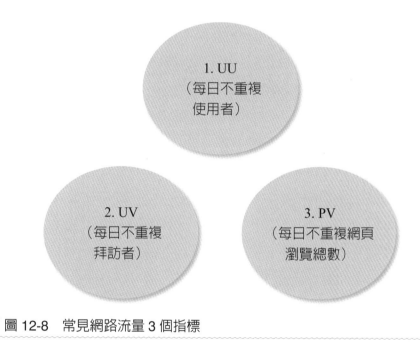

✏️ 圖 12-8　常見網路流量 3 個指標

三、網路流量 4 種來源

實務來說，網路流量有如下 4 種主要來源。

(一) 自然搜尋流量

即指網友從 Google 及雅虎 2 個搜尋引擎的關鍵字進入的流量。

(二) 付費搜尋流量

指從 Google 關鍵字廣告付費而進入的流量。

(三) 社群流量

指從 FB、IG、YouTube 等社群網站進入的流量。

(四) 直接流量

指網友直接從該網址或是「我的最愛」項目進入該網站的流量，此種流量是最好的，既不花錢，網友又從我的最愛直接點選進入，表示有忠誠度。

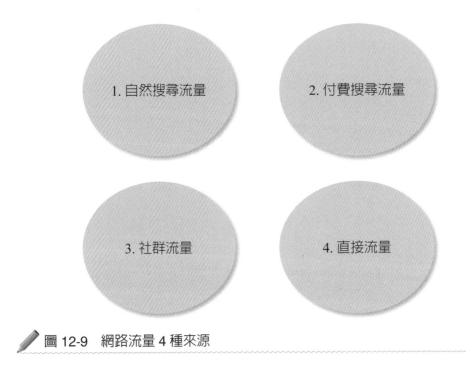

1. 自然搜尋流量

2. 付費搜尋流量

3. 社群流量

4. 直接流量

圖 12-9　網路流量 4 種來源

四、為何要做流量分析？

那麼，為何要做網路流量分析呢？主要有下列五大原因：

1. 可以知道此網站經營得好不好？受不受歡迎？點閱瀏覽人數每天有多少人？每天觀看有多少人？

2. 可以知道每一波在網上的促銷活動效果好不好？促銷業績好不好？以

　　後如何改進才會更有效果？

　3.可以知道新產品在網路上市被瀏覽及點閱的數量有多少？受不受歡迎？

　4.可以知道該流量背後網友群或粉絲群的簡單輪廓為何？

　5.可以知道網路廣告被點擊的次數有多少？點擊率有多少？

　　以上這些分析，都有助於該網站的經營改善及加強，或是廠商對行銷措施的調整及加強。

五、網路流量分析工具

　　目前，最主流的網路流量分析工具，即是指 Google Analytics，簡稱 GA。GA 是 Google 公司提供的網路分析工具，其功能強大且基本版免費，故成為全球最普及的數據分析軟體。

　　GA 可以產出 4 種報表，包括：

　1. 目標對象報表。

　2. 客戶開發報表。

　3. 行為報表。

　4. 轉換報表。

　　上述這些報表，可以幫助我們了解，上網的使用者或造訪者，從進入瀏覽到最終轉換跳出的歷程大致如何；可以對這些瀏覽行為得出一些分析及判斷。

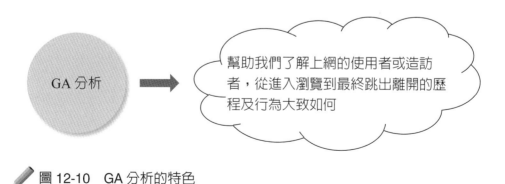

GA 分析 → 幫助我們了解上網的使用者或造訪者，從進入瀏覽到最終跳出離開的歷程及行為大致如何

　　圖 12-10　GA 分析的特色

六、GA 三大特色

GA 分析，具有三大特色：

1. 以網頁瀏覽為單位，來量化資料。
2. 能了解網站訪客的輪廓及流量從哪裡來；進站後的行為流程是否達成目標轉換。
3. GA 的強項為網站流量來源分析及點擊歸因分析。

七、GA 的分析報表可得知哪些數據？

GA 是最重要的網站流量分析，從 Google Analytics（GA）的分析報表中，我們可以得知下列 3 項分析數據：

1. 網站流量的來源類別（搜尋、社群媒體、廣告或直接流量）。
2. 個別網頁的流量統計。
3. 完整的訪客相關資料（性別、年齡層、地理位置）。

06 網路直播

一、網路直播四大優勢

現在，利用網路進行直播（Live）的趨勢，有愈加流行之狀態；直接相對於其他影音，有下列四大優勢：

1. 具有即時影像，真實性高。
2. 可將現實互動感搬到網路上。
3. 可做電商導購，創造業績之用途。
4. 比起明星，更貼近觀眾。

圖 12-11　直播四大優勢

二、直播：3 種用途，6 個直播平臺比較

近 2、3 年來，直播有日益火紅之趨勢，值得深入了解，茲介紹國內直播的 3 種用途及 6 個直播平臺，比較說明如下。

(一) 自媒體經營直播

包括：網紅、YouTuber、部落客等，都是自媒體經營者。他們大致上透過 3 種直播平臺操作播出，包括：

1. YouTube 直播：例如網紅、YouTuber 以及一些電視臺節目都在 YouTube 上直播。
2. FB 直播。
3. IG 直播。

(二) 品牌導購直播（電商 + 直播）

1. 個人在 FB / IG / YouTube 社群媒體直播導購、販賣商品。
2. 電商平臺直播。

(三) 休閒娛樂直播

也有些是才藝、星座命理、歌唱、閒談、遊戲等直播類型。例如：

1. 17直播。

2. Twitch直播（電玩、遊戲直播龍頭）。

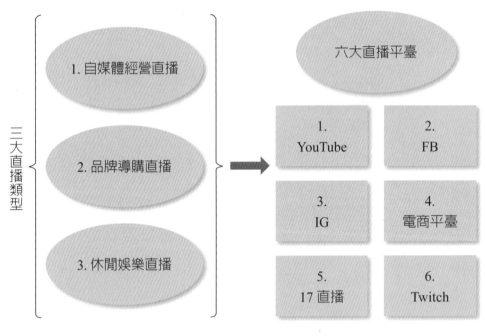

✏️ 圖 12-12　三大直播類型及六大直播平臺

三、直播購物 3 步驟

直接購物具有「即刻引流，即刻變現」的功能，現在很多電商及個人都加入直播購物的行列，包括：淘寶、蝦皮、momo、PChome、486先生、阿榮嚴選等。簡單來說，直播購物有 3 個步驟：

(一) 階段 1：直播前做好規劃

直播前，一定要召開及做好製播會議，將主持人、購物專家、廠商代表及製作人員齊聚召開製播會議，討論正式播出的相關事項，尋求共識及表現手法。

(二) 階段 2：直播中操作

直播開始之後，上場人員就要隨機應變、大膽呈現，並關心訂購人數有多少。

(三) 階段 3：直播後分析

直播完成後，後續的顧客經營（金流、物流及客服中心作業處理），以及對直播後的訂單及節目呈現效益評估。

07　聽經濟 ── Podcast 大調查結果分析

根據《天下》雜誌在 2021 年 5 月，針對國內 Podcast 進行調查，總計調查消費者 1,000 份，企業界 107 份，創作者 131 份。茲將調查結果，重點摘述如下。

(一) 企業投入 Podcast 的狀況

1. 一直有在做，今年會繼續做：占 18.6%。
2. 一直有在做，目前正考量是否繼續做：占 8.1%。
3. 過去沒做過，今年一定會做：占 10.5%。
4. 過去沒做過，今年會考慮做：占 40.7%。
5. 從沒做過，今年也不會做：占 22.1%。

(二) 已經投入 Podcast 的廣告形式

1. 接受主持人訪談、擔任嘉賓：占 65.7%。
2. 購買廣告：占 35.8%。
3. 公司同仁自製節目：占 34.3%。
4. 委外代製代播節目：占 25.4%。

(三) 投效廣告的品牌傳播目的為何？

1. 強調品牌對外溝通：占 94%。
2. 希望有助產品銷售：占 47%。
3. 客戶服務：占 27%。
4. 對內傳播：占 24%。

(四) 投放廣告後評估 Podcast 的指標為何？

1. 是否有助提高網路聲量：占 57%。

2. 是否有助導購轉單數：占 39.3%。

3. 頻道訂閱數：占 37.4%。

4. 延伸連結點擊數：占 36.4%。

5. 官網／粉絲頁等訪問數：占 36%。

6. 聽眾回訪率：占 30.8%。

7. 留言數：占 28%。

8. 下載數：占 27%。

(五) 過去半年，您是否收聽過 Podcast？

1. 過去半年有聽，而且現在仍在聽：占 20%。

2. 過去半年曾聽過，但已很久沒聽或偶爾聽：占 24%。

3. 沒有，但是未來會想收聽：占 33.7%。

4. 沒有，不想收聽：占 22.3%。

(六) 消費者收聽 Podcast 的動機或原因

1. 增加新知（新聞、時事）：占 48.8%。

2. 打發時間：占 45%。

3. 可以不限時間、地點聽想聽的內容：占 36%。

4. 放鬆心情：占 31%。

5. 提升專業領域知識：占 27%。

6. 讓我可以一邊聽、一邊做其他事：占 26%。

7. 取代傳統廣播節目：占 14%。

(七) Podcast 每單集可獲得的廣告營收？

1. 3,000 元以下：75%。

2. 3,000 元～5,000 元：15%。

3. 3,000 元～7,000 元：1.8%。

4. 7,000 元～10,000 元：3.6%。

5. 10,000 元～20,000 元：2.7%。

(八) 創作者採用的廣告形式？

1. 節目主持人口播廣告：58%。

2. 刊登折扣碼：30%。

3. 圍繞品牌或產品而展開的節目內容：28%。

4. 訪談品牌客戶：21%。

5. 節目冠名：17%。

6. 為品牌客戶製作專屬內容 Podcast 頻道：16%。

08　SEO 是什麼？為何要 SEO 優化？

一、SEO 是什麼？

SEO 全名為：搜尋引擎優化，英文為：Search engine optimization。

這是一種透過了解搜尋引擎的運作規劃來調整網站，以及提高目的網站在有關搜尋引擎內排名的方式。

簡單來說，就是想辦法取得該關鍵字在搜尋引擎上的排名，讓使用者搜尋該關鍵字時，更容易看見你的網站。

二、為何要 SEO 優化？

目的就是為了取得 Google 搜尋引擎上更好的排名，以增加網站流量。因網站流量是一個網站的命，一個網站沒有流量，就表示沒人看，就沒有存在意義。

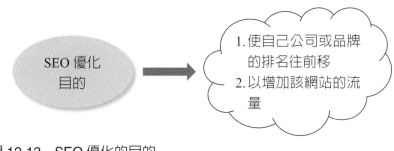

圖 12-13　SEO 優化的目的

第 13 章

總結語
──拉高格局！全方位徹底
　　做好行銷 4P／1S／2C
　　7 項戰鬥力組合工作

一、中、老年人產品：仍適宜以電視媒體作爲廣宣工具

到目前爲止，雖然傳統媒體及其廣告量，有大幅顯著下降衰退，但其中的電視媒體，仍能屹立不搖，主因就是電視媒體對品牌力的打造效果，仍是明顯存在的；尤其，對於一些以中、老年人爲主要目標族群的產品類型，仍然仰賴電視媒體做主要廣宣媒體這些行業及產品類型有：

1. 汽車。
2. 機車。
3. 保健食品。
4. 藥品。
5. 房屋仲介。
6. 預售屋。
7. 金融銀行。
8. 彩妝保養品。
9. 日常消費品。
10. 政府政令宣傳。
11. 洋酒／啤酒。
12. 家電。
13. 企業形象廣告。

（註：中老年人族群，以 40～70 歲爲主力族群。）

電視屬於大眾媒體，在全國有線電視收視戶數達 480 萬戶，每天晚上開機率達 90%，因此，電視廣告的廣度極夠，很適合打造出品牌的知名度及能見度；在廣度效應方面，電視確實比數位媒體來得更有效果。

二、年輕人產品：適宜以數位媒體作爲廣宣工具

談到年輕人的產品，由於年輕人（20～40 歲）族群每天接觸的都是網路、社群、行動媒體，因此，以年輕人爲銷售對象產品的廣宣媒體廣告，就應該以數位媒體爲主力。包括：FB、IG、YouTube、Google、LINE、新聞網站、Twitter、Dcard 等。

三、大型品牌：因預算較多，故投效廣告會以電視＋數位媒體並用、並重。

但對於一些大型品牌（例如：花王、統一企業、統一超商、全聯超市、麥當勞、Panasonic、娘家、三得利、白蘭氏、普拿疼、P&G、聯合利華、TOYOTA 汽車、光陽機車、好來牙膏等），由於它們的廣宣預算較充足，營收額也大，市占率也高；因此，它們投放廣告，會以電視媒體＋數位媒體並用、並重的模式操作；以求獲得 360 度跨媒體組合的高曝光率及高度廣告聲量，以通吃年輕族群＋中老年人雙族群。

四、全方位行銷觀點：徹底做好行銷 4P / 1S / 2C 的行銷組合，產品才會賣得好，業績才會成長

作者做過很多研究，訪談過很多企業行銷經理人，個人也曾經待過企業，所得到的結論是，企業產品想要賣得好，業績想要成長，就應回到全方位行銷觀點，亦即要徹底做好行銷 4P / 1S / 2C──7 項行銷組合，才可以行銷致勝。

這 7 項行銷組合，說明如下。

(一) Product：產品力

產品力要做到高品質、穩定品質、設計好、質感佳、能不斷推陳出新，真正做到好產品、優質產品、有附加價值產品！

(二) Price：定價力

定價力要做到高 CP 值、高性價比，有物超所值感，消費者感到買過有值得的感受。

(三) Place：通路力

通路力即指產品都能上架到主流實體通路及虛擬通路，並且有好的陳列位置及大的陳列空間，方便顧客在任何時間、任何地點都能快速又方便的買到該品牌產品。

(四) Promotion：推廣力

推廣力即指產品能夠透過各種媒體的廣告、宣傳、公關、報導、代言人、網紅、促銷、體驗活動、公益活動、集點行銷、粉絲經營等，而將品牌的知名度拉升，且將品牌的業績提升。

(五) Service：服務力

服務即指做好售前、售中及售後服務等，讓顧客的滿意度能夠提高，並且有好的口碑。

(六) CSR：企業社會責任

企業在現今時代，更應做好、做到企業社會責，善盡企業對社會環保、對弱勢族群、對公司治理等應有的責任及幫助，這樣企業才能夠有好的形象，也才能夠受到大家的肯定及好評！

(七) CRM：顧客關係管理

在零售業及服務業，很重要的即是顧客關係管理，也可稱為會員經營或VIP 會員經營。一定要做好對會員經營，才能夠鞏固好他們的忠誠度及回購率，如此也才能穩住企業每個月穩定的營收業績！

圖 13-1　行銷致勝與產品暢銷的行銷 4P / 1S / 2C──7 項組合運作

戴國良著作

廣告學：策略、經營與實例
書號：1FSM

經營策略企劃案撰寫：
理論與實務
書號：1FSN

一看就懂管理學：
全方位精華理論與實務知識
書號：1FPA

企劃案撰寫實務：理論與案例
書號：1FAH

通路管理：理論、實務與個案
書號：1FPD

人力資源管理：
理論、實務與個案
書號：1FRL

五南文化事業機構
WU-NAN CULTURE ENTERPRISE

f 五南財經異想世界

106臺北市和平東路二段339號4樓
Tel：02-27055066 轉824、889 林小姐

國家圖書館出版品預行編目(CIP)資料

數位行銷／戴國良著. -- 四版. -- 臺北市：
五南圖書出版股份有限公司，2023.04
面；　公分

ISBN 978-626-366-003-8（平裝）

1.CST: 網路行銷　2.CST: 電子商務
3.CST: 網路社群

496　　　　　　　　　112004726

1FRS
數位行銷

作　　　者 ─ 戴國良

發 行 人 ─ 楊榮川

總 經 理 ─ 楊士清

總 編 輯 ─ 楊秀麗

主　　　編 ─ 侯家嵐

責任編輯 ─ 吳瑀芳

文字校對 ─ 石曉蓉

封面設計 ─ 姚孝慈

出 版 者 ─ 五南圖書出版股份有限公司

地　　　址：106臺北市大安區和平東路二段339號4樓

電　　　話：(02)2705-5066　　傳　真：(02)2706-6100

網　　　址：https://www.wunan.com.tw

電子郵件：wunan@wunan.com.tw

劃撥帳號：01068953

戶　　　名：五南圖書出版股份有限公司

法律顧問 ─ 林勝安律師

出版日期：2012年8月初版一刷
　　　　　2016年2月二版一刷
　　　　　2020年3月二版二刷
　　　　　2020年9月三版一刷
　　　　　2023年4月四版一刷

定　　　價：新臺幣460元

經典永恆・名著常在

五十週年的獻禮──經典名著文庫

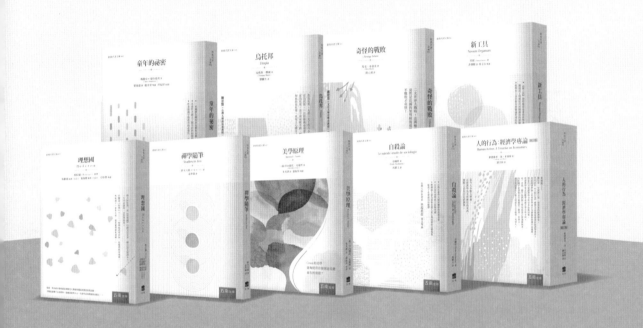

五南，五十年了，半個世紀，人生旅程的一大半，走過來了。
思索著，邁向百年的未來歷程，能為知識界、文化學術界作些什麼？
在速食文化的生態下，有什麼值得讓人雋永品味的？

歷代經典・當今名著，經過時間的洗禮，千錘百鍊，流傳至今，光芒耀人；
不僅使我們能領悟前人的智慧，同時也增深加廣我們思考的深度與視野。
我們決心投入巨資，有計畫的系統梳選，成立「經典名著文庫」，
希望收入古今中外思想性的、充滿睿智與獨見的經典、名著。
這是一項理想性的、永續性的巨大出版工程。
不在意讀者的眾寡，只考慮它的學術價值，力求完整展現先哲思想的軌跡；
為知識界開啟一片智慧之窗，營造一座百花綻放的世界文明公園，
任君遨遊、取菁吸蜜、嘉惠學子！